U0269199

未来网络基础

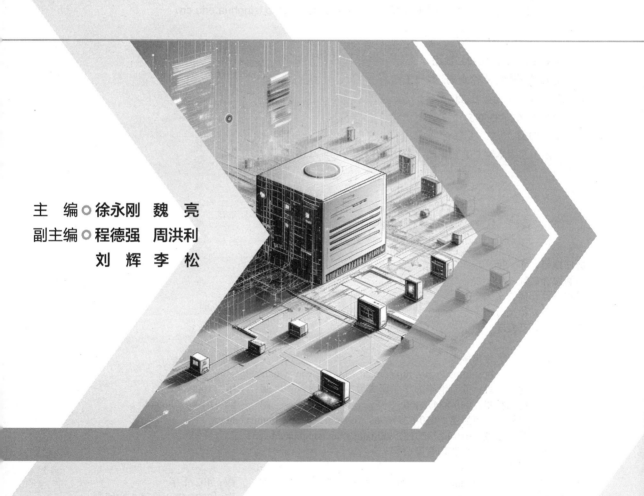

主　编◎徐永刚　魏　亮

副主编◎程德强　周洪利

　　　　刘　辉　李　松

清华大学出版社

北　京

内 容 简 介

本书基于对未来网络发展的深刻理解与洞察，结合国内外最新研究成果与实践经验，系统地介绍了未来网络领域的核心知识与关键技术。全书共分为 8 章，从"未来网络概述"这一宏观视角出发，逐步深入到"软件定义网络（SDN）""网络功能虚拟化（NFV）""云网络""自智网络""算力网络"等前沿技术，并最终聚焦于"未来网络标准与开源实现"，为读者勾勒出一幅未来网络发展的全景图。

本书在编写过程中，注重理论与实践相结合，既深入解析了未来网络的基础理论与关键技术，又紧密联系实际，通过丰富的案例分析与实验指导，帮助读者更好地理解和掌握所学知识。同时，本书还注重培养学生的创新思维与实践能力，鼓励读者在未来的学习与工作中，勇于探索未知，不断推动未来网络技术的发展与应用。

本书逻辑结构清晰，内容衔接紧密，语言通俗易懂，既可作为高等院校通信工程、网络工程、物联网工程、计算机科学与技术等相关专业的教材使用，也可供从事未来网络技术研发、网络设计与运维管理的技术人员参考学习。

图书在版编目（CIP）数据

未来网络基础 / 徐永刚，魏亮主编.

北京 : 清华大学出版社，2025. 2.

ISBN 978-7-302-68360-5

Ⅰ．TP393

中国国家版本馆 CIP 数据核字第 2025EF2297 号

责任编辑：邓　艳
封面设计：刘　超
版式设计：楠竹文化
责任校对：范文芳
责任印制：刘海龙

出版发行：清华大学出版社
　　　　网　　址：https://www.tup.com.cn，https://www.wqxuetang.com
　　　　地　　址：北京清华大学学研大厦 A 座　　　　邮　　编：100084
　　　　社 总 机：010-83470000　　　　　　　　　　邮　　购：010-62786544
　　　　投稿与读者服务：010-62776969，c-service@tup.tsinghua.edu.cn
　　　　质量反馈：010-62772015，zhiliang@tup.tsinghua.edu.cn
印 装 者：北京鑫海金澳胶印有限公司
经　　销：全国新华书店
开　　本：185mm×260mm　　　　印　　张：15.75　　　　字　　数：402 千字
版　　次：2025 年 3 月第 1 版　　　　　　　　　　　印　　次：2025 年 3 月第 1 次印刷
定　　价：59.80 元

产品编号：108695-01

前 言
PREFACE

随着信息技术的飞速发展，网络作为信息传输与交互的关键基础设施，正经历着深刻变革。从互联网诞生之初的简单数据传输，到如今支撑着全球数十亿用户的复杂生态系统，网络的发展日新月异。在数字化转型的大背景下，未来网络承载着推动各行业创新发展、提升社会运行效率的重任，其重要性不言而喻。

本书在编写过程中，注重理论与实践相结合，将中国矿业大学与未来网络创新研究院多年的教学实践成果相结合，既深入解析了未来网络的基础理论与关键技术，又紧密联系实际，通过丰富的案例分析与实验指导，帮助读者更好地理解和掌握所学知识。同时，本书还注重培养学生的创新思维与实践能力，鼓励读者在未来的学习与工作中，勇于探索未知，不断推动未来网络技术的发展与应用。

全书共 8 章内容。第 1 章对网络的发展历史进行了简要的阐述，引出"未来网络"的概念，介绍了未来网络的研究情况，并着重叙述了未来网络的架构与技术；第 2 章以软件定义网络为核心，系统阐述其起源、基本概念与特征，深入剖析各功能平面、接口协议，以及相关网络设备、控制器和应用等内容；第 3 章深入网络功能虚拟化领域，不仅对 NFV 的起源、基本概念、与 SDN 的关系进行阐述，还详尽剖析其技术基础、体系架构、管理编排及云数据中心等应用场景；第 4 章围绕云网络展开，追溯其起源与发展，阐释基本概念与架构，深入探讨软件定义云网络的需求、架构、关键技术及解决方案，同时介绍云 IDC、企业云等应用场景；第 5 章聚焦自智网络，从其产生背景、概念特征、架构等基础内容讲起，深入剖析关键技术，介绍华为、中兴等解决方案，以及三大运营商的实践案例；第 6 章着重探讨算力网络，从其产生背景出发，详尽阐释概念与架构，继而剖析算力标识与度量、网络转发及编排调度等关键技术，最后展示智慧交通和工业互联网等典型应用场景；第 7 章聚焦未来网络标准与开源实现，全面梳理 ITU-T、IETF、ETSI、MEF、CCSA 等标准机构，深入阐释开源开放生态及网络开源项目，展现未来网络发展的规范与开源力量；第 8 章综合实践，含 9 个实验，读者可以通过 51OpenLab 实验平台进行实践操作，访问地址请扫书中实验平台二维码。

本书自 2021 年着手编写，收集整理了大量文献资料，在此特别感谢江苏省未来网络创新研究院杨哲、李蓉、黄娟、崔丽娴、张傲、夏颖在 SDN、NFV、云网络等方面提出的宝贵意见；感谢李世银、华钢、尹洪胜、胡延军等老师为本书编写提供的宝贵意见；感谢徐若锋、张梦迪等老师为本书实验部分付出的辛勤劳动；感谢杨轩、王得胜、方志鹏、孙琦煊、张源、李明玉等研究生为本书的资料收集与整理付出的辛勤劳动。

在编写过程中，本书参阅了国内外众多经典的电子信息、计算机科学类规划教材，汲取并借鉴了宝贵的编排经验。虽力求内容贴近读者，但仍可能存在错漏和不当之处，敬请广大读者批评指正，期待再版时进一步完善。

编　者

2024 年 11 月

目 录
CONTENTS

未来网络概述

党的十八大以来，在习近平新时代中国特色社会主义思想指引下，信息通信业深入贯彻落实习近平总书记关于网络强国的重要思想，加强信息基础设施建设，加快行业监管体系和能力现代化建设，建立健全网络安全保障体系，推动信息通信技术与经济社会各领域深度融合，取得了历史性成就、发生了历史性变革，成为国民经济的战略性、基础性和先导性行业，促进了经济发展、社会进步和人民生活质量提高。信息通信业在实现从无到有、从小到大跨越的基础上，正迎来由大向强的跃升。目前，随着网络用户的持续增长和网络规模的不断扩大，网络已承载了众多新型业务。为适应不断变化的需求并解决传统网络所暴露出的一系列问题，未来网络这一概念应运而生，其相关技术亦在持续演进与发展。本章作为全书的开篇，首先简要阐述了网络的发展历程，进而引出本书的主题"未来网络"，并明确了其概念、基本特征以及研究现状、标准化、开源生态、开源项目和核心技术。

学习目标：掌握未来网络的概念，了解其发展历程与特征，理解未来网络的两大发展路线，并熟悉当前相关研究状况。

1.1 未来网络的发展

本章节主要分为两个部分，第一部分从四个阶段论述计算机网络的发展和未来网络的由来；第二部分对未来网络的发展路线进行简要概述。

1.1.1 互联网的发展过程

计算机网络的发展历程可分为四个主要阶段。20 世纪 50 年代后期，公用交换电话网络（Public Switched Telephone Network，PSTN）成为互联网的起源标志。1969 年，阿帕网（Advanced Research Projects Agency Network，ARPANet）正式提出并采用分组交换技术，促使第一代互联网逐渐成型。第二代互联网以万维网为代表，一直沿用至今。2007 年，未来网络概念提出并受到国家重视，被视为第三代互联网。以下将详细介绍各阶段网络发展的历程。

1. 第一阶段：互联网雏形

1946 年，电子管计算机作为世界上首台计算机问世。四年后，晶体管计算机问世，但其数量稀少且价格高昂。直至 1954 年，一种被称为收发器的计算机终端出现，人们首次利用该终端通过电话线路将穿孔卡片上的数据传输至远程计算中心计算机。此后，电传打字机也成为远程终端，并与计算机相连。用户可在远程电传打字机上输入程序，计算中心计算出的结果则可传输至远程电传打字机打印。至此，计算机网络的基本原型诞生。

到了 20 世纪 50 年代后期，随着技术的发展，可以通过线路集中器、前端控制器等通信设备将地理上分散的多个终端通过 PSTN 进行连接。如图 1.1 所示，PSTN 提供了一个模拟的专用通道，这些通道通过多个电话交换机相互连接而成。当两个主机或路由器设备需要通过 PSTN 进行连接时，网络接入侧必须借助调制解调器（Modem）实现信号的模/数、数/模转换。

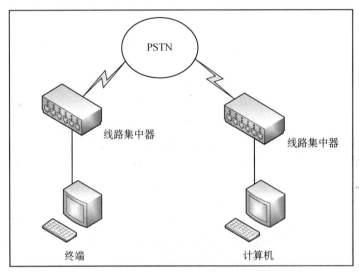

图 1.1　公用电话通信网络

从 OSI 七层模型的角度来看，PSTN 可以看成物理层的一个简单的延伸，它并未向用户提供流量控制、差错控制等服务。另外，由于 PSTN 采用的是电路交换技术，这意味着一旦通话链路建立起来直到最终释放，该链路所占用的全部带宽在这期间只能由两端的设备专享，即使两者间并无实际数据传输需求。这就导致了带宽资源无法得到充分利用。

2. 第二阶段：第一代互联网

相比于互联网雏形，第一代互联网有了质的飞跃，它在网络的硬件设备、交换技术甚至计算机网络体系结构上都做了非常多的改进，大大提高了网络的可用性和可靠性。1969 年，美国国防部建立了世界上第一个分组交换试验网络 ARPANet，它被认为是第一代计算机网络的正式诞生，也是大家公认的真正的计算机网络，是计算机网络的鼻祖，后来更是被分为了军事和科研两部分。在 ARPANet 的发展历程中，先后采用了多种代表性的新型技术或架构，具体表现如下。

1）硬件方面

一方面，用户使用的是真正意义上的全功能计算机，而不是像在互联网雏形中那样，仅具有基本收发功能的计算机终端。另一方面，采用了性能更佳的用于计算机连接的集线装备－接口报文处理机（Interface Message Processor，IMP），这样各计算机之间就不是直接用传输介质连接了，而是由 IMP 集中连接后互连，类似于现在使用交换机互连。

2）交换技术

在互联网雏形中，用户的计算机终端与计算机终端之间的数据是直接转发的，加上当时的计算机性能很低，数据处理的性能很差，当面对多个终端用户的时候，就会造成大量用户数据的丢失。1966 年，英国国家物理实验室（National Physics Laboratory，NPL）首次提出了分组的概念，后来则是直接被用在 ARPANet 中。

　　3）体系结构

　　在互联网雏形中，由于网络的规模通常都非常小，因此并未考虑体系结构方面的问题。在 ARPANet 中，开始将计算机的网络划分为两部分：各用户的计算机被划分为"资源子网"，因为网络资源都存储在这些计算机上；而用于构建计算机网络通信平台的各 IMP 以及所连接的传输介质则构成了"通信子网"，如图 1.2 所示。

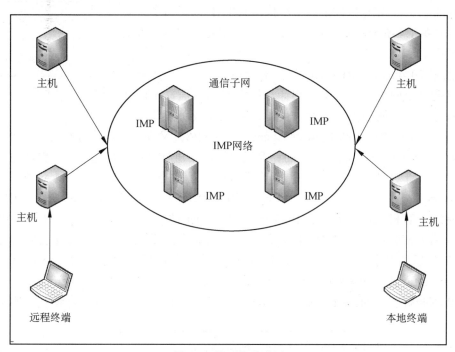

图 1.2　第一代互联网

　　1979 年，国际标准化组织提出了开放系统互连参考模型（Open Systems Interconnection Reference Model，OSI）模型。如图 1.3 所示，在 OSI 的七层体系结构当中，低四层（从物理层到传输层）定义了如何进行端到端的数据传输，也就是定义了如何通过网卡、物理电缆、交换机和路由器进行数据传输；而高三层（从会话层到应用层）定义了终端系统的应用程序和用户如何进行彼此之间的通信。

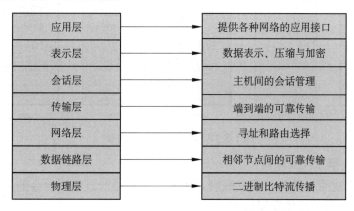

图 1.3　OSI 七层结构

虽然 OSI 的诞生大大地促进了计算机网络的发展，但主要还是应用在局域网范围中。1974 年，斯坦福大学的 Vint Cerf（文顿·瑟夫）和 Robert E.Kahn（罗伯特·卡恩）提出了著名的传输控制协议/网际协议（Transmission Control Protocol/Internet Protocol，TCP/IP）体系架构。其中 IP 是基本的通信协议，TCP 则帮助 IP 实现了可靠传输，这两个协议相互配合，实现计算机网络互联的思想。相比于 OSI 体系结构，TCP/IP 也采用了分层的思想，如图 1.4 所示，而该体系结构主要被用在广域网，推动了广域网的发展。

图 1.4　TCP/IP 五层体系结构

20 世纪 70 年代，ARPANet 虽然已经连接了几十个计算机网络，但是每个网络只能实现内部计算机之间的通信，不同计算机网络之间仍不能通信，为此，美国国防部高级研究计划局（Defense Advanced Research Projects Agency，DARPA）又设立了新的研究项目，研究的主要内容是采用一种创新的方法将独立的计算机局域网络进行互连，构建起一个整体性的"互联网"结构，研究人员将这种由多个局域网互联互通形成的新型网络体系称为"Internetwork"，简称 Internet，这个名词一直沿用到现在。这个项目主要采用了 TCP/IP 实现了不同网络计算机之间的互联。1983 年，ARPANet 被分成了两部分：一部分军用，称为 MILNet；另一部分仍称为 ARPANet，供民用。1986 年，美国国家科学基金会将分布在美国各地的 5 个超级计算机中心互连，形成了美国国家科学基金会网络（National Science Foundation Network，NSFNet）。1988 年，NSFNet 代替 ARPAnet 成为 Internet 主干网。1989 年，ARPANet 解散，Internet 正式从军用转为民用，图 1.5 为 ARPANet 的整个发展时期。

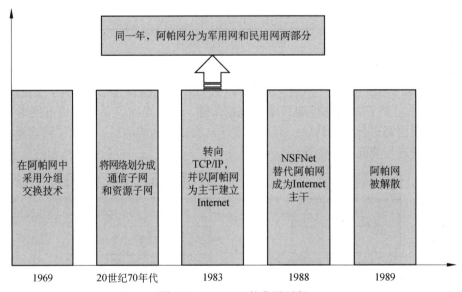

图 1.5　ARPANet 的发展历程

3. 第三阶段：第二代互联网

第二代互联网也可以称为消费互联网，主要代表便是一直沿用至今的万维网，万维网也采用 TCP/IP 体系架构，具体发展如下。

1991 年欧洲粒子物理研究实验室（European Organization for Nuclear Research，CERN）的 Tim Berners Lee 利用超文本标记语言（Hyper Text Mark-up Language，HTML）、超文本传输协议（Hypertext Transfer Protocol，HTTP）成功编制了第一个局部存取浏览器 Enguire。从这时开始，Web 应用开始飞速发展，随后通过不断演进最终形成了著名的万维网（World Wide Web，WWW）技术。

随着万维网的大规模应用，Internet 一词广泛流传，之后十年，互联网成功容纳了各种不同的底层网络技术和丰富的上层应用，迅速风靡全世界。直到今天，互联网已经成为现代社会的基础设施之一，它被应用到了国家、社会、生活的方方面面，为人类搭建了前所未有的信息通信、技术和资源共享的环境，彻底地改变了人们的生活方式，极大地推动了社会的进步和经济的发展。

4. 第四阶段：未来网络（第三代互联网）

未来网络阶段，互联网逐渐由消费型应用向生产型应用转变，工业互联网、能源互联网、智能制造、4K/8K 建设、AR/VR 和车联网等新型业务不断涌现，如图 1.6 所示。这些新型业务对网络的可扩展性、安全性、可管控性、移动性、高效服务分发能力、绿色与节能等方面提出了新的挑战，要求网络能够满足确定性的实验，超海量连接，高安全、高可靠等多种多样的要求。

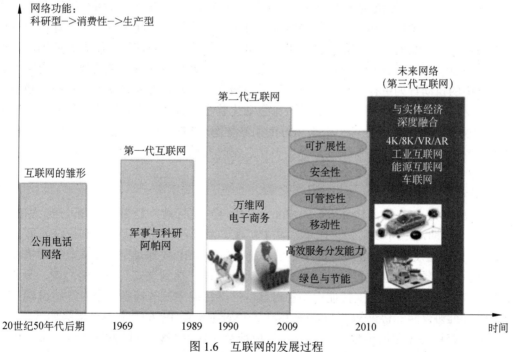

图 1.6 互联网的发展过程

自未来网络概念提出以来，它引起了全球学术界和产业界的关注，相关的体系架构和技术也不断被推出。近年来，中国移动、中国电信、中国联通、BAT 和谷歌等全球运营商和互联网公司以及众多创业公司纷纷开展未来网络技术创新和产业化工作，旨在运用新的架构、新的技术构建新一代的网络，来满足不断发展创新应用的需求。

我国政府层面也非常重视未来网络的发展，国务院于 2013 年 2 月份发布了 8 号文件，把未来网络实验设施项目列入《国家重大科学基础设施建设中长期规划（2012—2030）》中，并于 2016 年 12 月正式批复立项，该项目致力于建设一个持续发展的、国际化的未来网络大规模通用设施，满足"十三五"和"十四五"期间，国家关于网络一体化、网络空间安全等重大科技项目的实验验证需要，以及运营商、互联网公司面向新型应用需求的各类创新实验。

1.1.2　未来网络的发展路线

针对传统网络逐渐暴露出来的问题，提出了"演进型""革命型"两大类的技术路线和解决思路。

1. 演进型路线

"演进型"技术路线是在当前既有的互联网网络架构基础之上，采取渐进而有序的"打补丁"方式进行优化与改良。主要技术有新型组网技术、升级已有的协议以及借助人工智能（Artificial Intelligence，AI）的自智网络，具体表现如下。

1）新型组网技术

随着互联网用户的日益增多以及用户需求的不断变化，现有以 IP 为网络层的体系架构已经越来越难以持续发展，软件定义网络（Software Defined Network，SDN）应运而生。SDN 架构主要可以分为三大部分：SDN 控制平面、SDN 数据平面和 SDN 应用平面。SDN 控制平面由 SDN 控制器进行集中控制，一方面获取网络资源的全局视图，另一方面根据业务需要进行全局资源调配和优化，如网络服务质量、负载均衡功能、网络配置管理和控制策略下发等。数据平面的核心是交换机，主要负责数据处理、高速转发和状态收集等，数据包的控制策略以及网络配置管理可以由控制器完成，可大大提高网络管控的效率。应用平面是指对网络中的自动行为进行编程，以协调所需的网络硬件和软件元素支持各种应用和服务的能力，可支持跨域、跨层以及跨厂家的资源自动化整合，有助于提升网络能力的开放性及服务的端到端自动化水平，为客户带来更好的用户体验。SDN 通过标准的南向接口屏蔽了底层物理转发设备的差异，实现了资源的虚拟化，同时开放了灵活的北向接口，可供上层业务按需进行网络配置并调用网络资源。

2）升级已有的协议

网际协议 v4（Internet Protocol Version 4，IPv4）是目前广泛部署的 Internet 协议。在 Internet 发展初期，IPv4 以其协议简单、易于实现、互操作性好的优势得到快速发展。但随着 Internet 的迅猛发展，IPv4 设计的不足也日益明显，如 IPv4 地址空间短缺、报文报头格式设计复杂、地址频繁重新配置和编址、路由聚合能力差、端到端安全支持能力差、服务质量（Quality of Service，QoS）支持能力差和对移动性支持能力差等问题。针对这些弊端，提出了新型的标准协议网际协议 v6（Internet Protocol Version 6，IPv6），其具体优势如下。

（1）具有近乎无限的地址空间，巨大的地址空间使得 IPv6 可以方便地进行层次化网络部署，便于进行路由聚合，提高了路由转发效率。

（2）IPv6 报文头的处理较 IPv4 更为简化，提高了路由转发设备的处理效率。

（3）IPv6 协议内建了自动配置地址的功能，使得主机能够自动探知网络并获取 IPv6 地址，这一特性显著提升了内部网络的管理便捷性。

IPv6 中，网络层支持 IPSec 的认证和加密，支持端到端的安全，同时 IPv6 新增了流标记域，提供 QoS 保证。和移动 IPv4 相比，移动 IPv6 使用邻居发现功能可直接实现外地网络的发现并得到转交地址，而不必使用外地代理。并且利用路由扩展头和目的地址扩展头，移动节点和对等节点之间可以直接通信，解决了移动 IPv4 的三角路由和源地址过滤问题，移动通信处理效率更高且对应用层透明。

IPv6 的地址长度为 128 位，是 IPv4 地址长度的 4 倍。因此 IPv4 点分十进制格式不再适用，IPv6 采用十六进制表示。IPv6 报文的整体结构分为 IPv6 报头、扩展报头和上层协议数据三部分，如图 1.7 所示。IPv6 报头是必选报文头部，长度固定为 40B，包含该报文的基本信息。扩展报头是可选报头，可能存在 0 个、1 个或多个扩展报头，IPv6 通过扩展报头实现各种丰富的功能。数据是该 IPv6 报文携带的上层数据，可能是 ICMPv6 报文、TCP 报文、UDP 报文或其他可能的报文。

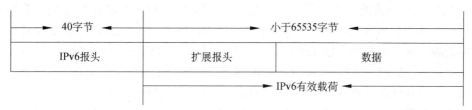

图 1.7　IPv6 数据报结构

IPv6 主要定义了三种地址类型：单播地址（Unicast Address）、组播地址（Multicast Address）和任播地址（Anycast Address）。与原来的 IPv4 地址相比，IPv6 地址新增了"任播地址"类型，取消了原来 IPv4 地址中的广播地址，因为在 IPv6 中的广播功能是通过组播来完成的，这三种类型的地址功能如下。

（1）单播地址：用来唯一标识一个接口，类似于 IPv4 中的单播地址。发送到单播地址的数据报文将被传送给此地址所标识的一个接口。

（2）组播地址：用来标识一组接口（通常这组接口属于不同的节点），类似于 IPv4 中的组播地址。发送到组播地址的数据报文被传送给此地址所标识的所有接口。

（3）任播地址：用来标识一组接口（通常这组接口属于不同的节点）。发送到任播地址的数据报文被传送给此地址所标识的一组接口中距离源节点最近（根据使用的路由协议进行度量）的一个接口。

3）自智网络

随着机器学习技术的发展，AI 在生物信息学、语音识别和计算机视觉等各种领域的应用均取得突破。事实证明，这种利用大量数据进行学习以掌握规律的方式，为众多问题带来了全新的解决方案。同时，种类繁多且不断增加的网络协议、拓扑和接入方式使得网络的复杂性不断增加，通过传统方式对网络进行监控、建模、整体控制变得愈加困难。网络急需一种更强大，更智能的方式来解决其中的设计、部署和管理问题。于是，自智网络应运而生。未来网络将人工智能技术应用到网络中来实现故障定位、网络故障自修复、网络模式预测、网络覆盖和容量优化、智能网络管理等一系列传统网络中很难实现的功能。

2. 革命型路线

"革命型"技术路线主张采取"Clean Slate"（从头再来）的策略，即在不受现有互联网约束的基础上探讨新的网络体系结构，重新设计网络通信协议，并将其定义为未来网络体系架构，主要技术有信息中心网络（Information-Centric Networking，ICN）、服务定制网络、可表述互联网架构（eXpressive Internet Architecture，XIA）和 MobilityFirst，具体表现如下。

1）信息中心网络

在现有的网络使用模式中，信息传递变得越来越重要，通信过程中数据所在位置的重要性被逐渐淡化，相对于数据所在的物理或逻辑位置而言，用户更加关心的是数据内容本身。网络的使用模式已经由传统的面向主机连接模式逐渐演变为以信息为中心的转发模式。因此，业界提出了 ICN 这一新型网络架构，其核心思想是采用以信息命名方式取代传统的以地址为中心的网络通信模型，实现用户对信息搜索和信息获取，是一种针对海量内容分发而提出的未来网络架构。相比于传统 TCP/IP 网络关注内容存储的位置，ICN 更加注重内容本身，旨在增强互联网安全性、支持移动性、提高数据分发和数据收集的能力、支持新应用与新需求。

根据 ICN 设计方式的不同，又可分为集中式 ICN 架构和分布式 ICN 架构。集中式 ICN 架构采用扁平化的命名方式，即在名字中嵌入内容的哈希，不可读的名字需要通过集中控制的名字解析服务解析出路由和转发的路径；而分布式 ICN 架构采用分层的命名方式，类似于统一资源定位符（Uniform Resource Locator，URL）的结构，分层的根路径为内容发布者的名字前缀，路由和转发直接基于内容名字路由，不存在任何解析过程。

集中式架构以发布订阅互联网技术（Publish-Subscribe Internet Technology，PURSUIT）/发布订阅互联网路由范式（Publish-Subscribe Internet Routing Paradigm，PSIRP）为主要代表，采用扁平结构的命名方式为请求内容进行命名，请求者将该请求发送给一个集中控制的名字解析服务系统进行名字解析，获取请求内容的路由和转发信息，并返回给请求者。请求者按照返回的信息进行路由和转发，将请求发送给内容源或者内容缓存节点以获得内容。

分布式架构以命名数据网络（Named Data Networking，NDN）为主要代表。NDN 在保留了 Internet 的沙漏模型的基础上，通过改造细腰层，设计出了一个天然支持内容分发的通用网络架构。它突破了传统报文只能使用通信终端地址进行命名的局限，使得 NDN 报文能够采用终端地址、服务指令等多种方式进行命名。这一创新有效地解决了传统通信中的固有问题，提升了数字内容的分发和控制效率。根据 NDN 的设计理念，它包含两种网络交互使用的报文，分别是请求报文和数据报文。作为请求方驱动的网络，NDN 的请求报文由内容请求者向内容源发出，表达请求者想要获取某一内容；NDN 的数据报文含有由内容源或者内容缓存节点向请求者发送的内容数据。同时，NDN 通信节点还包含三种数据结构，分别是内容缓存库（Content Store，CS）、待定兴趣表（Pending Interest Table，PIT）和转发信息表（Forwarding Information Base，FIB）。CS 用于缓存节点收到的数据报文内容，相同的内容请求可能会在路由器节点获取到，减少内容请求对于内容源的访问次数并避免冗余流量的重复传输；PIT 用于记录已经转发出去但未被响应的请求报文的内容名及其来源的接口，PIT 可以让经过一个节点且请求相同内容的请求报文聚合在一个表项中，这个过程仅转发一个请求报文，返回的数据报文按照 PIT 表项的指示，沿请求报文转发的路径反向返回，准确到达请求方；FIB 类似于 TCP/IP 网络中的 FIB，都是依靠路由协议生成，记录着当前节点通往内容源或内容缓存节点的下一跳接口，是节点转发请求报文的依据。

2）服务定制网络

随着互联网业务的迅猛发展，急剧增加的互联网流量、用户的差异化需求以及实体经济与互联网的深度融合使当前网络面临着前所未有的挑战。传统基于 TCP/IP 的网络体系架构在可扩展性、安全性和可控可管等方面存在很多问题。针对上述挑战，江苏省未来网络创新研究院、北京邮电大学、中科院计算所等单位联合提出了服务定制网络（Service Customized

Networking，SCN）的设计理念，SCN 基于软件定义网络设计，继承了其数据控制分离以及网络可编程的主要特点，并针对当前互联网中的问题，增加了网络虚拟化能力以及内容智能调度能力，其体系架构如图 1.8 所示。

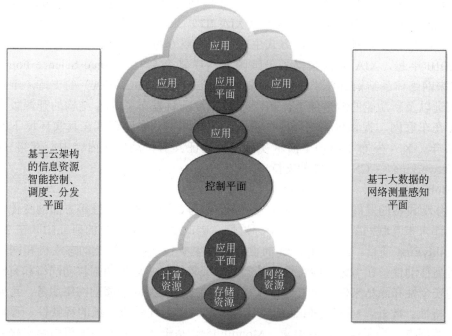

图 1.8 服务定制网络架构图

（1）基于网络控制（软件实现）与数据交换（硬件实现）分离解决网络管控复杂的问题，同时可以灵活构建不同服务质量等级的虚拟网络，从而为不同用户提供差异化服务。

（2）基于云架构的信息资源智能控制、调度和分发，可以实现信息内容资源智能有序调度，内容贴近用户部署，解决信息重复传输问题，从而可以更有效利用基础网络资源。

（3）基于大数据技术对采集的网络数据进行分析，分析的结果会反馈给分发和控制平面，为网络内容调度、智能控制提供支撑。

基于服务定制网络的设计理念，2014 年进一步提出了面向服务的互联网体系结构（Service Oriented Future Internet Architecture，SOFIA），其核心思想是以服务驱动路由，使用服务名字标识作为"细腰"。应用程序只需关心用户访问的服务，无须关心服务所在的位置。客户通过请求服务（服务名字）对服务会话进行初始化。接收到服务请求后，路由器根据服务转发表的相应规则处理请求。这些规则可以是转发规则（如负载均衡），也可以是处理规则（如缓存策略），并且规则可以由集中控制器下发，以满足网络运营者的特定需求。为了解决服务转发规则频繁更新的问题以及复杂的转发规则带来的查找性能问题，且为了与现有网络兼容发展，SOFIA 服务核心构建在网络层（如 IPv4/IPv6）之上，在两个层之间实现了服务处理的解耦，服务层提供灵活的服务处理，而网络层提供高效的数据传输。

3）XIA

为了解决网络使用模式多样化，满足可靠通信的需求，以及有效地协调相关利益者来提供网络服务，卡耐基梅隆大学的研究团队提出了 XIA。XIA 主要具有可演进、可信、灵活路由等特点。可演进的特点保证了网络体系架构的需要不再局限于某一种特定通信主体，从而支持了网络的长期演进。可信的特点保证了分组数据的可信转发，是一种 XIA 的内在安全机制。灵活路由特性为路由可靠性和未来网络与现有网络兼容提供了很大的灵活性。XIA 结构把网络中的发送方或接收方都视为一种 principal。对于不同的 principal，路由器通过使用不同的处理方式来实现不同的网络功能，同一个应用可以包含多个不同的 principal 来实现多种网络功能。此外，XIA 采用了 XID（XIA ID）来提供通信的内在安全性（Intrinsic Security），每个 XID 通过密码学的方式生成，通信双方通过 XID 进行身份和内容完整性验证。自 2010 年起，XIA 项目获得了美国国家科学基金会（National Science Foundation，NSF）未来网络体系结构研究计划（Future Internet Architecture，FIA）的支持，重点关注互联网的演进以及新功能的增量部署。2012 年，XIA 项目发布了 XIA 结构的开源版本，2014 年，XIA 在车联网、视频传输网环境中进行了部署测试，来验证其在真实环境下的运行状况，2016 年，XIA 发布了第一个演示视频，来验证其对移动性和内容中心网络（Content-Centric Networking，CCN）功能的支持。

4）MobilityFirst

随着移动设备的发展与普及以及随之而来的服务、管理和可信性等方面的变化，在移动平台上设计未来互联网架构这一需求十分迫切，因此罗切斯特大学的研究团队在 2010 年发起了 MobilityFirst 项目。MobilityFirst 的设计目标主要包括：在符合动态主机和网络规范的基础上提高移动性；在考虑无线特性的基础上保证鲁棒性；通过加强移动网络和有线网络基础设施的安全性和隐私来保证可靠性；支持灵活的上下文感知的移动网络服务、可发展的网络服务等特性。此外，MobilityFirst 的设计也考虑到了无线频谱资源的稀缺性、移动设备的能源约束等问题。为了满足这些要求，MobilityFirst 基于如下的核心思想构建未来互联网的体系结构。

（1）位置标识与身份标识分离。

（2）每个命名对象都具有扁平的全局唯一的名字。

（3）采用全局名称解析服务（Global Name Resolution Service，GNRS）完成位置标识与身份标识映射信息的注册、更新、查询。

（4）设计多种路由方式应对未来网络的复杂多变场景。

自 2010 年起，MobilityFirst 项目获得了 FIA 的支持，为四个未来互联网研究项目之一。2011 年，MobilityFirst 基于全球网络探索环境（Global Environment for Network Investigations，GENI）项目进行了初步的概念协议验证，2012 年，它又对基于 SDN 的 OpenFlow 协议进行了验证。

1.2　未来网络的研究

本节将着重针对未来网络的发展现状展开叙述，首先介绍各个国家和地区针对未来网络提出的政策和开展的项目，其次阐述面向未来网络的开放生态和标准机构，然后阐述未来网络的核心技术和相关的开源项目以及各个国家和地区目前的未来网络试验措施。

1.2.1　研究现状

由于传统网络的种种弊端，未来网络的发展备受瞩目，各个国家和地区纷纷制定相应的计划措施，开展对应的项目，具体表现如下。

1. 美国

美国关于"未来网络"架构的研究项目主要由 NSF 组织和管理，涉及未来互联网设计和 FIA 等研究计划。2005 年开始，"未来互联网设计"方面资助了一大批研究项目，包括新型体系结构、路由机制、网络虚拟化、内容分发系统、网络管理、感知与测量、安全和无线移动等，旨在进行不受传统互联网限制的广泛研究，之后再进行优中选优。"未来互联网架构"研究计划于 2010 年启动，陆续启动支持了多个研究项目，从内容中心网络架构、移动网络架构、云网络架构、网络安全可信机制和经济模型等方面对"未来网络架构"的关键机理进行探索研究，2014 年该计划进入了第二阶段。

2. 欧盟

2007 年开始，欧盟第七框架计划陆续资助了规模庞大的"未来网络"研究项目，包括未来网络架构、云计算、服务互联网、可靠信息通信技术、网络媒体和搜索系统等。其中一些项目聚焦"未来网络体系结构"，如 4WARD。该项目旨在提出克服现有互联网问题的全新整体性解决方案，下设新型体系架构、网络虚拟化、网络管理等 6 个子课题，基本覆盖了"未来网络"发展的主要研究方向。

3. 日本

2006 年，日本国家信息通信技术研究院启动了 AKARI 研究计划，其核心思路是摒弃现有网络体系架构限制，从整体出发研究全新的网络架构，并充分考虑与现有网络的过渡问题。提出了"未来网络"架构设计需要遵循的简单、真实连接和可持续演进三大原则，并进行了包括光包交换、光路交换、包分多址和传输层控制等多项技术创新。2010 年，日本国家信息通信技术研究院整合了 AKARI、JGN-X 等多个未来网络领域的相关研究项目，形成了新一代网络研究与发展计划（New-generation network R&D project）。该计划目标是覆盖新一代网络研究的各个领域，通过有效合作探讨未来网络相关领域的核心技术成果，使未来网络可以满足大规模、多终端情景下的高层次用户需求，解决未来网络的可持续发展问题，并创造新的社会价值。

4. 中国

2007 年，"一体化可信网络与普适服务体系基础研究""新一代互联网体系结构和协议基础研究"等一系列研究取得成果，对"未来网络"新型体系结构及路由节点模型进行了前期探索。2012 年，科技部启动了面向未来互联网架构的研究计划。2013 年，国务院正式发布的《国家重大科技基础设施建设中长期规划（2012—2030 年）》明确提出："建设未来网络研究设施，解决未来网络和信息系统发展的科学技术问题，为未来网络技术发展提供试验验证支撑。"同年 8 月 8 日，中国首个未来网络小规模试验设施在南京开通，并实现了与美国和欧盟等未来网络架构的互联。

1.2.2　试验设施

未来网络的发展需要大规模的、真实的试验环境，以支持创新架构和技术的测试验证。目前，美国、欧盟、日本、韩国等国家和地区均建设了国家级的网络创新试验环境，我国也高度重视，建设了中国未来网络试验设施（CENI）。

1. 美国

从 2005 年至今，NSF 投入超过 3 亿美元，联合 100 多家单位，共同建设国家级的网络试验床原型 GENI，并进一步转化为建设真实可用的试验网络，促进全球未来互联网革命性的创新。此外，还设立了包括命名数据网络（Named Data Networking，NDN）、MobilityFirst、NEBULA、XIA 和机会网络（Network Innovation through Choice，Choicenet）等在内的 5 个未来互联网体系结构的研究项目，促进未来网络各项相关关键技术研究的革新。

GENI 主要由两大部分组成，一是 GENI 研究计划（GENI Research Program），另一部分是为研究计划提供研发验证平台的 GENI 全球实验设施（Global Experimental Facility），其中研究计划将主要聚焦于已存在的 NSF 资助项目，诸如 NeTS（网络系统和技术研究计划）、CyberTrust、CRI 以及 Distributed System 等。

GENI 的目标是搭建一个可编程、虚拟化、异构网络互联且具备安全性和健壮性的开放性全球网络，关键技术包括网络虚拟化、联邦、切片和可编程等。其底层基础设施包括动态光网络、转发器、存储与处理器集群及无线子网等。目前，参与 GENI 的学校和研究所几乎囊括了美国所有顶尖的机构，包括斯坦福、麻省理工、卡耐基梅隆、普林斯顿，甚至国防部等，积极参与的公司包含了 Ciena、Cisco、CNRI、Fujitsu、Hewlett-Packard、Infinera、NEC、Netronome、SPARTA、Qwest 等。

GENI 以一年为一个螺旋开发期，根据其发展路线图，第一阶段的项目大多是封闭的"试验岛"，主要包含以 PlanetLab、Emulab 为基础的五个项目集。自第二阶段开始，GENI 开始将不同项目通过美国国家骨干网 Internet2 和 NLR（National LambdaRail）连接起来，以构建可兼容的中等规模 GENI 基础设施原型。

2. 欧盟

欧盟建立了未来互联网研究与实验（Future Internet Research and Experimentation，FIRE）项目，该项目在各个领域分别进行研究，包括有线网络试验床、无线网络试验床、物联网试验床、5G 试验床、OpenFlow 试验床、云计算试验床等。FIRE 作为长期试验驱动的原创性研究项目，旨在探讨未来互联网的网络体系结构和协议的新方法，以试验的方法推动未来互联网新体系、新概念和范例的研究，支持并管理大规模、复杂性、移动性、安全性以及透明性需求日益增长的未来互联网，从而为欧洲互联网技术发展提供一个多学科综合的研究试验环境。

有线网络试验床基于 IP 网络和通用服务器建设大规模试验网络，提供 IP 层以上的试验服务能力。目前已经覆盖欧洲、美国、亚洲和澳洲等 205 个区域，包含 343 个服务节点。物联网试验床支持无线传感器网络试验以及基于物联网络感知信息的应用试验两个类型的试验。截至 2017 年，传感器节点已经达到 15000 多个。无线网络试验床基于 SDN 建立了小规模室内无线网络和大规模的室外无线网络，包括 Wi-Fi、全球微波接入互操作性（World Interoperability for Microwave Access，WiMAX）和长期演进（Long Term Evolution，LTE）等无线传输技术。OpenFlow 试验床允许用户通过对控制器编程，进行二层网络实验。云计算网络试验床建设目标是验证云架构、云概念和商业模型的合理性和实用性，作为云服务软件原型系统的测试平台。

3. 日本

日本情报通信研究机构（National Institute of Information and Communications Technology，

NICT）在 1999 年开发了日本千兆网（Japan Gigabit Network，JGN）研发试验台网络。在 2011 年，启动 JGN-X 项目，旨在建立新一代网络，并根据技术趋势提高网络功能和性能。通过试验台的运作，推动广泛的研发活动、各种应用的展示和尖端网络技术的发展。JGN-X 是日本最大的网络试验床项目，它是在 JGN2 试验床基础上的拓展实现，它集成了虚拟化技术，能够提供各种服务用于网络技术的研发和网络应用的实验。

JGN-X 网络测试平台研发实验室建立了 4 个研究主题：网络编排（运营管理）研究、大规模仿真研究、有线/无线网络虚拟化基础研究和光/无线综合网络控制研究。这些主题都促进了新一代试验台现场实验所需的基础和操作研发活动。

4. 韩国

韩国开发了未来网络试验项目 KREONET-s，该项目的第一阶段目标是为 KREONET 用户提供韩国的第一个 SDN-WAN 服务，这个阶段在 2017 年完成。第二阶段的目标是基于 SDN 控制平台的开放网络操作系统（Open Network Operating System，ONOS）和可编程网络设备，提供一个全国范围内的可编程网络基础设施。目前，该项目在大田、首尔、釜山、光州、昌都、芝加哥、朝鲜和美国的六个区域和国际网络中心进行软件开发。

为了增强 KREONET 网络操作，KREONET-s 项目中的每个 ONOS 控制器都位于韩国的地理分布区域网络中心，以获得 SDN 的可伸缩性、高可用性、可靠性和高性能。

5. 中国

为适应全球网络变革的新趋势，2018 年国家发展改革委员会批复了未来网络试验设施项目的建设，建设周期为五年（2019～2023 年），这是我国在通信与信息领域建设的首个国家重大科技基础设施。

未来网络试验设施（CENI）是一个开放、易用、可持续发展的大规模通用试验设施，可为研究未来网络创新体系结构提供简单、高效、低成本的试验验证环境，支撑我国网络科学与网络空间技术研究在关键设备、网络操作系统、路由控制技术、网络虚拟化技术、安全可信机制、创新业务系统等方面取得重大突破，满足国家关于下一代互联网、网络空间安全、天地一体化网络、工业互联网、军民融合网络等方向战略性、基础性、前瞻性创新试验与验证需求。设施可验证适合互联网运营和服务的网络场景，探索适合我国未来网络发展的技术路线和发展道路。

CENI 的布局是一张覆盖全国、辐射全球的"大网"，是由全国 40 个城市核心节点、133 个边缘节点组成的当前覆盖最广的国家重大科技基础设施，是全球首个基于全新网络架构构建的大规模、多尺度、跨学科的网络试验环境。全网采用"一总三分"管控体系，南京为运行管控总中心，具备全局资源展示、全网统一试验门户、分级管理控制等功能；设立北京、合肥、深圳三个运行管控分中心，以实现对试验设施的高效运维和管理。

CENI 分别从网络演进和变革两个角度，着力攻克传统网络难以解决的技术瓶颈。CENI 已实现南京、北京、深圳、合肥、上海、广州、武汉、南昌、西安、沈阳、重庆等 40 个主要大型城市全覆盖。设施已具备"分钟级"按需定制网络能力、"微秒级"确定性保障服务能力、"千万级"大规模多云交换服务能力和"TB 级"智驱网络安全防护，能够支撑实体经济对网络差异化服务、确定性、低时延的特性需求，在"十四五"期间将重点加强工业互联网确定性外网、国家级新型交换互联中心 IXP、智能汽车新型车载网络等建设及应用，全面助力相关产业创新发展。

CENI 为网络体系结构基础理论与核心技术研究提供规模验证手段，有助于探索网络科学模型与持续演进发展机理，突破自主知识产权的网络核心器件、设备与系统关键技术，全面提升国家在网络科学技术领域的前瞻研究能力。为网络与信息安全攻击防护理论、技术、系统提供验证与演练平台，为构建我国自主安全可控的网络基础设施提供支撑，全面提升国家网络信息空间安全保障与对抗能力。

1.3 未来网络架构与技术

1.3.1 SDN

SDN 是一种新型网络架构，它的设计理念是将网络的控制平面与数据转发平面进行分离，并实现可编程化控制，如图 1.9 所示。在控制层，包括具有逻辑中心化和可编程的控制器，可掌握全局网络信息，方便运营商和科研人员管理、配置网络和部署新协议等。在数据层，包括具有转发功能的交换机，可以快速处理匹配的数据包，适应流量日益增长的需求。控制平面和数据平面两层之间采用开放南向接口协议进行交互。控制器通过标准南向接口向交换机下发统一数据处理规则，交换机仅需按照这些规则执行相应的动作即可。因此，SDN 技术能够有效降低设备负载，协助网络运营商更好地控制基础设施，降低整体运营成本。

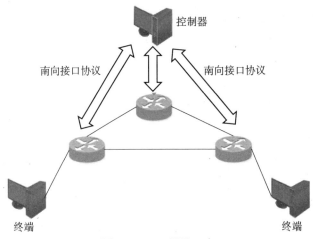

图 1.9 SDN 设计理念

SDN 带来的最大价值是提高了全网资源的使用效率，提升了网络虚拟化能力并加速了网络创新。集中部署的控制层可完成拓扑管理、资源统计、路由计算、配置下发等功能，获得全网资源使用情况，隔离不同用户间的虚拟网络。应用程序可以通过控制器开放的北向接口获取网络信息，采用软件算法优化网络资源调度，提高全网的使用率和网络质量，同时将虚拟网络配置的能力开放给用户，满足用户按需调整网络的需求，实现网络服务虚拟化。

SDN 技术自从问世以来得到了广泛的认可和应用，如 VMware 公司在收购了 Nicira 之后，推出了自己的 SDN 网络虚拟化平台 NSX，成功实现了 SDN 在网络虚拟化中的应用，成功进军数据中心网络市场。运营商亚太环通（Pacnet）公司在天津启用的互联网数据中心（Internet Data Center，IDC），利用 SDN 技术的开放可编程接口，提供给用户原来无法获得的对网络配置管理和策略部署的灵活性控制，为用户提供自助调整带宽的功能，实现了业务的灵活性。其他众多技术公司利用 SDN 技术转发层面的灵活性，实现包括网络安全（如防 DDoS 攻击）、负载均衡+NAT、TAP 应用、PPPoE 和 IP 区分等场景应用。但目前，关于 SDN 基础技术的研究存在着一些严峻的挑战：

① 尽管集中控制可以使网络具有可编程和敏捷性，但是相比分布式网络，集中式网络的整体性体验质量较差，网络必须在支持动态编程的前提下保证服务等级协议（Service Level Agreement，SLA）中定义的性能指标。

② 以 ONF 为代表的知名标准化组织专注于 SDN 的发展和标准化工作。他们致力于推动 OpenFlow 协议的一致性测试，并制定了专为 SDN 控制器基准而设立的 IETF 草案，为性能测量提供了标准化方法。但是，目前行业还没有对 SDN 实现进行基准测试的标准，也尚未定义 SDN 测试性能和互联能力的指标，这些都会对 SDN 的采用产生影响。

③ SDN 可以通过协调与集成边缘或传统网络的设备实现端到端的网络自动化。由于现存网络中存在大量的传统设备，因此基于 SDN 的网络需要能够支持传统网络的网元和框架、支持端对端的服务。

④ SDN 集中控制器的机制存在安全问题，易受到攻击，因此需要提高控制器的容灾支持和故障恢复机制。

当前，SDN 技术的发展趋向更加开放灵活的数据平面、更高性能的开源网络硬件、更加智能的网络操作系统、网络设备的功能虚拟化和高度自动化的业务编排等五个方面。SDN 产业的发展主要趋向数据中心场景下的创新应用、运营商场景下的创新应用和产业界大规模的商用部署等三个方面。在这些方面，也产生了众多基于 SDN 的网络新技术，具体内容如下。

1. Segment Routing 技术

由于互联网业务与 SDN 技术的迅猛发展，网络基础架构面临巨大挑战，需要一种全新的技术来支撑基于业务和应用的超大规模流量工程。正是在这样的背景下，IETF 推动了 Segment Routing 这一支持 SDN 架构的新型路由转发协议。Segment Routing 是一种源路由机制，用于优化 IP、多协议标签交换（Multi-Protocol Label Switching，MPLS）的网络能力，可以使网络获得更佳的可扩展性，并以更加简单的方式提供流量工程（Traffic Engineering，TE）、快速重路由（Fast Reroute，FRR）、MPLS VPN 等功能。在未来的 SDN 网络架构中，Segment Routing 将为网络提供和上层应用快速交互的能力。SR 通过 SDN 控制器，可以根据网络状态，进行源路由路径控制，无须修改路径上网络设备的路由信息，从而使得大规模部署流量工程变得简单可行。Segment Routing 是近年基础网络领域重要创新之一，其意义不亚于甚至超过 20 年前 MPLS 的出现。随着 SDN 在城域网、广域网乃至核心网中的大规模应用，SR 搭载 SDN 无疑将重塑新型网络架构，并逐步取代传统的协议工作方式。

2. Intent-Based Networking 技术

在网络环境竞争日益激烈且蓬勃发展的今天，我们比以往任何时候都更加迫切地需要构建一种更为灵活且反应敏捷的网络体系。思科提出了一种新的网络控制和管理理念，用户只需要提供目的地址，由网络设施自动翻译为网络配置指令执行，并不断收集和监控网络运行质量进行反馈，从而实现持续优化网络的目的。基于意图的网络（Intent-Based Networking，IBN）体系结构使用软件和硬件的组合来控制网络基础设施。它允许用户表达他们期望的网络状态、基础设施配置以及安全策略等，并且自动实现并维护该状态。IBN 系统具有四个特点：翻译和验证、自动实施、状态意识、保证和动态优化/修复。该方案的提出为数据中心、园区网和广域网等开辟了新局面。

3. P4 技术

软件定义网络的可编程性目前仅局限于网络控制平面，其转发平面在很大程度上受制于功能固定的包处理硬件。新一代高性能可编程数据包处理芯片以及"P4"高级语言的出现，让网络拥有者、工程师、架构师及管理员可以自上而下地定义数据包的完整处理流程。P4这种专用的编程语言，其特点为协议无关性、目标无关性以及现场可重配置能力。首先 P4定义数据包的处理流程，然后利用编译器在不受限于具体协议的交换机或网卡上生成具体的配置，从而实现用 P4 表达的数据包处理逻辑。这种可编程数据平面有助于网络系统供应商进行更快速的迭代开发，甚至直接通过打补丁修复现有产品中发现的数据平面程序漏洞。它也可以帮助网络拥有者实现最适合其自身需求的具体网络行为。对于网络芯片供应商，P4可以使供应商更加专注于设计并改进那些可重用的数据包处理架构和基本模块，而不是纠缠特定协议里错综复杂的细节和异常行为。

4. SD-WAN 技术

软件定义广域网（Software-Defined Networking in a Wide Area Network，SD-WAN），借助 SD-WAN 技术，广域网技术正在由传统"两点一线"的封闭方式，向开放的、灵活的、连接多数据中心的方式演进。在 SD-WAN 架构下，设备的管理平面、控制平面与数据转发平面分离，并通过 SD-WAN 控制器实现对全网 SD-WAN 网关的集中管理和控制。SD-WAN能解决传统广域网面临的一系列挑战，简化广域网的部署、管理与维护，可以帮助企业在互联网上面拓展带宽资源，提高传输效率并控制带宽成本，最终实现面向业务应用的或基于链路质量的路径选择和流量与性能的可视化管理等。

5. 基于 SDN 的 IP+光技术

为了降低带宽成本并实现合理的投入产出比，IP 骨干网络架构要向扁平化、全互联演进。从技术发展的趋势来看，IP 层和光层在不断地融合。随着网络流量的爆发式增长，运营商面临着一系列的挑战，如骨干网流量快速增长，IP 层和光层扩容成本高昂；IP 网络与光网络协同能力差，业务开通和部署周期长；IP 层和光层无法感知对方的网络拓扑和保护能力，无法有效协同保护；网络优化改造对现网业务影响巨大；从规划到实现部署周期长，成本高。为应对上述挑战，提出了基于 SDN 的 IP+光协同方案，其具体的实施方案包括在光层网络构建灵活的带宽云，在 IP 网络实现和光网络灵活的互操作，利用 SDN 控制器实现全局视角的集中控制和在统一的运维层实现网络的抽象和业务自动化等。

6. 软件定义光网络技术

随着云计算、数据中心的广泛应用，各种宽带新业务不断涌现，由此产生的庞大数字洪流，给作为信息基础设施的光网络带来巨大挑战。软件定义光网络指光网络的结构和功能可根据用户或运营商需求，利用软件编程的方式进行动态定制，从而实现快速响应请求、高效利用资源、灵活提供服务的目的。将软件编程的思想引入光网络业务平面、控制平面和传送平面，使光网络体系架构不仅具备用户业务感知的能力，还具备传输质量感知的能力。基于软件编程控制的思想，可以实现光网络元素的软件可编程控制，从而全面提升光网络的灵活扩展能力，解决传统多层异构网络面临的多个关键问题。

7. 智能网卡技术

智能网卡（Smart NIC）和标准网卡（NIC）的根本区别在于 Smart NIC 从主机 CPU 卸载处理量。Smart NIC 将现场可编程门阵列（Field-Programmable Gate Array，FPGA）、处理器或基于处理器的智能 I/O 控制器与分组处理和虚拟化加速集成在一起。大多数 Smart NIC 可以使用标准的 FPGA 或处理器开发工具进行编程，与此同时，越来越多的厂商也开始增加对可编程语言 P4 的支持，这使得 Smart NIC 的编程变得更加灵活和高效。具有高级编程功能的 Smart NIC 能够提升应用程序和虚拟化性能，实现 SDN 的诸多优势。通过在每台服务器上使用 Smart NIC，运营商可以确保网络虚拟化、负载均衡和其他低级功能从服务器 CPU 中卸载，确保为应用提供最大的处理能力。这将对 SDN 架构的部署提供支持，更高的虚拟化程度与更好的编程拓展性都更有利于 SDN 架构的运行，更充足的运算能力则能够更好地满足集中控制所需要的庞大处理能力。

1.3.2　NFV

随着网络体系结构演进与业务持续发展，网络中部署了越来越多的专用设备（如网络中间件）。网络中间件的作用是对数据包进行处理，以实现特定的网络功能，如防火墙、深度包检测和负载均衡器等。这些专有设备有一个显著的特点就是和业务的紧耦合。这一特点带来的好处是性能高，符合运营商电信级的业务要求，但是也存在功能单一、封闭、不灵活和价格高昂等问题。因此，当运营商要引入一项新的业务时，就需要购置一批新的专有设备来构建新型基础设施。并且，用户需求一旦发生变化，对设备进行重新配置和更改就变得非常困难。在传统的电信网络中，由于业务单一，用户需求变更不频繁，网络规模相对较小，因而基于专有设备的业务部署方式的弊端并不明显，但是随着业务种类的增加，这种软硬件一体化的封闭式架构，带来了通信设备日益臃肿、扩展性受限、功耗大、功能提升空间小、业务上线时间长、资源利用率低、运维难度大、成本高和厂商锁定等一系列问题，难以满足网络及应用的快速创新与动态部署要求。

为了解决专用设备带来的一系列问题，AT&T、英国电信（BT）、德国电信、Orange、意大利电信、西班牙电信公司和 Verizon 联合发起成立了网络功能虚拟化产业联盟，并提出网络功能虚拟化（Network Functions Virtualization，NFV）的概念，其架构如图 1.10 所示。NFV 旨在通过标准的 IT 虚拟化技术，将网络设备统一到工业化标准的高性能、大容量的服务器、交换机等平台上，这些平台可以位于数据中心、网络节点及用户驻地网等。NFV 将网络功能软件化，使其能够运行在标准服务器虚拟化软件上，以便根据需要安装/移动到网络中的任意位置而不需要部署新的硬件设备。NFV 不仅适用于控制面功能，同样也适用于数据面包处理，适用于有线和无线网络。NFV 还有助于提升建设、管理和维护的效率。在NFV 方式下，新业务的上线、更新从传统的硬件建设过程缩短为软件加载过程，建设周期大幅缩短。结合云计算资源池的规模优势，可以实现多种业务共享和集中管理，大幅提升管理和维护效率。

近年来，NFV 技术与标准迅速发展。2012 年 10 月，AT&T、德国电信、英国电信、中国移动等 13 个主流运营商牵头，联合 52 家网络运营商、设备供应商，在欧洲电信标准协会（European Telecom Standards Institute，ETSI）成立了 NFV 标准工作组（NFV Industry Specification Group，NFV ISG）来推动其产业化发展。NFV ISG 的主要目标是在 NFV 业务和技术上达成行业共识，加快 NFV 的产业化进程。截至 2018 年 2 月 12 日，NFV ISG 的成员已经发展至 125

个，参与者已经达到 187 个。2013 年，AT&T 首先推出了 Domain 2.0 网络重构计划，旨在通过引入 NFV、ECOMP（Enhanced Control，Orchestration，Management&Policy）、SDN 三大核心要素，以提升业务上线速度，实现网络的高效灵活管理。2014 年 AT&T、NTT、中国移动、Redhat、爱立信等厂商发起的 NFV 开放平台（Open Platform for NFV，OPNFV）开源社区正式成立。社区为自己划定的前期工作范畴是 NFV 基础设施，即为 NFV 提供一个统一的开源的基础平台，此平台集成 OpenStack、OpenDaylight、OVS、CEPH 等上游社区的成果，并且推动上游社区加速接纳 NFV 相关需求。2015 年，中国移动宣布携手合作厂商成立了中国移动 OPNFV 实验室。2016 年年初，中国移动、Linux 基金会等联合发起业内首个 NFV/SDN 融合协同器 OPEN-Orchestrator（OPEN-O）项目倡议，得到了业界的广泛响应。2017 年 2 月，由 AT&T 主导的 ECOMP 和由中国移动主导的 OPEN-O 两大开源项目合并为开放网络自动化平台（Open Network Automation Platform，ONAP）。由于 ONAP 囊括了全球主要的运营商和众多的厂商，涵盖了全球超过 60%的用户，其发展前景自该项目诞生以来就一直为业界所看好。同时，工业界和学术界也针对 NFV 的相关技术与应用场景展开了广泛研究，主要包括以下五个方面。

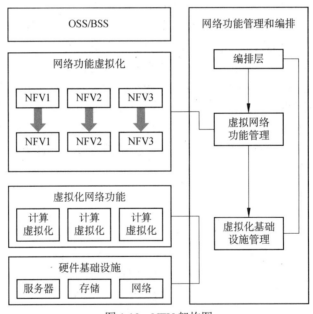

图 1.10　NFV 架构图

1. NFV 智能化服务编排

传统网络的运营支撑系统（Operational Support System，OSS）能够完成高层业务编排，但由于传统网络设备的封闭，OSS 只能进行一些简单的管理和操作，为了满足更加灵活与智能的业务编排方式，ETSI 提出了 MANO 负责 NFV 网络的管理。管理与编排（Management and Orchestration，MANO）由 NFV 编排器（NFV Orchestration，NFVO）、虚拟基础设施管理器（Virtual Network Function Manager，VNFM）和虚拟化基础设施管理器（Virtualised Infrastructure Manager，VIM）三部分组成，其中 NFVO 负责对 NFV 网络的业务进行编排，处理网络管理员或者上层应用下发的业务需求，规划业务链中中间件的资源分配和安装部署。

2. NFV 性能优化

目前，为了保障业务的性能，需要对 NFV 节点和服务链进行性能优化。针对整条服务链，希伯来大学 Bremler-Barr 等人将网络功能分解成若干个子模块（如收包、包头分析、包头修改等），通过模块的设计来构建统一的数据平面进行集中式的共享或迁移，并有效地消除原有服务链中的模块冗余，提高服务链的处理性能。

清华大学毕军等人提出网络功能并行化的包处理方法，将原有串行处理且无依赖关系的网络功能通过包拷贝、合并等方式实现并行化包处理，优化整条服务链的处理延迟和吞吐。

3. NFV 在移动核心网中的应用

NFV 的虚拟化方案可以基于通用的计算、存储和网络设备实现网络功能，提升管理和维护效率，增强系统灵活性。根据 NFV 的这些特性，华为提出了 CloudCore 解决方案，通过基于全面云化的核心网，将通信能力非常方便地开放给第三方应用；中兴提出了 vCN 云化核心网解决方案，基于 ETSI 参考架构，采用开源技术，实现了软件与硬件解耦，提供电信级保障，高可靠、易管理、易集成的全系列核心网解决方案，涵盖 2G/3G/4G/5G 核心网，提供核心分组网（Evolved Packet Core，EPC）、IP 多媒体子系统（IP Multimedia Subsystem，IMS）中所有网元。

4. NFV 在企业网中的应用

随着 SDN/NFV 的逐渐发展，在企业网业务中，也引入 SDN/NFV 技术来打通企业各个节点之间的连接，保障企业各分支机构间的可靠通信。中国电信提出了"随选"网络的思想，通过引入 SDN、NFV 和云技术，为客户提供"可视""随选"和"自服务"的全新网络体验。

5. NFV 在云数据中心中的应用

当前，云数据中心面临着虚拟化环境下网络复杂度高、网络运维困难、租户业务之间的隔离性无保障等问题。因此，基于 SDN 和 NFV 的虚拟数据中心（Virtual Data Center，vDC）架构被提出来解决数据中心面临的问题。vDC 基于 VxLAN 的大二层技术来实现多个机房之间的互联，将机房中零散的资源利用虚拟化技术进行整合，并配合 SDN 技术，构建可灵活伸缩的基础架构，面向用户提供灵活、安全的云服务。此外，随着数据中心总流量规模越来越大，给集中式的路由器，防火墙等设备都带来挑战。因此，可以借助 NFV 技术，开发软件形式的路由器、防火墙等网络功能设备，并将他们部署到服务器的虚拟化层，为每个租户分配独立的路由器和防火墙，降低集中式路由器和防火墙上的流量压力。

1.3.3　云网络

云网络是一种基于云计算技术的网络架构，致力于实现网络资源的虚拟化和集中化管理，为用户提供灵活、可扩展的网络服务。云网络通过软件定义网络（SDN）和网络功能虚拟化（NFV）等技术，将网络功能和服务从传统的硬件设备中解耦，实现网络资源的抽象和隔离，以提供更高效、弹性和可靠的网络服务。

1. 云网络特征

云网络其实也是一种网络服务，是 ICT 时代下传统网络和云计算技术融合的产物。也因此让云网络具备了资源共享、弹性伸缩、自助服务、按需付费、自动化运维、敏捷部署和泛在接入等特征。

（1）资源共享：在云网络架构下，将物理网络资源虚拟化，形成了统一的资源池。通过资源池的方式，多个用户可以同时访问和使用这些网络资源，大大提高了资源的利用率，降低了成本。

（2）弹性伸缩：云网络能够根据业务需求的实时变化，精准地扩展或缩减资源规模，从而实现资源的动态优化。无论是面对突发的高流量还是长期的资源需求增长，云网络都能够迅速响应，灵活适应各种复杂场景，充分满足用户日益变化的需求。

（3）自助服务：用户可以通过云网络提供的统一管理平台自主完成资源的申请、配置和管理等操作。这种自助服务模式使得用户可以更加便捷地获取和使用云网络资源，大幅提升了网络服务的交付速度和管理效率。

（4）按需付费：云网络采用按量计费模式，用户仅需根据实际使用的资源量支付费用，无须承担额外的固定成本。这种按需付费的模式使得用户能够根据实际业务需求调整资源投入，实现成本的有效控制，进而降低运营成本。

（5）自动化运维：通过自动化工具和算法，云网络能够实现资源的自动配置、优化和故障恢复，从而显著减少人工干预的需求，有效降低运维成本，并大幅度提升运维效率和准确性。通过自动化运维，云网络能够更好地适应业务需求的变化，实现资源的动态管理和优化。

（6）敏捷部署：在云网络环境下，用户得以迅速部署和扩展应用与服务，无需在硬件的采购与配置上耗费时间，这使得云网络能够迅速响应业务需求的变化，加速业务的创新和迭代。

2. 云网络发展阶段

云网络的发展与云计算的发展息息相关，伴随着云计算技术不同阶段的发展，云网络的发展大致可以分为三个阶段。

1）云网协同

云计算的诞生，确立了虚拟化在云技术体系中的核心地位，进而推动了传统数据中心向云数据中心的转型，并引发了网络架构的虚拟化变革。过去，传统数据中心架构主要依赖于传统网络技术和 Underlay 技术，但随着云计算技术的不断壮大，其局限性逐渐显现。随着 Overlay 网络技术的崛起，新型的云数据中心网络架构应运而生。在这一进程中，云网络的主要任务是构建与云计算技术紧密配合的云数据中心网络。

2）云网融合

随着云计算技术与网络技术的发展，云服务和网络服务之间的界限逐渐消融。在这个阶段，网络功能和服务开始整合到云平台中，形成了越发紧密的结合体。这种融合不仅包括了数据的传输和处理，还包括了网络的控制和管理。云服务提供商开始提供更为复杂的网络服务，而网络提供商也开始提供计算和存储资源，展现了技术与服务深度融合的态势。

3）智能云网

现阶段 5G、物联网、人工智能和大数据等技术飞速发展，社会也逐步迈入万物互联和智能化时代，云计算已经成为数字社会的重要基础设施，云网络也随之开启了新的时代。智能云网不仅提供基础的连接和资源管理，还具备智能化的管理、优化和安全防护能力，为用户提供更加智能、高效、安全的云服务体验，助力全社会进入数字化新时代。

3. 云网络产品

云网络产品跟随着云网络技术的步伐，也在不断地发展，从整体上看，云网络产品的发展大致经历了三个阶段。云网络产品的变革不仅反映了云网络技术的持续进步，更是企业数字化、全球化发展趋势的生动体现。

1）经典云网络

2006 年，AWS 推出弹性云计算（Elastic Compute Cloud，EC2）服务，提供了一种全新的、按需付费的计算资源使用方式，同时也标志着 AWS 开始为广大用户提供全面的云计算服务。此后，AWS、阿里云、华为云和百度云也都陆续推出了基础网络服务的云产品。早期的云网络产品实现了网络资源的共享，并为用户提供公网接入能力。然而，此时的网络资源由云服务商进行统一管理，用户对于网络资源的灵活管理和配置能力相对有限。

2）私有网络 VPC

随着互联网技术的不断进步，众多企业纷纷选择将自己的业务向云端迁移。在迁移过程中，企业对云上网络的安全、隔离、互访等方面提出了更高的要求，并且还出现了将自建数据中心与云端网络互联互通的需求。传统云网络并不能够很好地满足企业的需求，于是虚拟私有云网络（Virtual Private Cloud，VPC）应用而生。VPC 是用户在公有云中建立的一个独立且隔离的网络空间，在 VPC 中用户可根据自己的需求，灵活地配置路由策略和 IP 地址等网络资源。各大云服务商均围绕 VPC 为核心，推出了 NAT 网关、VPN 网关和负载均衡等一系列云网络产品，构建了一套完整的云网络产品体系。

3）云上互联

随着经济全球化的发展，越来越多的企业需要面向全球用户提供服务，这对云网络产品提出了更多的要求。云服务商也适时地推出了全球内容分发网络、云企业网、全球加速、企业连接和云连接等云网络的产品，为企业提供了全球范围内的互联互通网络服务。与此同时，SD-WAN 的服务也在不断完善，未来有望带来更多功能丰富的云产品。

1.3.4　自智网络

随着机器学习技术的发展，人工智能在生物信息学、语音识别和计算机视觉等各种领域的应用均取得突破。事实证明，机器学习这种利用大量数据学习规则的方式给很多问题带来了全新的解决方案。同时，种类繁多且不断增加的网络协议、拓扑和接入方式使得网络的复杂性不断增加，通过传统方式对网络进行监控、建模和整体控制变得愈加困难。网络急需一种更强大的智能的方式来解决其中的设计、部署和管理问题。于是，自智网络应运而生。自智网络将人工智能技术应用到网络中来实现故障定位、网络故障自修复、网络模式预测、网络覆盖和容量优化、智能网络管理等一系列传统网络中很难实现的功能。

引入人工智能解决网络中的各种问题，其流程大致包括问题分析、数据获取、特征选取、模型训练和模型优化五个步骤。自智网络需要以大量的数据为基础，除了少数数据可以从公开数据获取外，绝大多数数据需要依靠网络测量与采集系统实时采集来获取。因此，网络测量与采集系统是自智网络的基础。在传统网络中，网络测量主要依靠简单网络管理协议（Simple Network Management Protocol，SNMP）和 NetFlow。在 SDN 发展初期，网络测量主要以控制平面主导的测量方法为主。在 P4 等数据平面编程语言提出后，极大扩展了数据平面的灵活性，测量方法也开始转向数据平面主导。例如，P4 联盟提出了带内网络遥测（In-band Network Telemetry，INT）框架用于收集和汇报网络状态信息。通过 INT 框架，控制器可以直接收集数据包转发过程中真实经历的时延、抖动、误码率、信号强度、队列长度和丢包率等网络信息，同时不需要发送特殊的探测包。

在强大的数据收集能力的支撑下，自智网络可以利用众多的机器学习框架来解决诸多网络问题，这些框架包括 Tensorflow 和 Torch 等。

Tensorflow 是 Google 开源的第二代用于数字计算的软件库。它是基于数据流图的处理框架，同时支持异构设备分布式计算。Tensorflow 以其灵活、便携和高性能的特点一直处于机器学习框架中最火热的地位。

Torch 是 Facebook 和 Twitter 主推的一个特别知名的深度学习框架。它包含了大量的机器学习、计算机视觉、信号处理和并行运算的库。Torch 具有构建模型简单、高度模块化和快速高效的 GPU 支持等特点，再辅以 Hadoop、Spark 等开源框架的数据处理能力，就能够支撑网络所需的智能化能力。

通过这些开源机器学习框架和数据处理框架以及收集到的数据，很多网络问题都可以尝试解决。

近年来，各标准化组织相继成立了网络人工智能工作组。2017 年 2 月到 11 月间，ETSI ISG ENI 工作组、3GPP SA2 工作组、ITU-T FG-ML5G 工作组相继成立。同时，工业界和学术界也在网络众多方向引入人工智能技术，以提升网络的自智能力。

1. 基于人工智能的网络资源智能管控

基于人工智能技术的网络资源管控，可以让资源利用率得到提升。Google 一直在关注减少能源使用这一问题，通过在数据中心中使用 DeepMind 的机器学习能力，Google 将冷却系统的能源消耗量减少了 40%。Google 利用数据中心里数千个传感器收集到的温度、功率、泵速和设定值等历史数据对深度神经网络进行了训练，让它可以合理分配电量使用。此外，麻省理工学院（Massachusetts Institute of Technology，MIT）和微软研究院联合设计了基于人工智能的网络资源管理平台 DeepRM。DeepRM 使用了增强学习与深度神经网络结合的学习系统对网络中任务所使用的 CPU 资源与网络带宽进行训练。实现了对网络中的 CPU 资源和网络带宽资源进行高效的管理与智能分配，可以有效地提高网络资源的利用率，减少任务的完成时间。

2. 基于人工智能的网络流量管理

由于网络服务于多种业务和多个不同的用户，因此需要在复杂的网络环境中，控制不同的业务流走不同的路径，动态调整路由。华为诺亚方舟实验室开发了 Network Mind 系统，目标是通过人工智能技术实现软件定义网络的网络流量控制。部署在软件定义网络中的 Network Mind，可以自动观察网络流量状况，预测网络流量变化，在其基础上做出数据流的路由决策。在网络视频流量管理与优化上，MIT 的研究者在顶级网络学术会议 SIGCOMM 2017 上发布了 Pensieve 人工智能视频流量优化系统。Pensieve 通过对网络中视频流量占用带宽的学习与训练，来对未来流量的带宽进行可靠的预测，从而为视频流量选择最优的码率，减少视频流量在网络中的卡顿现象。

3. 基于人工智能的网络自动化运维

随着迅速增加的网络规模与不断丰富的网络应用，面对有限的 IT 运维成本，运维难度与日俱增，传统的人工运维方式难以为继。Gartner 公司在 2016 年提出 AIOps 的概念，即通过人工智能的方式来支撑现在日益复杂的运维工作。日本 KDDI 开发了基于 AI 的监视器实现智能运维。首先，通过 SDN/NFV 平台收集系统运行数据。然后，基于 AI 的监视器根据收集的数据进行智能分析并汇报可能的错误事件。最后，SDN/NFV 编排平台将根据汇报的事件自动化处理。微软的 NetPoirot 是基于人工智能的数据中心故障定位系统，NetPoirot 可以只观察主机侧的 TCP 数据来定位故障的发生位置，同时，NetPoirot 对于没有训练过的错误也具有很高的故障位置识别率。

4. 基于人工智能的网络安全

来自网络的安全威胁一直存在于网络当中，特别是随着云计算的普及，网络安全是首先要解决的问题。Oracle 将新的自适应访问功能添加到身份识别云服务（Security Operations Center，SOC）中，使用机器学习引擎进行风险监控，扩展其云接入安全代理服务（Cloud Access Security Broker，CASB），使其软件即服务（Software as a Service，SaaS）产品具有自动检测威胁的功能。与此同时，亚马逊 AWS 也发布了云服务安全工具 Macie，它通过使用机器学习对存储在 Amazon S3 中的数据进行自动保护并能够识别敏感数据，例如个人身份信息或知识产权，为用户提供仪表板和警报。

1.3.5　算力网络

随着人工智能、大数据分析和大模型等技术的飞速发展，数字经济已经日益成为全球经济的重要组成部分。这些技术不仅推动了数字经济的快速发展，还催生了海量的数据产生和处理需求。为了满足这一需求，云边端协同的强大算力和广泛覆盖的网络连接成为不可或缺的基础设施。当前，随着多样性算力和算网融合等趋势的深入推进，我国正在加速构建以算力和网络为基础的新型基础设施体系，即算力网络。在这种背景下，算网融合的趋势逐渐明朗，具体体现在以下几个方面。

1. 算力多样性

多样性算力成为数字经济时代的重要特征。传统的中央处理器已经无法满足各种数据处理场景的需求，因此，出现了图形处理器、神经网络处理器等专用加速器，提高数据的处理效率并降低能耗。

2. 算网深度融合

算网的深度融合成为数字经济发展的关键。随着 5G、物联网等技术的普及，网络连接已经覆盖到了各个角落。这种广泛覆盖的网络连接为数据处理提供了强大的支撑。同时，云计算、边缘计算等技术的结合，也促进了算力和网络的深度融合。

3. 算网一体化

随着算力与网络的深度融合，算网服务正逐步向极简一体化的方向迈进。这一转变摒弃了过去云与网服务的简单叠加，实现了算网之间的深度结合与灵活编排。随着云原生、SDN、SD-WAN 等技术的日益成熟，以及对在网计算、意图感知等前沿技术的深入探索，算网服务正逐步从资源导向转变为任务导向，并为用户提供极简一体化算力接入和更加高效、灵活的算力服务体验。

1.4　本章小结

本章首先对互联网的发展历程进行了系统性的梳理，涵盖了各个阶段的关键技术和代表性产品。同时深入探讨了未来网络的发展背景、核心概念和关键技术，并概述了各国在未来网络领域的发展现状。通过阅读本章，读者可以大致了解未来网络的整体情况，在本书的后续章节中，我们将对未来网络的核心技术展开详细的描述。

1.5　本章练习

1. 互联网的发展可以分为哪几个阶段，每个阶段有什么代表性发展？
2. 未来网络的演进路线分为几种？
3. GENI 属于哪个国家的试验设施？
4. 未来网络的核心技术有哪些？
5. SDN 和 NFV 有什么区别和联系？
6. 未来网络有哪些开源设施？
7. 简述各个国家的未来网络研究现状。

课件

答案

实验平台

## 第 2 章

软件定义网络

随着云计算、大数据、移动应用和人工智能等技术的快速发展，互联网络的复杂度也在不断提升，并且对于承载网络的可扩展性、安全性和可控可管等方面的要求也越来越高，现有网络架构已不能更好支撑未来网络的发展。重新构建一个基于 SDN 的新型网络架构成为必然选择。《工业和信息化部、国务院国有资产监督管理委员会关于实施深入推进提速降费、促进实体经济发展 2017 专项行动的意见》（工信部联通信〔2017〕82 号）明确提出，要积极引入部署 SDN 等技术，提升网络智能调度能力，有效改善网内访问性能。在互联网蓬勃发展的今天乃至未来，"重构网络架构、建设未来网络"将扮演至关重要的角色！本章对软件定义网络进行了详细的介绍，读者通过阅读本章可以对软件定义网络有一个深入的了解。

学习目标：了解 SDN 的基本概念和特征，掌握 SDN 的工作原理，熟悉 SDN 的软硬件交换机发展情况，了解 SDN 能够解决现网的哪些痛点问题和典型应用场景。

2.1 SDN 的提出

SDN 近几年受到广泛的关注，其转控分离的思想打破了传统网络架构的壁垒，为网络的开放、可编程提供了强有力的支持。本节首先介绍了 SDN 的诞生背景，其次阐述了 SDN 的基本概念和特征并概括了可编程网络的概念和发展，从而使读者对 SDN 有了一个初步的认识。

2.1.1 SDN 的由来

自 20 世纪 70 年代提出了 TCP/IP 技术之后，互联网中几乎所有的流量都采用传统网络架构来进行端到端的传输，该架构一般使用定制化的硬件和封闭的网络操作系统，存在成本高、安全性低、灵活性差、网络管理复杂和可扩展性低等问题，难以满足云计算、大数据等新兴业务的网络转发需求，因此网络架构期待变革。

2006 年，斯坦福大学主导并联合美国国家自然科学基金会以及多个工业界厂商共同启动了 Clean-Slate Design for the Internet（以下简称 Clean-Slate）项目，该项目旨在摒弃传统网络渐进叠加和向前兼容的原则，重塑未来网络架构。

2007 年，斯坦福大学研究生 Martin Casado 加入 Clean-Slate，并领导网络安全项目 Ethane，该项目提出一个新型的企业网络架构，通过集中控制的思想简化网络管理并提供更高的安全性。在 Ethane 架构中，控制与转发完全解耦，控制器通过 Pol-Ethane 语言向转发面交换机下发策略完成设备的管理和控制，形成了早期 SDN 的雏形。

2008 年，Nick 在 ACM SIGCOMM 上发表了著名论文 "OpenFlow:Enabling Innovation in Campus Networks"，首次详细地介绍了 OpenFlow 的概念，引起了业内广泛关注。

2009 年，Ethane 项目发布新型网络协议 OpenFlow 的第一个版本，进一步简化交换机的设计，为 SDN 商业化部署奠定了基础。

2011 年初，在 Google、Facebook 和 Yahoo 等业界重量级企业的推动下，共同成立了开放网络基金会（Open Networking Foundation，ONF），并正式提出了 SDN 的概念。

2012 年，ONF 发布了 SDN 白皮书 *Software Defined Networking：The NewNorm for Networks*，提出：SDN 是一种支持动态、弹性管理的新型网络体系结构，是实现高带宽、动态网络的理想架构。

2.1.2　SDN 的基本概念和特征

广义上的 SDN 是一种数据控制分离、软件可编程的新型网络架构，通过将控制面与数据面分离实现网络设备的集中管理和灵活控制，并向上提供灵活开放的可编程能力，使用户可以根据业务需求来定制不同的网络资源。ONF 认为 SDN 网络架构应满足转控分离、集中控制和网络可编程这三个特征，具体信息如下。

1. 转控分离

传统网络中的路由器、交换机等网络设备的控制面与转发面是集成在设备中的，并通过人工配置复杂的路由协议实现数据转发。而 SDN 网络中，网络设备的控制面与转发面解耦，使设备的管理和控制可以由更上层的控制器完成，简化了设备的复杂度并降低了设备管理的成本。

2. 集中控制

SDN 的转控分离简化了设备的管理和控制，并通过将分离后的控制面集中到控制器中实现了全网设备的统一调度和状态监控，而转发面只负责最终的数据转发。

3. 网络可编程

SDN 通过对整个网络进行抽象，向用户提供了完整的可编程接口，用户基于可编程接口开发上层的网络应用，实现对网络的配置、控制和管理，加速业务落地。

2.1.3　可编程网络

传统的被动式网络只能被动地将数据从一个终端传输到另一个终端，与应用相关的计算和控制工作是在发送端和接收端进行的，网络节点只处理数据报文首部而对数据本身不会进行新的计算或改变，这就导致许多网络新协议得不到快速的应用和推广，并且对数据的处理和计算都限制在终端上，不能充分利用网络的计算能力，可编程网络就是在这种情况下被提出的。

可编程网络（Programmable Network）是指网络具有"编程"的功能，让网络中的设备管理和流量控制可以由独立的软件处理。这就要求网络中的底层物理硬件与其控制软件必须分开，让网络行为与应用相关，且整个网络体系结构是开放的、可扩展的和可编程的。可编程网络的发展主要经历了主动网络、转控分离和 SDN 几个阶段，如图 2.1 所示。

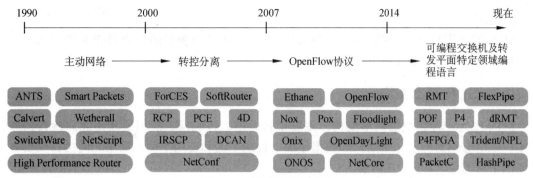

图 2.1　可编程网络的发展

1. 主动网络（Active Network）网络体系

主动网络采用基于"存储－计算－转发"的网络传输模式，网络节点不仅具有分组路由的处理能力，而且能够对分组的内容进行计算处理，使分组在传送过程中可以被修改、存储或重定向，为分组的转发或进一步处理提出建议。主动网络为数据网络提供了用户可控制的计算能力，提高了网络的传输性能、增强了网络的灵活性、可定制性。从而将传统网络中"存储－转发"的处理模式改变为"存储－计算－转发"的处理模式。

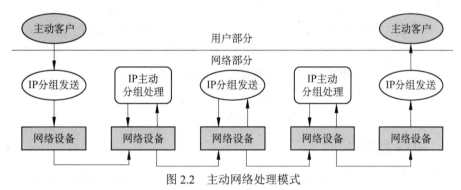

图 2.2　主动网络处理模式

主动网络采用两种编程模型。

（1）封装模型：把数据和程序代码封装到同一个报文中，然后在主动网络中传输，主动节点运行数据包中的程序，利用中间节点的计算能力对包中数据内容进行一定的计算处理。

（2）可编程路由器/交换机模型：用户通过网络管理传输信道将定制好的服务处理程序插入到相应的主动路由器（网络节点）中，当主动报文经过这些可编程交换节点时，节点会分析报文头，调用相应的服务处理程序对报文内容进行处理。

主动网络是面向定制化服务可编程的网络基础设施，它能动态地支持各种不同的网络服务和新的业务需求，报文数据本身可以被一种语言描述，使其在网络中能得以灵活地计算和处理。在现存 IP 网络限制下动态地开发网络新服务，其动态性体现在具有可分配、可执行和转发的主动分组概念上。

2. 开放信令（OpenSig）网络体系

开放信令（OpenSig）网络体系主要思想是通过开放、可编程的网络接口访问网络硬件，在通信硬件和控制软件之间实施分离并且将开放可编程接口标准化，从而管理和构建新的网络服务。

3. SDN

SDN 的出现打破了网络的封闭架构，一方面实现了控制平面与数据平面相分离，另一方面增强了控制平面的集中可编程能力。

2.2 SDN 基本架构

SDN 作为一种新型的网络架构，主要由转发层、控制层、应用层和南北向接口构成。其中，三层分别对应三个平面，即数据平面、控制平面和应用平面，而南北向接口负责各平面间的信息沟通，如图 2.3 所示。

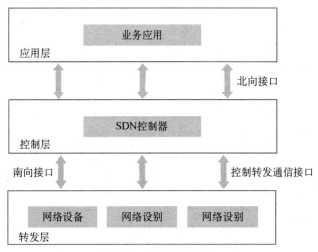

图 2.3　SDN 基本架构

2.2.1 SDN 数据平面

数据平面主要负责用户数据转发，在传统网络中，数据平面遵循 TCP/IP 模型，主要由工作在第二层（链路层）的交换机和工作在第三层（网络层）的路由器组成。交换机可以识别数据分组中的 MAC 地址，并基于 MAC 地址来转发数据分组；路由器可以识别数据分组中的 IP 地址，并基于 IP 地址来转发数据分组和实现路由。而在 SDN 网络中，数据转发主要通过控制器下发的流表实现，转发设备只需要关注流表的信息即能完成数据的处理，而不需要运行复杂的网络协议。

2.2.2 SDN 控制平面

控制平面通过 SDN 控制器实现数据平面的管理和控制，SDN 控制器是一个逻辑上集中的实体，主要承担两个任务：一是将 SDN 应用层请求转换到 SDN Datapath，二是为 SDN 应用提供底层网络的抽象模型（可以是状态，也可以是事件）。SDN 控制器包含北向接口（Northbound Interfaces，NB）代理、SDN 控制逻辑（Control Logic）以及控制数据平面接口驱动（CDPI Driver）三个部分。SDN 控制器只要求逻辑上完整，因此它可以由多个控制器实例协同组成，也可以是层级式的控制器集群。从地理位置上来讲，既可以是所有控制器实例在同一位置，也可以是多个实例分散在不同位置。本章 2.4 节将着重介绍 SDN 控制器的体系结构与应用。

2.2.3　SDN 应用平面

应用平面由若干个 SDN 应用组成，它可以通过北向接口与 SDN 控制器进行交互，即这些应用可以通过可编程的方式把请求的网络行为提交给控制器。一个 SDN 应用可以包括多个北向接口驱动，同时 SDN 应用也可以对本身的功能进行抽象、封装来对外提供北向代理接口。

2.2.4　SDN 南北向接口协议

SDN 南北接口协议主要负责数据平面、控制平面和应用平面之间的协作沟通，主要由驱动（Driver）和代理（Agent）配对构成，其中代理表示运行在南向的、底层的部分，而驱动则表示运行在北向的、上层的部分。

1. SDN 南向接口协议

南向接口协议是 SDN 控制平面和数据平面之间的接口协议，是转发面设备与控制器沟通的桥梁，主要功能包括：转发行为控制、设备性能查询、统计报告和事件通知等。SDN 一个非常重要的价值就体现在该接口的实现上，它是一个开放的、与厂商无关的接口。SDN 的南向接口协议有 NetConf、OpenFlow 等。

OpenFlow 协议是标准化组织 ONF 主推的南向接口协议。目前已成为 SDN 的主流南向接口协议之一。OpenFlow 的工作原理可以概括为：网络设备维护一个或若干个流表（Flow Table），数据流的转发只受控于这些流表，进入交换机的数据包通过查询流表确定其将要转发的端口。流表本身的生成和维护完全由集中部署的控制器完成。控制器和交换机之间通过 OpenFlow 协议消息进行连接建立、流表下发和信息交换，从而实现对网络中所有 OpenFlow 交换机的控制。

OpenFlow 协议的发展演进一直都围绕着两个方面，一方面是控制平面的增强，让系统功能更丰富、更灵活；另一方面是转发层面的增强，可以匹配更多的关键字，执行更多的动作。自 2009 年年底发布第一个正式版本 1.0 以来，OpenFlow 协议已经经历了 1.0、1.1、1.2、1.3、1.4 和 1.5 等版本的演进，目前使用和支持最多的是 1.0 和 1.3 两个版本。

1）OpenFlow 交换机模型

在 OpenFlow 1.0 规范中，每个 OpenFlow 交换机都有一张流表，交换机在流表的指导下进行包的处理和转发。外部控制器通过 OpenFlow 协议经过一个安全通道连接到交换机，对流表进行查询和管理。OpenFlow 交换机模型如图 2.4 所示。

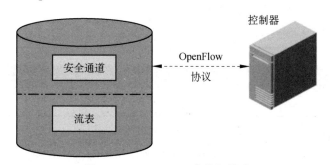

图 2.4　OpenFlow1.0 交换机模型

OpenFlow1.3 交换机主要由一到多个流表、一个组表、一个连接到外部控制器的 OpenFlow 通道组成，如图 2.5 所示。与 OpenFlow 1.0 中定义的交换机架构相比，OpenFlow 1.3 中的交换机主要有两个变化：第一交换机中的流表由单一的流表演变为由流水线串联而成的多流表；第二是增加了组表（Group Table）。

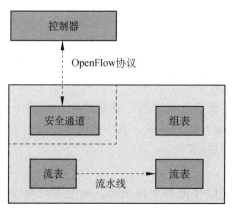

图 2.5　OpenFlow1.3 交换机的主要组件

2）OpenFlow 流表

我们把同一时间经过同一网络中，具有某种共同特征或属性的数据，抽象为一个流，在OpenFlow 中，数据都是作为流进行处理的。所以流表就是针对特定流的策略表项的集合，负责数据包的查找和转发。一张流表包含了一系列的流表项。在传统网络设备中，交换机和路由器的数据转发需要依赖设备中保存的二层 MAC 地址转发表或者三层 IP 地址路由表，而OpenFlow 交换机中使用的是流表，在它的表项中整合了网络中各个层次的网络配置信息，在进行数据转发时可以使用更丰富的规则。

OpenFlow 流表项结构如图 2.6 所示。

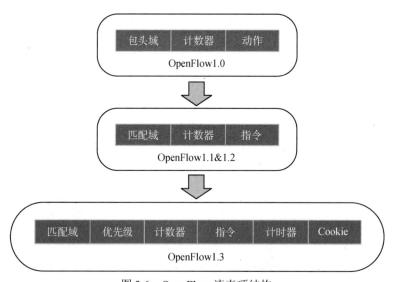

图 2.6　OpenFlow 流表项结构

（1）匹配域：用于对交换机接收到的数据包的包头内容进行匹配，OpenFlow 1.0 支持 12个匹配字段，Open Flow 1.3 定义了 40 个匹配的元组。

（2）优先级：交换机依据优先级从大到小匹配流表项。

（3）计数器：用于统计有多少个报文和字节匹配到该流表项。

（4）指令：匹配表项后，需要执行的指令集。指令集可以修改数据包的指令设定，可以直接对数据包进行修改，也可以调至更高的流表进行处理。

（5）计时器：一个流表的最长有效时间或最大空闲时间。

（6）Cookie：控制器下发的流表项的标识，用于区分流表项。

2. SDN 北向接口协议

SDN 北向接口协议是应用平面和控制平面之间的一系列接口协议，它主要负责提供抽象的网络视图，并使应用能直接控制网络的行为，使用户无需关心底层转发面设备就能灵活地调用网络资源。

SDN 北向接口也是一个开放的、与厂商无关的接口，但目前还没有统一的标准，随着 Web 的发展与普及，REST（Representational State Transfer） API 以其灵活易用性在 SDN 北向接口设计中得到了广泛的应用。

REST 主要有以下几个特点。

（1）资源：指的是网络上的一个具体的信息实体，它可以是一张图片、一首歌曲、一段文字等形式。资源需要有一种载体来展示它的具体内容，比如图片可以是 JPG、PNG、BMP 格式，歌曲可以是 MP3 格式，文字可以是 TXT、HTML 格式，而网络资源大部分都是通过 JSON 格式的文本来表示的。

（2）URI：指的是资源的地址或识别符，可以理解为资源保存的路径，一般每个资源至少有一个 URI 与其对应，常见的浏览器地址 URL 就是 URI 的一种，当想要访问网络资源时，可以直接访问该资源的 URI。

（3）无状态：指的是网络资源可以通过 URI 获取，同时不受其他资源变化的影响。

（4）统一接口：在 RESTful 架构风格中，资源的获取、上传、更新和删除操作分别对应于 HTTP 中的 GET、POST、PUT 和 DELETE 方法，通过 HTTP 协议就可以完成对资源的基本操作，方便网络资源操作方式的统一。

将 REST 用在 SDN 北向接口的设计中，我们可将控制器基本功能模块和各网元看作网络资源，对其进行标识，通过增加、删除、查看和修改的方法操作相应资源的数据。

在控制器中，REST API 则主要用于远程的基于 Web 的应用开发，并为之提供了完备的接口描述、URI、参数、响应设置和状态编码等信息。利用这些北向接口，业务应用能够充分利用控制器调用网络能力，同时通过应用中的算法驱动控制器对全网资源进行编排。

2.3 SDN 网络设备

SDN 转发平面通过从控制面获取的流表信息进行数据转发，而数据的转发最终需要落地到网络设备中实现，这些网络设备可以是网络服务提供商生产的硬件交换机也可以是基于 X86 等架构下的软件交换机，本章将从硬件以及软件两个方面介绍 SDN 网络设备。

2.3.1 硬件 SDN 设备

OpenFlow 是 SDN 主流的南向接口协议，随着 OpenFlow 1.0 及 OpenFlow 1.3 等稳定版本的推出，各大网络设备商陆续推出支持 OpenFlow 的 SDN 硬件交换机，标志着 SDN 开始逐步走上了商用道路。

在实际的网络环境中，大部分用户的需求是 SDN 和传统网络并存，现阶段纯 SDN 的应用场景并不广泛。所以，多数厂商推出的 SDN 硬件交换机都是支持混合模式的，即将原来交换机的操作系统中增加对 OpenFlow 协议的支持，并通过数据分组进入混合模式交换机后，根据交换机端口或 VLAN 等信息区分数据，决定是传统二、三层处理模式还是 SDN 处理模式。

目前，硬件 SDN 网络设备主要包括三种，分别是基于 ASIC 芯片的 SDN 交换机、基于 NP 的 SDN 交换机和基于 NetFPGA 的 SDN 交换机，具体信息如下。

1. 基于 ASIC 芯片的 SDN 交换机

老牌的网络设备提供商诸如 Cisco、Juniper、IBM 和 NEC 等，凭借自己多年积累的市场优势和技术基础，在 SDN 领域推出了多款基于专用集成电路（Application Specific Integrated Circuit，ASIC）芯片的交换机，典型的有 NEC IP8800 系列交换机和 IBM RackSwitch G8264 交换机等。这些传统网络设备商在推出 SDN 产品时，多数情况下仍然沿袭传统的商业模式，即将硬件与软件、应用、服务捆绑销售。但在实际网络环境中，有些用户也会将交换机的物理硬件和软件进行解耦，让标准化的硬件与不同的软件协议进行组合匹配，组建更加开放和灵活的网络方案，降低网络建设成本，这种软硬解耦的 ASIC 芯片交换机通常称为白盒交换机。

2. 基于 NP 芯片的 SDN 交换机

在交换机芯片市场 ASIC 一家独大的情况下，设备厂商华为另辟蹊径，推出了自研的以太网处理器芯片（Ethernet Network Processor，ENP），并于 2013 年 8 月发布了全球首个基于 ENP 芯片的敏捷交换机 S12700。该交换机支持华为提出的 SDN 数据平面技术——协议无关转发（Protocol Oblivious Forwarding，POF），即硬件转发设备对数据报文协议和处理转发流程无感知，网络行为完全由控制平面负责定义。

3. 基于 NetFPGA 的 SDN 交换机

除了以上各大网络设备商推出的商用 SDN 硬件交换机之外，还有一类基于 NetFPGA 的交换机。NetFPGA 是斯坦福大学开发的基于 Linux 的开放性实验平台，能够很好地支持模块化设计，研究人员可以很方便地在其上搭建吉比特级的高性能网络系统模型。

2.3.2　软件 SDN 设备

软件 SDN 设备是指以软件的形式安装的 SDN 交换机，相对于硬件交换机，软件交换机成本更低、配置更为灵活，其性能基本可以满足中小规模实验网络的要求，因此软件交换机是当前进行创新研究、构建试验平台以及建设中小型 OpenFlow 网络的首选，本小节将主要介绍 OpenvSwitch、Pantou、Indigo、LINC、OpenFlowClick 和 OF13SoftSwich 这六种软件交换机。

1. OpenvSwitch

OpenvSwitch（OVS）是由 Nicira、斯坦福大学和加州大学伯克利分校的研究人员共同提出的开源软件交换机。OVS 基于 C 语言开发，遵循 Apache 2.0 开源代码版权协议，能同时支持多种标准的管理接口和协议，并支持跨物理服务器分布式管理、扩展编程、大规模网络自动化和标准化接口，实现了和大多数商业闭源交换机功能类似的软件交换机。

2. Pantou

Pantou 是由斯坦福大学组织推动的一个基于 OpenWrt 实现 OpenFlow 的创新项目，它通过把 OpenFlow 作为 OpenWrt 上的一个应用进行部署，将商用无线路由器或无线接入点转换成 OpenFlow 交换机。

3. Indigo

Indigo 由 Big Switch 公司使用 C 语言开发，并按照 OpenFlow 规范运行于硬件交换机上。Indigo 是一个轻量级的从底层向上构建的虚拟交换机，主要用于大规模网络虚拟化应用，并支持使用 OpenFlow 控制器的跨物理服务器分布。

4. LINC

LINC（Link Is Not Closed）是全新的开源交换平台，是由 FlowForwarding.org 开发的一款 OpenFlow 交换机，遵循 Apache 2 许可证。LINC 基于 Erlang 语言进行开发，支持 OpenFlow 1.2、OpenFlow 1.3.1 以及 OF-CONFIG 1.1.1 协议版本，可运行于 X86 硬件架构下的 Linux、Windows 和 MACOS 等多种平台上。LINC 软件交换机结构主要包括 OpenFlow 协议模块和 OF-CONFIG 协议模块，如图 2.7 所示。

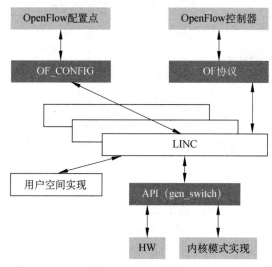

图 2.7　LINC 结构

其中，OpenFlow 协议模块用来编解码 OpenFlow 协议消息，它从控制器接收消息，解析后传给后端，之后再将编码后的消息从 OpenFlow 交换机传给控制器。OF-CONFIG 协议模块用于处理、分析、验证、生成来自 OpenFlow 配置点的 OF-CONFIG 消息，实现 OpenFlow 交换机实例的创建、删除和绑定等操作。

5. OpenFlowClick

Click 是由美国麻省理工学院 Eddie Kohler 博士等人开发的一款优秀的软件工具，专门用于构建 Linux 操作系统的软件路由器。OpenFlowClick 是在 Click 内部开发的一个 OpenFlow Element 组件，将 OpenFlow 跟 Click 结合起来，实现 SDN 软件交换机的功能。

6. OF13SoftSwitch

OF13SoftSwitch 项目由巴西的爱立信创新中心支持，基于爱立信 TrafficLab 1.1SoftSwitch 的软件交换机，兼容 OpenFlow 1.3 版本。

2.3.3　可编程交换机

可编程交换机是 SDN 转发面可编程的基础，其通过可控的报文处理逻辑与公开的设备性能让转发面设备完成细粒度网络测量成为可能。目前主流的可编程交换机主要是基于可编程的协议无关的数据包处理器（Programming Protocol-independent Packet Processor，P4）语言进行开发，采用协议无关交换机架构（Protocol Independent Switch Architecture，PISA）作为通用数据包转发模型，完成数据包的处理。

PISA 主要包括可编程解析器、匹配－动作流水线、可编程逆解析器三部分，如图 2.8 所示。

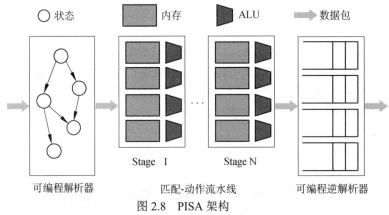

图 2.8　PISA 架构

（1）可编程解析器允许程序员自定义报文头部，并根据包头制定对应解析逻辑，将解析后的报文头部存入数据包头部向量（PHV，Packet Header Vector），供后续流水线使用。报文有效载荷被缓存，直到 PHV 通过整个流水线后与已修改的包头再次组装并传出交换机。

（2）匹配－动作流水线允许程序员自定义报文处理逻辑，完成数据包转发和处理。流水线由多个自定义流表排列组合而成，每个阶段包含多个可并行执行的匹配－动作表（即流表）。流表匹配 PHV 字段，执行对应动作函数，使用算术逻辑单元（ALU，Arithmetic Logic Units）对内存块和 PHV 进行修改。另外，PISA 架构对每个数据包赋予设备固有元数据，包含入口和出口端口序号、报文排队时延、队列拥塞情况等设备内部性能数据。这些性能数据可以更好地帮助用户进行细粒度的网络测量。

（3）可编程逆解析器允许程序员自定义发出报文的格式，逆解析器根据 P4 程序选择 PHV 中特定包头，和有效载荷一同封装后传出交换机，完成报文转发过程。

协议无关转发 P4 技术可以实现数据转发平面的可编程能力，让软件能够真正意义上定义网络和网络设备，使网络从以协议为中心转为以软件为中心，更敏捷、更好地支持业务的发展。

P4 主要有三个核心目标，首先是可重构性，即允许用户在已配置的交换机上修改数据处理方式，实现在编译后配置交换机，从而真正具备可重配能力；其次是协议独立性，确保网络设备不受特定网络协议的限制，使用 P4 语言可以描述各类网络数据平面协议和数据包处理行为；最后是目标独立性，意味着在描述设备数据处理行为时，不受底层硬件特性制约，实现对数据包处理方式的编程描述。

P4 的应用场景和发展重点主要集中在网络控制及数据平面。借助 P4 技术，可在服务器主导网络互联的基础上，减轻服务器负担并赋予其新功能。根据系统、设备灵活性及复杂度需求，P4 在数据平面可以运行在具备完全可编程能力的通用 CPU 上。针对底层软件，通过运用 P4 为网络媒体数据流提供组播功能，实现信息中心网络互联。此外，P4 还可降低宿主负荷，并在 SmartNIC 上实现 5G 网络协议。在安全策略方面，P4 有助于 OpenFlow 控制器将安全策略推送给网卡（Network Interface Card，NIC）和交换机。针对虚拟应用，P4 可降低网络功能虚拟化（Network Functions Virtualization，NFV）系统宿主虚拟网络功能（Virtual Network Functions，VNF）负荷，或增强 VNF 功能。

2018 年 3 月 5 日，赛灵思公司与 Barefoot Networks（P4 技术首创者）共同展示了一款端到端网络性能监控解决方案，可帮助网络运营商以纳秒级精细粒度查看每个数据包的可见性。2018 年 12 月，Barefoot 推出世界首款 P4 全编程网络交换机 ASIC 新一代产品——Tofino2，显著提升网络交换机性能，推动工业网络架构发展。图 2.9 展示了 P4 芯片的演进历程。

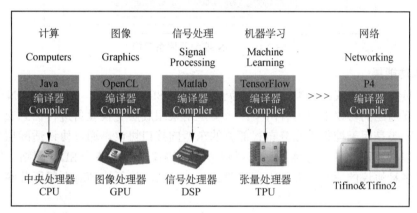

图 2.9　P4 可编程芯片 Tofino&Tofino2 的兴起

2023 年 6 月 10 日，第三届网络开源技术生态峰会召开，卢文岩博士分享《P4 可编程的 DPU 让算网生态更加开放融合》。数据处理器（Data Processing Unit，DPU）作为下一代“算力网络”的核心算力芯片，已经全面支持 P4 编程，在数据中心、网络边缘和终端设备上提供了更大的灵活性和可扩展性，加速 P4 技术在 SDN 网络中的研发落地应用。

2.4　SDN 控制器

SDN 控制平面主要由一个或者多个控制器组成，作为 SDN 数据控制分离核心系统，在整个 SDN 网络架构中具有举足轻重的地位。SDN 控制器负责对底层转发设备的集中统一控制，同时向上层业务提供网络能力调用的接口，是连接数据平面和应用平面的桥梁。一方面，控制器通过南向接口协议对底层网络交换设备进行集中管理、状态监测、转发决策以处理和调度数据平面的流量；另一方面，控制器通过北向接口向上层应用开放多个层次的可编程能力，允许网络用户根据特定的应用场景灵活地制定各种网络策略。

2.4.1　SDN 控制器的体系架构

控制器作为承上启下的中间系统，大多数都采用了层次化体系架构的设计，主要包括基本功能层和网络服务管理层，如图 2.10 所示。

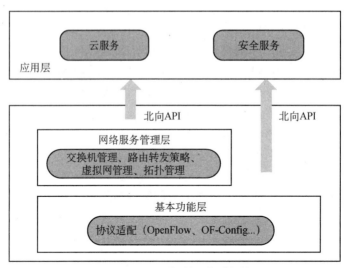

图 2.10　SDN 控制器体系架构

1. 基本功能层

这一层负责各种协议的适配，是动态灵活地部署 SDN 的基础。在实际 SDN 部署中，基本功能层需要适配的协议主要包含两类：一类是用来跟底层交换设备进行信息交互的南向接口协议，另一类是用于控制平面分布式部署的东西向接口协议。通过协议适配层功能，网络运维人员可以根据网络的实际情况，选择较合适的协议来优化整个 SDN 网络。控制器能够完成对底层多种协议的适配，并向上层提供统一的 API，从而达到对上层屏蔽底层多种协议的目的。

基本功能层在完成协议适配后，还需要提供用于支撑上层应用开发的功能，这些功能的实现主要由模块管理、事件机制、任务日志和资源数据库几个模块完成。

（1）模块管理：重点完成对控制器中各模块的管理。允许在不停止控制器运行的情况下加载新的应用模块，实现上层业务变化前后底层网络环境的无缝切换。

（2）事件机制：该模块定义了事件处理相关的操作，包括创建事件、触发事件和事件处理等操作。事件作为消息的通知者，在模块之间划定了清晰的界限，提高了应用程序的可维护性和重用性。

（3）任务日志：该模块提供了基本的日志功能。开发者可以用它来快速地调试自己的应用程序，网络管理人员可以用它来高效、便捷地维护 SDN。

（4）资源数据库：这个数据库包含了底层各种网络资源的实时信息，如交换机资源、主机资源和链路资源等，方便开发人员查询使用。

2. 网络基础服务层

对于一个完善的控制器体系架构来说，仅实现基本功能层是远远不够的。为使开发者能够专注于上层的业务逻辑，提高开发效率，需要在控制器中加入网络基础服务层，以提供基础的网络功能。

网络基础服务层主要包括交换机管理、主机管理、拓扑管理和虚拟网划分这几个模块，并可以通过调用基本功能层的接口来实现设备管理、状态监测等一系列基本功能。

（1）交换机管理：控制器从资源数据库中得到底层交换机信息，并将这些信息以更加直观的方式提供给用户以及上层应用服务的开发者。

（2）主机管理：与交换机管理模块的功能类似，重点负责提取网络中主机的信息。

（3）拓扑管理：控制器从资源数据库中得到链路、交换机和主机的信息后，就会形成整个网络的拓扑结构图，并可以根据拓扑结构制定分组数据的转发策略。

（4）虚拟网划分：虚拟网划分可有效利用网络资源，实现网络资源价值的最大化。但出于安全性的考虑，SDN 控制器必须能够通过集中控制和自动配置的方式实现对虚拟网络的安全隔离。

SDN 控制器的这种层次化架构的设计，可以将底层硬件抽象并向上层应用提供开发接口，为底层网络设备的管理和上层网络应用的开发、运行提供一个强大的通用平台。

2.4.2　SDN 控制器的实现

随着 SDN 技术的快速发展以及控制器在 SDN 中核心作用的突显，控制器软件正呈现百花齐放的发展形势，特别是开源社区在该领域贡献了很大的力量，目前已向业界提供了很多开源控制器。不同的控制器拥有各自的特点和优势，下文将选取 SDN 业界广泛采用的几种典型控制器进行详细介绍。

1. NOX/POX

NOX 是全球第一个开源的 SDN 控制器，由 Nicira 公司在 2008 年主导开发。作为 SDN 控制器的先驱，它的出现在 SDN 发展进程中具有里程碑式的意义。NOX 在很大程度上推动了 OpenFlow 技术的发展，也是早期 SDN 领域众多研究项目的基础。NOX 底层模块由 C++实现，上层应用可以用 C++或 Python 语言编写。图 2.11 展示了 NOX 的框架，可以看出 NOX 的核心组件提供了用于与 OpenFlow 交换机进行交互的 API 和辅助方法，包括连接处理器和事件引擎，同时还提供了如主机跟踪、路由计算、拓扑发现以及 Python 接口等在内可选择的附加组件。

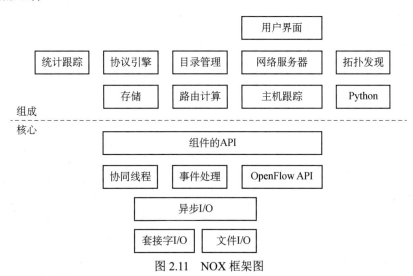

图 2.11　NOX 框架图

由于 NOX 代码量和复杂度较高，在一定程度上给网络研究人员对网络问题本身的研究带来了较大障碍，故在 2011 年，Nicira 公司重新推出了 NOX 的兄弟版控制器 POX。POX

完全采用 Python 语言编写，保持与 NOX 一致的事件处理机制和编程模式，由于 Python 编程语言本身简单易学，因此更加易于被研究人员接受，得到了广泛关注和应用。

POX 支持 Linux、MacOS、Windows 等多种计算机操作系统，灵活易操作，并且提供了相应的核心 API 和一系列组件，方便用户进行上层应用的开发。

2. Ryu

Ryu 是由日本电报电话公司（Nippon Telegraph & Telephone，NTT）主导开发的一个开源 SDN 控制器项目，其字面是日语中"Flow"的意思，旨在提供一个健壮又不失灵活性的 SDN 控制器。Ryu 使用 Python 语言开发，提供了完备、友好的 API，目标是使得网络运营商和应用商可以高效便捷地开发新的 SDN 管理和控制应用。

Ryu 控制器提供了非常丰富的协议支持，如 OpenFlow 协议、OF-CONFIG 协议、NETCONF 协议以及 Nicira 公司产品中的一些扩展功能，同时它有着丰富的第三方工具，如防火墙 APP 等。

Ryu 控制器采用层次化设计的体系架构，其最上层的 Quantum 与 OF REST 分别为 OpenStack 和 Web 提供了编程接口，中间层是 Ryu 自行研发的应用组件，最下层是 Ryu 底层实现的基本组件，如图 2.12 所示。

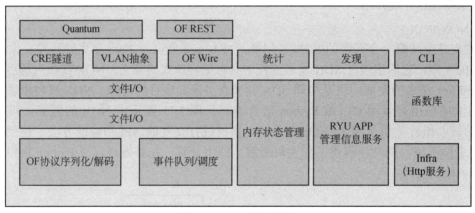

图 2.12　Ryu 整体框架

尤其需要说明的是，Ryu 基于组件的框架进行设计，并且这些组件都以 Python 模块的形式存在。组件在整个框架中体现为一个或者多个线程，这样可以便于提供一些接口用于控制组件状态和产生事件。

3. Floodlight

Floodlight 是一款基于 Java 语言的开源 SDN 控制器，遵循 Apache2.0 软件许可，支持 OpenFlow 协议并且提供了友好的 Web 管理界面，用户可以通过管理界面查看连接的交换机信息、主机信息以及实时网络拓扑信息。

Floodlight 由控制器核心服务模块、应用模块和 REST 应用模块组成，应用和控制器核心服务之间可以通过 Java 接口或 RESTAPI（Representational State Transfer API，表征状态转移 API）交互，如图 2.13 所示。

（1）核心服务模块为应用模块和 REST 应用模块提供 JavaAPI 或 RESTAPI 基础支撑服务，主要功能包括设备管理、拓扑管理、链路发现和模块管理等。

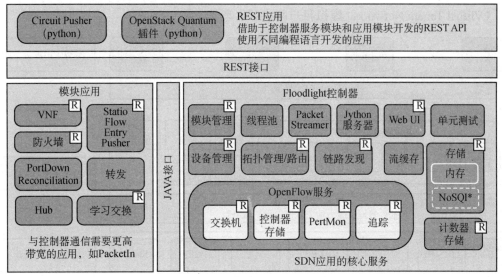

图 2.13 FloodLight 框架图

（2）应用模块依赖于核心服务模块，并为 REST 应用模块提供接口服务，主要功能包括 VNF、防火墙和 Hub 等。

（3）REST 应用模块依赖核心服务模块和应用模块提供的 REST API，这类应用只需调用 Floodlight 控制器提供的 REST API 就可以完成相应的功能，可使用任何编程语言进行灵活的开发，但受到 REST API 的限制，只能完成有限的功能。开发者可以使用系统提供的 API 创建应用，也可以添加自己开发的模块，并将 API 开放给其他开发者使用。这种模块化、分层次的部署方式实现了控制器的可扩展性。

4. OpenDaylight

OpenDaylight 项目在 2013 年年初由 Linux 协会联合 Cisco、Juniper、Broadcom 等业内 18 家企业创立，旨在推出一个开源的通用 SDN 平台，降低网络运营的复杂度，扩展现有网络架构中硬件的生命期，并支持 SDN 新业务和新能力的创新。OpenDaylight 开源项目提供开放的北向 API，同时支持包括 OpenFlow 在内的多种南向接口协议，底层支持传统交换机和 OpenFlow 交换机。

OpenDaylight 是一套模块化、可插拔且极为灵活的控制器，这使其能够被部署在任何支持 Java 的平台上，其第一个版本 Hydrogen 总体架构如图 2.14 所示。

（1）南向接口通过插件的方式来支持多种协议，包括 OpenFlow 1.0/1.3、OVSDB、NETCONF、LISP（Locator ID Separation Protocol，位置标识分离协议）、BGP、PCEP、SNMP 等。

（2）服务抽象层（Service Abstraction Layer，SAL）一方面可以为模块和应用提供一致性的服务；另一方面支持多种南向协议，可以将来自上层的调用转换为适合底层网络设备的协议格式。

（3）在 SAL 之上，OpenDaylight 提供了网络服务的基本功能和拓展功能，基本网络服务功能主要包括拓扑管理、状态管理、交换机管理、主机监测以及最短路径转发等；拓展网络服务功能主要包括 DOVE（Distributed Overlay Virtual Ethernet，分布式覆盖虚拟以太网）管理、Affinity 服务（上层应用向控制器下发网络需求的 API）、流量重定向、LISP 服务、

VTN（Virtual Tenant Network，虚拟租户网络）管理等。

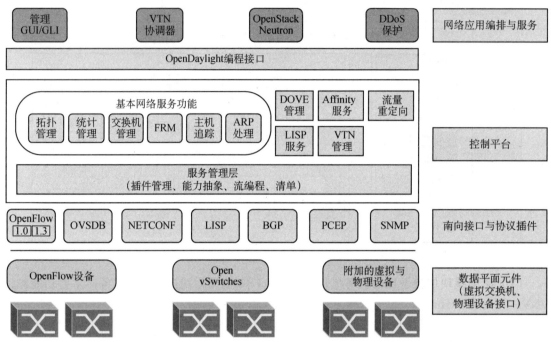

图 2.14　OpenDaylight 框架图

（4）OpenDaylight 采用了 OSGi（Open Service Gateway initiative，开放服务网关规范）体系结构，实现了众多网络功能的隔离，极大地增强了控制平面的可扩展性。

2018 年 3 月，OpenDaylight 发布了 Oxygen 版本，修复了一些之前版本的 bug 并提高了项目的稳定性，且增加了对 EVPN、L3VPN、GRE 隧道等服务的支持。同年 9 月，发布了第九个版本——Fluorine，显著地提高了性能，提供了大多数主要用户所需的核心组件，便于商业和内部解决方案提供商以及下游供应商使用像 ONAP 和 OpenStack 这样的项目进行开发，且增加了对 WAN、Cloud、边缘计算、服务功能链等服务的适配，增强了通用性。2023 年 12 月，发布了最新的 Potassium 版本，修订了 OpenFlow、OVSDB 等插件，提高了项目的稳定性。

5. ONOS

ONOS 是由 On.Lab 实验室于 2014 年 12 月主导开发的分布式开源控制器平台，其核心目标是打造一个满足运营商网络要求的开源控制器。

2015 年末，Ciena 公司推出了 ONOS 首个商业版本 Blue Planet ONOS，这是第一个由厂商推出的 ONOS 软件版本。主要应用场景包括 IP 与光协同、SDN+IP 网络互通、分段路由、NFaaS 和 IPRAN，华为贡献了 IP 与光协同场景，其他 4 个场景则由 On.Lab 提供。

ONOS 采用 Java 语言进行开发，基于 OSGi 框架，支持包括 OpenFlow 在内的多种南向协议，同时提供开放的北向 API。ONOS 使用 Maven 构建项目，支持新模块热插拔，其控制器架构和其他控制器架构类似，主要包括南向协议层、适配层、南向接口层、分布式核心层、北向接口层和应用层，如图 2.15 所示。

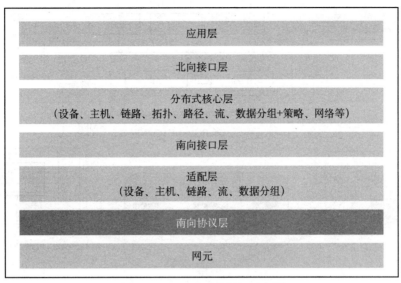

图 2.15　ONOS 系统框架示意图

（1）南向接口层支持以插件形式加入新的南向接口协议，从而支持多南向协议，并支持 SDN 控制器对 SDN 交换机和传统网络交换机的统一管理，实现网络的平滑过渡。

（2）分布式核心层可实现分布式控制器的信息同步，其性能满足运营商对网络扩展性、可靠性和高性能的要求，从而实现电信级别 SDN 控制平面。

（3）北向接口层为应用层提供了网络全局视图接口等众多灵活的编程接口，使得应用层可调用接口完成应用开发，实现对网络的控制、管理和业务配置，满足运营商对 SDN 控制器的要求。

6. OpenContrail

OpenContrail 是 Juniper 公司于 2013 年开发的开源控制器，遵循 Apache2.0 许可，该控制器由 C++语言编写，提供了用于网络虚拟化的所有基本组件，其用户界面采用 Python 语言编写。

OpenContrail 提供了一套扩展 API 来配置、收集、分析网络系统中的数据，能够与 KVM、Xen 两大虚拟机管理程序顺畅协作，同时也支持 OpenStack 及 CloudStack 等云平台组合应用，主要应用于云计算网络和网络功能虚拟化（NFV）场景，提供基础设施即服务（IaaS）、虚拟专用云（VPC）能力以及为运营商边缘网络提供增值服务，其系统架构主要包括 SDN 控制器和 vRouter 两部分，如图 2.16 所示。

控制器主要包括配置节点、控制节点和分析节点，通过北向接口及编排系统（Orchestration System）与上层业务通信，通过 XMPP 与虚拟路由器通信，通过 BGP、NETCONF 等南向协议与网关路由器和物理交换机通信，并通过 BGP 与其他控制器对等通信。

控制器的配置节点主要服务于上层的应用，一方面向上层应用提供北向 REST API，用于配置系统、获取系统的运行状态信息；另一方面配置节点包含一个转换引擎，将高层级服务数据模型的组件转换成相应的低层级数据层面组件，即高层级服务数据模型描述的服务通过转换引擎编译为低层级技术数据模型进行部署。配置节点使用 IF-MAP（Interface for Meta data Access Point）协议发布低层级技术数据模型的内容给控制节点，其内部结构如图 2.17 所示。

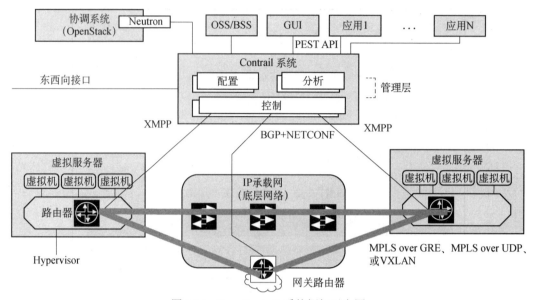

图 2.16　OpenContrail 系统框架示意图

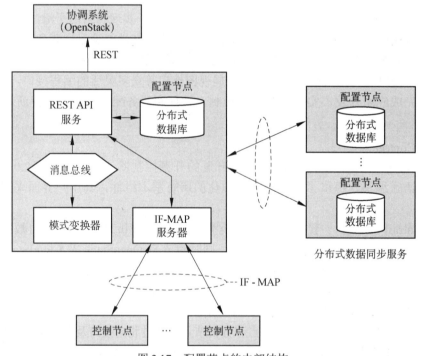

图 2.17　配置节点的内部结构

　　控制节点实现了一个逻辑集中的控制平面，旨在维护一个短暂的网络状态，同时控制节点之间以及控制节点与网络基础设备之间进行交流通信，保证了网络状态的持续一致，其内部结构如图 2.18 所示。

　　控制节点使用 IF-MAP 从配置节点接受配置状态，使用 IBGP 与其他控制节点交换路由信息，以保证所有的控制节点保存相同的网络状态，使用 XMPP 与计算节点上的虚拟路由器交换路由信息，同时也使用 XMPP 发送配置状态（例如路由实例和转发策略）。控制节点代

理计算节点特定种类的流量，这些代理请求同样使用 XMPP 接收；控制节点使用 BGP 与网
关节点（路由器和交换机）交换路由，使用 NETCONF 协议发送配置状态。

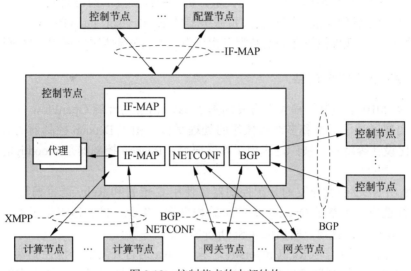

图 2.18 控制节点的内部结构

分析节点通过搜集、存储、关联和分析虚拟和物理网络环境中的信息（这些信息包括统
计、日志、事件和错误），记录网络环境的实时状态和抽象化数据，并且以适当的形式呈现
给上层应用使用，其内部结构如图 2.19 所示。

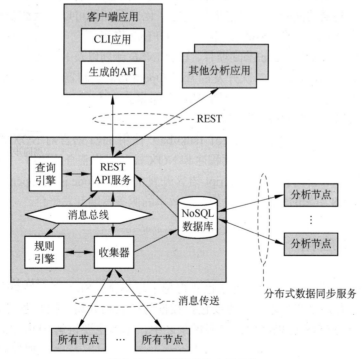

图 2.19 分析节点的内部结构

分析节点通过收集器与控制节点和配置节点交换 Sandesh 信息来收集分析信息，使用

NoSQL 数据库存储收集的信息，通过规则引擎自动收集特定事件发生时的运行状态，通过 REST API 服务器提供用于查询分析数据库和检索操作状态的北向接口，通过查询引擎执行接收到的北向 REST API 请求，为潜在的大量分析数据提供灵活的访问能力。

vRouter 是数据转发平面，运行在虚拟服务器的 Hypervisor 上。vRouter 通过软件方式部署在网络环境中，实现虚拟机之间的数据分组转发，从而在数据中心提供虚拟网络服务。

2.4.3　其他开源控制器

Beacon 是 2010 年由斯坦福大学开发的基于 Java 语言的开源 OpenFlow 控制器，它采用模块化功能实现了基于事件和多线程操作的处理平台。由于 Beacon 控制器的敏捷性、跨平台性和模块化设计等特点，被广泛应用于教学研究。Beacon 控制器是 Floodlight 控制器的研发基础。

Trema 是由 NEC 公司开发的开源控制器，使用 C 语言和 Ruby 语言编写。NEC 公司试图将 Trema 打造成一个基于 OpenFlow 的可编程框架。Trema 控制器提供了丰富的应用和服务，包括拓扑发现、流管理、路由交换和 OpenStack 插件等。

Maestro 是由莱斯大学（RiceUniversity）基于 Java 语言开发的开源控制器，易于进行跨平台开发和部署，该控制器遵循 LGPLv2.1 许可。Maestro 控制器设计了丰富的接口，这为模块化的网络控制应用提供了便利，使其能够轻松访问和修改网络状态，同时能够有效支持多线程操作，具有良好的可扩展性。

Mul 是由 Kulcloud 公司设计开发的开源控制器，它的内核采用基于 C 语言实现的多线程架构，为上层应用提供了多层次的北向接口。Mul 的设计目标是可靠、高效和模块化。C 语言保证了 Mul 控制器的高效，同时它提供的模块化应用插件可以为其他编程语言开发的应用提供高可靠性的服务。目前，Mul 控制器遵循 GPLv2 许可。

SNAC 是在斯坦福大学 CleanSlate 项目、GENINSF 计划以及 Nicira 公司共同资助下，使用 Python/C++语言对 NOX 进行二次开发的开源 OpenFlow 控制器，它向用户提供基于 Web 的 GUI（图形用户界面），方便用户使用 Web 界面来控制和管理网络。SNAC 控制器遵循 GPL 许可，并且可以用于企业级的网络。

Jaxon 是日本筑波大学（University of Tsukuba）使用 Java 语言对 NOX 进行二次开发的 OpenFlow 控制器，它提供了将 Java 应用程序和 NOX 控制器相整合的接口。

NodeFlow 是 Cisco 公司使用 JavaScript 语言开发的基于 Node.js 的 OpenFlow 控制器，它是一个基于 GoogleV8 引擎的快速、轻量级、高效率的服务器端开发平台。

2.5　SDN 应用

随着 SDN 的快速发展，其应用场景也变得越来越丰富。SDN 的应用场景主要由其技术特点决定，总体来看，这些技术特点主要包括数据与控制相分离、控制逻辑集中以及网络可编程，这些特点使得 SDN 可以应用在许多场景之中，本节主要讲解 SDN 在广域网和数据中心中的应用。

2.5.1　广域网中的 SDN

传统企业应用，如 E-mail、文件共享、Web 应用等，通常采用集中部署的方式，企业会在总部部署数据中心，并通过租用运营商专线，将分支机构连接到数据中心。随着移动办公、云计算技术、应用程序的扩散和交付模式的多样化，许多企业的数据分析、媒体流量、存储需求和数据备份的增加，企业采用云服务和基础设施呈爆炸式增长，在数据中心、云环境、分支机构和其他远程位置之间传输的数据越来越多，企业网络变得越来越复杂和不可预测，流量的增长使得广域网（Wide Area Network，WAN）及其上运行的应用程序的性能必须加以优化。

随着 SDN 的发展，人们开始考虑是否能将 SDN 应用在 WAN 技术架构的变革中，于是出现了 SD-WAN。SD-WAN 是将 SDN 应用到广域网场景中的一种服务，该服务用于连接广阔地理范围的企业网络，包括企业的分支机构及数据中心。

SD-WAN 的基本原理可以理解为，在一个或多个不同物理网络或网络服务之上建立一张"虚拟网络"，它是依赖于网络结构边缘，管理如何连接用户/站点，并将其映射到可用的物理连接上的网络。SD-WAN 不仅包括了流量在虚拟与物理网络之间的动态调度，也包括了对各种网络服务选项的集中化管理和优化配置。SD-WAN 充分利用了软件定义网络（SDN）的理念，在广域网环境中，通过自动化手段实现网络部署与管理，将 SDN 技术和 SD-WAN 结合，对网络资源进行有效虚拟化，以此来增强整体性能、加快服务部署速度，并提升网络的稳定性和可用性，同时显著减少总体运营成本。SD-WAN 通过测量基本网络流量指标，如延迟、丢包、抖动和可用性来主动响应实时网络条件，为每个数据包选择最佳路径。

典型的 SD-WAN 应用场景主要有企业互联（SDN based Enterprise Network，SD-EN）、数据中心互联（SDN based Data Center Interconnection，SD-DCI）及云互联 SDN based Cloud Exchange，SD-CX）企业互联关注的是用户侧的 WAN 连接，为企业总部、分支机构跨广域网的连接提供高效的基于 SDN 的解决方案；数据中心互联关注的是企业的多个数据中心，或者企业办公机构与数据中心之间建立的基于 SDN 的解决方案；云互联场景（更多关注的是应用侧的 WAN 连接，为公有云、私有云以及越来越丰富的混合云应用提供高效的基于 SDN 的解决方案。

2.5.2　数据中心环境下的 SDN

云数据中心是伴随着虚拟化技术和云计算的发展而出现的新型数据中心，提供基础设施、平台和应用软件按需、弹性租用的服务。在虚拟化技术的支持下，云数据中心的计算资源能够快速部署并实现弹性伸缩，但在网络资源部署方面，目前云数据中心采取的仍然是传统的网络架构，典型云数据中心网络架构如图 2.20 所示，通过二层/三层网络架构连接计算集群，实现管理流量、业务流量以及存储流量的承载和交互。所有租户共享统一的网络架构实现应用之间或对外的通信，同时不同租户之间通信相互隔离。

随着使用云服务的租户增多、虚拟机规模的大幅度增长，以及虚拟机动态迁移和多租户网络隔离的需求越来越多，云数据中心的网络需要实现自动化部署并与计算、存储资源的高效协同，所有资源都能够按需获取。

传统的网络技术需要管理人员在不同的设备上配置大量的信息，效率极低，还容易出错。而 SDN 的转发和控制分离、控制逻辑集中、网络虚拟化、网络能力开放化等特点，可以有效满足云数据中心网络的集中网络管理、虚拟机部署和智能迁移、虚拟多租户隔离等方面的需求，主要作用如下。

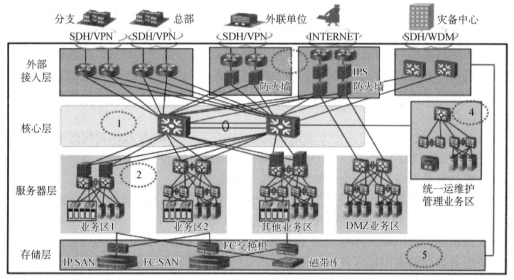

图 2.20　典型的云数据中心网络结构

（1）SDN 控制器拥有全网的静态拓扑及动态转发信息，通过对转发表的集中管理，可实施全网的高效控制和管理，更有利于网络故障的快速定位和排除。基于 SDN 的数据中心网络具备良好的自动化运维能力，能尽可能地减少网络管理员的手动配置工作，自动地进行业务的部署。

（2）SDN 实现了网络资源虚拟化和流量可编程，因此可以很灵活地在固定物理网络上构建多张相互独立的业务承载网，满足未来数据中心对支撑海量用户、多业务、灵活组网等迫切需求。

（3）SDN 能够将网络设备上的控制权分离出来，便于虚拟资源和网络策略的同步快速迁移，可以使网络和计算存储资源更加紧密地协同，并能实现对全局资源的更有效地控制。

SDN 作为一种新的网络架构，正在快速改变云数据中心的网络架构。目前，互联网企业、运营商数据中心网络大多已经采用了 SDN，并且发展非常迅速，未来必将对云数据中心的发展起到举足轻重的影响。

2.6　本章小结

本章首先对 SDN 的起源进行了系统性的介绍，包括其发展历程、技术特点以及基本概念和特征。接着，详细阐述了 SDN 的基本架构，涵盖了数据平面、控制平面和应用平面等关键组成部分，并介绍了南北向接口协议的作用和区别。此外，还探讨了 SDN 网络设备的分类以及可编程交换机的特点。最后，对 SDN 控制器及其应用进行了概述，展示了 SDN 在实际网络环境中的多样化和灵活性。通过本章的学习，读者可以对 SDN 的基本原理、架构和应用有一个全面的理解。

2.7　本章练习

1. SDN 的概念是什么？
2. 简述 SDN 的工作原理。
3. SDN 有哪些比较成熟的控制器？
4. SDN 如何应用到广域网当中？
5. SDN 有哪些硬件设备？
6. SDN 如何应用到云数据中心网络当中？
7. SDN 有哪些软件设备？
8. 简述 SDN 的体系架构。
9. SDN 是怎么由来的？
10. 思考 SDN 还可以应用到哪些领域当中？

课件

答案

实验平台

## 第 3 章

网络功能虚拟化

随着网络用户的不断增多,网络规模在持续扩大,网络中出现了各种各样的新型业务,供应商生产出了各种各样的网络功能设备,而且设备的集成和运维逐渐趋于复杂。为适应不断变化的需求,NFV 的概念被正式提出。《"十四五"信息通信行业发展规划》中明确要求,推进 NFV 技术在骨干网中的应用,提高网络资源利用效能。本章首先对 NFV 的发展由来进行了简要的阐述,然后由此引出了本章的主题"网络功能虚拟化",并且明确了 NFV 的技术基础、体系架构,最后对 NFV 的应用场景做了简单介绍。

学习目标:掌握网络功能虚拟化的概念,了解 NFV 的发展由来以及特征,理解 NFV 的技术基础以及技术架构,熟悉 NFV 的相关应用场景。

3.1　NFV 的提出

传统网络中的路由器、交换机、防火墙、负载均衡器等都是基于专用硬件和专用软件的架构。这些设备需要在网络拓扑的特定节点上进行部署,而不同的功能需求会导致设备在不同的节点上进行部署,这给网络的快速部署和性能提升带来了很多挑战。然而,通过使用标准硬件并通过软件提供各种网络功能的方式,可以改变当前网络的现状。在这种情况下,NFV 技术应运而生。

3.1.1　NFV 的由来

随着互联网服务的迅速发展,对按需流媒体服务、云存储以及软件即服务模式的需求也随之增长。然而,传统运营商的业务架构面临着网络设备复杂、开发过程缓慢以及设备标准多样等问题,这导致无法满足用户对客户体验的需求。为了满足这一需求,运营商急需创新的网络产品,并向集成信息通信技术(ICT)的云架构转型。

1. 网络设备复杂

随着网络技术的快速发展,网络中出现了各种各样的新型业务,供应商生产的各种类型的网络设备层出不穷,如防火墙、负载均衡器、入侵检测系统等,并且这些设备都需要专用硬件和软件的支持才能实现相应的网络功能。而在不同的应用场景中用户对网络功能的需求不同,各种网络设备部署的拓扑节点随之不同,导致了硬件设备的集成和运维逐渐趋于复杂。此外,由于硬件设备的生命周期较短,需要不断地进行采购—设计—集成—部署流程,这不仅抑制了网络业务的利润增长,同时在一定程度上也限制了以网络为中心的互联网世界的创新。

2. 开发过程缓慢

随着用户需求的不断增长，传统网络设备已经难以满足日益增加的需求。因此，出现了各种新型网络功能设备。这些设备要求能够在高质量和高稳定性的基础上长期运行，并严格支持相关协议。然而，这一需求也带来了网络功能设备开发周期较长、服务灵活性较差的挑战，同时对专用硬件设备的依赖性较强，进而在一定程度上降低了网络服务的鲁棒性。

3. 设备标准多样

由于不同的网络功能设备可能来自不同的生产厂商，而且各厂商开发的网络功能设备可能存在较大的差异，因而不能简单地对这些网络设备进行统一的管理，无法制定统一的行业标准，存在设备价格较高、管理难度较大、容易失效等问题。

针对传统电信网络的这些问题，欧洲电信标准协会在 2012 年发布了一份白皮书，提出了网络功能虚拟化的理念，旨在降低设备运维、管理和研发的成本，推动各项业务的快速创新。

3.1.2 NFV 的基本概念和特征

NFV 是采用虚拟化技术，将各类网络设备的功能整合到行业统一标准的商用计算资源平台上，实现了网络专用硬件与网络功能的"解耦"。简单来理解就是，NFV 技术可以把网络功能当作普通软件部署在通用的 X86 服务器上，实现网络功能的高效配置和较为灵活的部署，有效减少网络部署过程中产生的资金开销、操作开销和能源的消耗。

NFV 的目标是替代通信网中私有、专用和封闭的网元，实现统一的"硬件平台+业务逻辑软件"的开放架构，实现网络部署的灵活性并减少开支，其主要特征如下。

（1）转变网络构筑方式：NFV 改变了传统网络的构筑方式，通过发展标准的网络虚拟化技术，将各类网络设备统一整合起来，并且将这些整合起来的设备放置在数据中心、网络节点以及用户设备上。

（2）软硬件解耦：NFV 实现了物理设备以及运行在物理设备上的网络功能的解耦合，通过将大量的物理设备整合到服务器中，可以实现网络功能的软件实例化，进而实现了软件和硬件的解耦合。

（3）新兴技术的应用：NFV 应用新兴技术来连接虚拟机和物理接口，例如云计算网络中使用虚拟以太网交换机实现虚拟机和物理接口的连接。

（4）行业标准高容量服务器的应用：NFV 以通用硬件架构实现功能灵活承载与资源高效利用，带来灵活扩展、标准化互操作及集中管理等优势。

3.1.3 SDN 和 NFV 的关系

SDN 和 NFV 从技术规范上来说是两种不同的技术，互不依赖、自成体系；而从实际部署和应用上来说，二者又可以相互补充、相互融合，如图 3.1 所示。

1. NFV 和 SDN 的对比

SDN 和 NFV 各有侧重，SDN 侧重于网络管理和控制，NFV 侧重于网络运营和维护。虽然两者都能够改进网络的整体可管理性，但是它们的目标和方式有所差异，具体而言两者的区别主要是以下三点。

图 3.1　NFV 与 SDN 的关系

1）起源以及发起目的

SDN 起源于校园网，发起目的是方便对网络进行管理；而 NFV 是 ETSI 在 SDN 和 OpenFlow 大会上提出的，发起目的是降低运营和维护的成本。

2）设计思路

SDN 是将转发平面和控制平面进行分离，将控制平面进行集中化；而 NFV 是将软件和硬件设备进行分离，也就是将私有专享的设备用行业统一标准的通用设备代替，而网络功能通过软件实现，运行在虚拟的网络设备上。

3）研究对象

SDN 是网络级别的创新，研究的是整个网络，关注的是网络中各转发设备中的报文转发；NFV 是设备级别的创新，研究的是单一网元，是在网元上实现某个网络功能，比如通过 NFV 可以将原本存于网关上的路由、安全、多媒体等功能运行在某一台通用服务器上。

总的来说，SDN 通过将控制平面和数据平面分离来实现集中的网络控制，主要是优化网络基础设施架构，比如交换机、路由器等转发设备，处理的是 OSI 模型中的 2 层和 3 层。而源自运营商需求的 NFV 技术则是通过软硬件分离，实现网络功能虚拟化，其关注的重点是优化网络服务本身，比如负载均衡、防火墙、WAN 网优化控制器等，处理的是 4～7 层。这两种技术看起来属于不同维度，却具有很强的互补性，利用 SDN 技术在流量路由方面所提供的灵活性，结合 NFV 的架构，可以更好地提升网络的效率，提高网络整体的敏捷性。

2. NFV 和 SDN 的融合

NFV 与 SDN 作为两种新兴网络技术，它们之间存在着互相促进、相互使能的关系。目前，在实际的网络部署中，为了保证业务的安全、稳定、灵活和差异化，数据报文在网络中传递时，需要按照既定的顺序经过各种各样的业务节点，例如防火墙、深度包检测、入侵监测和负载均衡器等，这就是所谓的服务链。在传统的网络中，通常采用专业硬件部署在物理网络中，作为一种固化的网络拓扑提供单一的业务链服务，这种方式实现起来成本昂贵，结构固定单一，配置复杂。而 NFV 可以实现标准硬件的部署，根据业务需求进行网络功能软件的安装并通过 SDN 技术实现业务链的自动化编排。

在传统网络中，机房中的设备都是具有防火墙、BRAS、NAT 等各种网络功能的专用物理设备，而且网络中设备的控制平面和转发平面是集中在一起的，如图 3.2 所示。

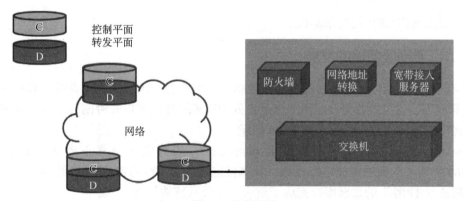

图 3.2 传统网络

在 NFV 网络中,具有特定功能的设备被通用硬件设备取代,设备本身的网络功能通过 NFV 软硬件分离技术从设备上"解耦合",并且通过软件实现,如图 3.3 所示。

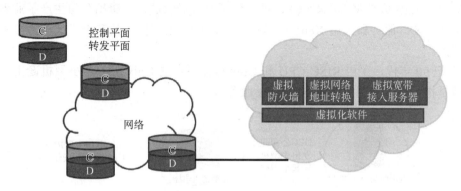

图 3.3 NFV 网络

在"NFV+SDN"网络中,除了把设备的软件和硬件分离之外,还进一步将设备的控制平面和转发平面分离,并且通过控制器对设备的转发进行集中控制,而转发控制也可以看作是一种网络功能,通过控制软件实现这种功能,如图 3.4 所示。

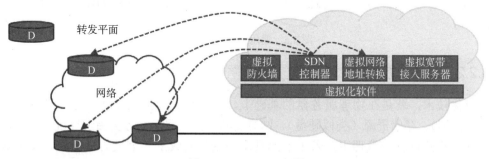

图 3.4 NFV+SDN 网络

3.2 NFV 技术基础

NFV 将网元功能与硬件资源解耦,实现了系统功能软件化和硬件资源通用化,推动了运营商网络向低成本高灵活方向演进。本节将从通用服务器的发展、虚拟化技术、虚拟化中间件三方面来阐述 NFV 的技术基础。

3.2.1　通用服务器的发展

通用服务器是指可以通过管理软件来控制网络中各类资源访问的计算机，其具有高速的 CPU 运算能力、强大的数据吞吐能力以及良好的可扩展性，可以长时间可靠运行并能够为网络中的客户端提供资源和服务，如图 3.5 所示。

1964 年，IBM 推出第一台大型机 system360，成为第一台真正意义上的服务器，system360 采用了创新的集成电路设计，计算性能达到了 100 万次/秒，协助美国太空总署建立了"阿波罗 11 号"的数据库，完成了航天员登陆月球的计划。

1965 年，DEC 公司开发了一款小型机 PDP-8，掀起服务器小型化的革命。虽然 PDP-8 运算能力有限，但相比于之前的服务器体积变小了、更加易用、价格也更便宜，深受用户喜爱，也推动了服务器技术的进步。

1989 年，Intel 成功将 Intel486CPU 推广到了服务器领域，由康柏公司生产了业界第一台 X86 服务器。X86 服务器采用 X86 指令集芯片的 PC 体系架构，具有价格低廉、平民化、普及化等特点。

20 世纪 90 年代，采用 RISC CPU 和 Unix 操作系统的 Unix 服务器小型机诞生，当今的小型机就是指针对中小企业低成本的 Unix 服务器。

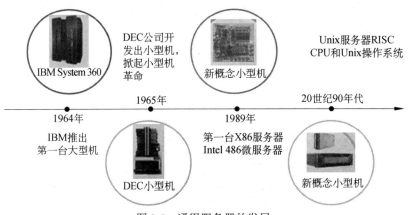

图 3.5　通用服务器的发展

3.2.2　虚拟化技术

虚拟化技术，就是在物理服务器的基础上，通过部署虚拟化软件，把计算资源（类似 CPU、内存等）、存储资源（类似硬盘）、网络资源（类似网卡）等资源进行统一管理，按需分配。在虚拟化软件的管理下，若干台物理服务器就变成了一个大的资源池。在资源池之上，可以划分出若干个虚拟服务器（虚拟机），安装操作系统和软件服务，实现各自功能。

3.2.3　虚拟中间件

在 NFV 环境中，虚拟化中间件运行在应用和硬件设备之间，虚拟化中间件将物理硬件的计算、存储和网络通信资源进行池化，并以虚拟机和虚拟网络的形式提供给应用。

虚拟化中间件主要有 Hypervisor 和 Container 两种，Hypervsior 部署方式主要包括裸机型、托管或宿主型，Container 部署方式主要是容器型，如图 3.6 所示。

图 3.6　虚拟化中间件的多种形态

其中，裸机型是指虚拟化中间件可以直接管理调用硬件资源，虚拟机直接运行在物理硬件上；而托管或宿主型是指虚拟机中间件是运行在宿主操作系统上的，在此系统上对硬件资源进行管理，而虚拟机也运行在宿主操作系统之上；容器型是指虚拟机运行在宿主操作系统上，但可以通过容器运行应用，且所有容器共享宿主操作系统的内核空间。简单来理解就是，Hypervisor 或 Container 可以将硬件基础设施"隐藏"起来，并创建出许多虚拟机或容器资源，为 VNF 提供运行所需的承载环境。

从技术实现来说，Hypervisor 通过计算虚拟化、存储虚拟化和网络虚拟化等技术，创建出不同规格的虚拟机，这些虚拟机为 VNF 提供必要的运行环境。而 Container 通过操作系统级别的虚拟化创建不同规格的容器，为 VNF 的运行提供所需的基本环境。

目前常用的 Hypervisor 包括 KVM、XEN、Hyper-V、VMware EXSi 等，其中，以基于内核的虚拟化（kernel-based virtual machine，KVM）技术为代表。KVM 是一个集成到 Linux 内核环境下的开源虚拟化模块，属于硬件支持下的一款全虚拟化解决方案。在虚拟环境下，Linux 内核集成管理程序将其作为一个可加载的模块，完成 CPU 调度、内存管理以及与硬件设备交互等虚拟化功能。由于完全基于 Linux 内核以及硬件虚拟化的技术主流，使得 KVM 受到越来越多开源组织的欢迎。

常用的 Container 技术主要是 Docker，Docker 是基于 Go 语言实现的开源容器项目，在 Linux Container 技术的基础上实现并做了进一步优化，每个容器可以看作是一个简易版的 Linux 系统环境（包括 root 用户权限、进程空间、用户空间和网络空间等）以及运行在其中的应用程序打包而成的盒子。Docker 容器共享主机操作系统和内核，具备轻量化、占用资源小、启动快和容易部署等特点，是目前最受欢迎的容器技术。

3.3　NFV 体系架构与管理编排

3.3.1　NFV 体系架构

根据 ETSI 制定的 NFV 技术白皮书，NFV 的体系结构可以分为三部分：NFV 基础设施（NFV Infrastructure，NFVI）、VNF、MANO，如图 3.7 所示。

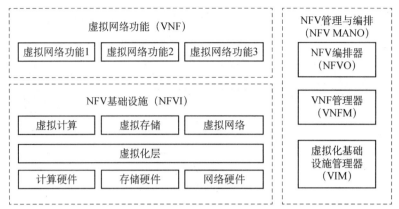

图 3.7　ETSI 标准下的 NFV 体系架构

1. NFVI

NFVI 主要功能是将物理资源虚拟化为虚拟资源，供 VNF 使用。NFVI 包括硬件资源、虚拟层和虚拟资源三部分。

硬件资源通过虚拟化层向 NFV 提供计算资源、存储资源和网络资源等。虚拟化层负责硬件资源的抽象，将 VNF 软件和底层硬件进行解耦。保证 VNF 可以部署在不同的物理资源上。虚拟化资源包括虚拟计算资源、存储资源和网络资源。虚拟的计算和存储资源体现为虚拟机（VirtualMachine，VM），而虚拟的网络资源由虚拟链路和节点组成，可为虚拟化网络功能或虚拟机提供通信链路。

2. VNF

VNF 运行在 NFVI 之上，使用 NFVI 提供的虚拟机，通过在这些虚拟机之上加载软件来实现虚拟网络功能。一个 VNF 可以部署在一个或多个虚拟机上，多个 VNF 构成 1 个服务链以实现服务功能。

3. MANO

MANO 提供了 NFV 的整体管理和编排，由 NFVO、VNFM 以及 VIM 三部分组成。VIM 的主要功能是实现对 NFVI 层硬件资源、虚拟化资源进行管理、监控及故障上报，目前主流的 VIM 平台都是基于 OpenStack 进行开发。VNFM 实现虚拟化网元 VNF 的生命周期管理，包括 VNF 实例的增、删、查、改。NFVO 用以管理 NS（Network Service，网络业务）生命周期，并协调 NS 和 VNF 生命周期的管理、NFVI 上各类资源的管理，以此确保所需各类资源与连接的优化配置，完成网络业务的部署。

以 NFV "公司"为例，NFVI 就是 NFV 公司的 "员工"，负责具体执行所有事务，是公司的基本组成成员。而 VIM 是 "员工中的管理者"，向上直接与管理层沟通，了解管理层的需求，向下负责管理 NFVI（员工）以满足领导层的需要。VNF 可以被认为是 NFV 公司的 "部门"。每个 VNF 由不同种类和数量的 "员工"（NFVI）组成，形成负责不同功能的业务部门，为 NFV "公司"贡献自己的力量。VNFM 是 "部门"的管理者，是领导层管理部门的通道。NFVO 作为 "领导层"，负责公司所有业务的统筹规划和任务分配，掌握着全局的发展动态。

3.3.2　NFV 管理编排

NFV 网络需要根据业务请求实现资源的管理和编排，以满足用户需求。制定合理的编排机制可以加快业务响应速度。在 NFV 架构中，MANO 通过 VIM、VNFM、NFVO 这 3 个模块的交互，共同完成网络服务的生命周期管理工作。

NFV 的编排分为以下两类。

1. 资源编排

资源编排负责分配和释放 NFVI 资源给虚拟机，并对其进行管理。

在 NFV 架构中，VIM 可以对硬件资源进行管理，并监控硬件的使用情况。还可以管理虚拟化层，并且控制和影响虚拟化层如何使用硬件资源。NFVO 与 VIM 协同工作，可以知晓它们所管理的整个资源的状况。例如，在 NFV 架构中可能会存在多个 VIM 共同控制几个独立的硬件设备的情况，由于每一个 VIM 只对自己所管理的 NFVI 有可视性，而 NFVO 可以从这些 VIM 中提取信息并实现汇总，因此它可以通过 VIM 协调资源的分配。

2. 业务编排

业务编排负责自动编排业务所需的网络资源，即完成端到端的业务部署、扩展、更新等。

VNFM 独立管理 VNF，对于 VNF 之间的服务连接等信息没有可视性。NFVO 通过 VNFM 创造 VNF 之间的端到端服务，这时 NFVO 对于 VNF 为了实现服务实例而形成的网络拓扑有着可视性。

以一个简单的网络服务为例说明各功能模块如何交互工作并实现服务的流程如图 3.8 所示。

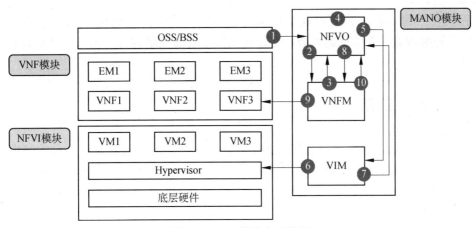

图 3.8　NFV 模块交互流程

① 用户提出实例化一个 VNF 虚拟化网络功能的需求。

② NFVO 接收到需求后，将需求转给 VNFM。

③ VNFM 接收到 NFVO 传来的需求后，计算该 VNF 需要多少虚拟机，以及每个虚拟机需要多少资源，并将计算结果告知 NFVO。

④ NFVO 验证是否有足够的可用资源以满足虚拟机的创建。因为 NFVO 是编排器，对于整个 NFV 系统都具有可视性，所以 NFVO 可以判断底层是否还有充足的硬件资源，去创建所需的虚拟机。

⑤ NFVO 将创建虚拟机和这些虚拟机所需资源分配的请求发送到 VIM。

⑥ VIM 要求虚拟化层创建这些虚拟机。

⑦ 虚拟机成功创建后，VIM 就会通知 NFVO。

⑧ NFVO 通知 VNFM：所需要的虚拟机已经创建完毕并且是可用状态。

⑨ VNFM 在创建的虚拟机上，开始使用指定参数，启动并配置所需的 VNF。

⑩ VNF 成功配置后，VNFM 告知 NFVO，VNF 已经配置完成，可以使用了。

最终 NFVO 编排器，知道所需要的 VNF 虚拟化网络功能已成功实例化并运行，可以将结果进一步告知 OSS 网管系统，用户通过网管系统，得知 VNF 实例化成功。

因为编排器在 NFV 网络中的重要作用，众多电信运营商、电信设备厂商和 IT 公司发起成立了多个开源组织，共同推进编排器的技术发展。目前在行业上具备较大影响力或技术代表性的开源编排器项目是 ONAP。

ONAP 是 2017 年 2 月由 Open-O 与 Open ECOMP 两个开源项目合并而来，是 Linux 基金会（Linux Foundation Networking，LFN）项目之一。该项目凝集了业界最具影响力的运营商和设备商，成立后已有包括中国移动、AT&T、华为、爱立信等在内的多家白金会员和银牌会员参与。

ONAP 的主要功能有：虚拟网元的全生命周期管理；SDN 网络资源的控制管理；NFV 和 SDN 跨域编排，实现端到端网络服务的自动化部署；提供基于策略的网络自动化闭环控制，实现网络资源的动态调整等。

在技术层面，ONAP 采用微服务架构、元数据和模型驱动、跨域编排、多厂家方案适配与集成、闭环自动化控制等一系列先进技术，为构建下一代网络编排管理系统提供了很好的技术参考平台。

强强联合后的 ONAP 具有产业和技术方面的先天优势，受到业界的普遍关注。相信 ONAP 将推进编排器产业的加速发展，更好地实现运营商网络的自动化，以及新兴业务的灵活高效部署。

3.4 NFV 应用

NFV 使用通用的硬件平台代替传统的专用硬件平台，通过对软硬件平台的解耦，一方面实现了资源的弹性伸缩，提高资源利用率；另一方面便于系统升级维护，节省成本，加快业务部署上线速度。这些特性使其在一些对网络吞吐能力要求较高的场所发挥优势。本节主要介绍以下几类典型 NFV 应用场景。

3.4.1 云数据中心

云数据中心以自助服务模式、灵活的产品形态、虚拟化和可扩展的能力等优势，在业界各领域的应用越来越广泛。越来越多的政府机关和企业将应用服务搬迁至云上。

随着云数据中心规模的不断扩大，云数据中心中的交换机、路由器和服务器等设备数量不断增加，且这些设备可能产于不同厂商，使得设备类型多样化，这将造成数据中心运维管理复杂，业务更新困难，很难实时地从全局对网络进行管理调控。因此，对云数据中心网络提出了更高的要求：

（1）无阻塞、低时延数据转发，用户需求的快速响应。云资源池内部网络设备多，网络特征复杂，采用点对点手工配置，将会延迟用户需求的响应速度。

（2）支持虚机的动态迁移，并且保证网络能够感知虚拟服务器的迁移和调度后网络位置的改变，能够自动地进行网络重新配置。

（3）支持多业务、多租户。对于多租户，能提供隔离机制，确保不同租户资源和数据的独立性；针对多业务，可在同一物理网络上，依据不同业务需求，灵活通过 SDN 等技术构建专属业务网络，并运用访问控制列表、加密等手段，保障各业务网络的安全。

（4）网络统一运维，高度自动化、智能化管理。

云数据中心的 NFV 架构如图 3.9 所示。

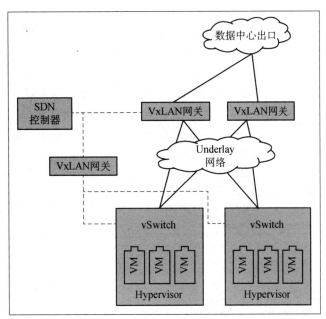

图 3.9　云数据中心 NFV 架构

在云数据中心内部，NFV 分布式部署主要是在云数据中心的虚拟机上。NFV 的作用是将云数据中心所有设备的功能从硬件中脱离出来，这样就可以将网络功能和服务部署到更通用的 x86 服务器、存储和交换机设备上。由于网络功能不再受限于专属网络设备，可以在虚拟机上安装防火墙、虚拟路由器等功能镜像，实现针对各业务网络的资源弹性部署。因此，NFV 能够减少企业新产品的开发部署成本，使产品的开发部署更加灵活，同时能够减少 NFV 提供商的运营成本，还能提高服务种类、处理精度。

NFV 将是一种革命性的新技术发展趋势，将对网络技术发展带来深远的影响。根据相关的统计，NFV 市场规模将从 2023 年的 27.2 亿美元增长到 2032 年的 134.4 亿美元，年复合增长率 18.9%。NFV 技术在云数据中心领域应用获得了极大的认可，将是未来推广的网络技术。

3.4.2　5G 核心网

随着 5G 商用的全面开启，如何构建高质量、强健的网络成为业界关注的焦点。5G 时代，海量的智能终端将会接入网络，移动数据也呈现指数级增长态势，其需求量不断加大。现有核心网已经无法满足未来多场景接入和业务的多样性需求，如面对以自动驾驶为代表的超低时延业务，以智慧城市、智慧家庭为代表的超大连接业务和以 AR/VR 为代表的超高带宽业务等应用场景。未来 5G 移动通信系统不管是从用户服务、运营服务还是业务服务等方面来讲，都对核心网络提出了新的挑战。

（1）从用户服务的角度分析，5G 用户体验是多终端、富应用和高带宽的交织和融汇，用户可以在任何时间、任何地点接入网络。而新兴业务需要更宽带宽、更低时延、更高的可靠性和更强的智能化能力。

（2）从运营服务的角度分析，5G 网络将会是一个多网络、多层次、多领域的巨量网络，将面临升级困难、扩展性差、资源利用率低等问题，因此网络运营管理需要具备弹性、自动化、智能化能力。

（3）从业务服务的角度来说，在 5G 时代，人们生活的方方面面都与网络息息相关，除了原有的网络服务需要不断地提升和创新，新服务新业务将会层出不穷。因此需要灵活的新业务部署，提升用户业务数据流处理性能。

NFV 的理念是软硬件解耦，通过虚拟化技术在通用服务器上以软件的形式运行各类网络功能，节省了专属硬件部署所消耗的大量资金，运营商不再依赖昂贵的专用物理设备，只需要购买通用的高性能服务器即可，非常适合 5G 核心网虚拟不同功能网元的部署，在 NFV 技术支撑下，5G 核心网整体架构如图 3.10 所示。

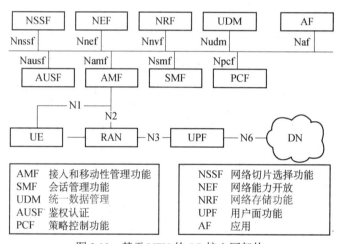

图 3.10　基于 NFV 的 5G 核心网架构

（1）利用 NFV 的虚拟化以及软件化技术，可以将核心网解耦成 NSSF、NEF、NRF 和 AMF 等一个个独立的网元并提供对应的网络功能，为各类网络功能的灵活组装提供基础。

（2）利用 NFV 的编排功能，通过类似于“搭积木”的组合方式，实现灵活组装不同的核心网。

（3）利用 NFV 的弹性伸缩功能，根据不同应用的业务发展情况，自动对核心网切片中的特定服务进行扩展，从而满足特定应用的需求。

（4）利用不同应用的核心网之间存在的隔离性，从而为企业用户提供更加安全、可靠的服务。

通过 NFV 消除了设备瓶颈，可以实现快速部署的能力，使得网元容量配置周期从数周缩短到数分钟，网络的敏捷性和弹性得到大幅提高，业务部署时间大幅缩短。用户和租户可以通过多版本和多租户使用网络功能，从而促进软件网络环境中的新网络功能和服务的创新。

在 NFV 技术的大力支撑下，5G 核心网在高效性、可编程性和灵活性上发生质的飞跃。

给运营商部署网络和用户享受更优质服务带来巨大的便利。Global Market Insights 发布的 NFV 行业报告预测，到 2024 年 NFV 市场将超过 700 亿美元。另一项研究显示，2018 年至 2022 年期间，NFV 市场增长至 190 亿美元，接近 79%的电信专业人士将 NFV 视为未来五年的关键战略重点。

3.4.3 城域网

近年来，随着运营商业务能力的提升，城域网承载的业务功能和网络能力越来越复杂。在新业务、新流量的冲击下，传统的城域网架构无法满足快速、灵活、弹性的互联网业务发展需求，主要体现在转发控制能力不匹配、新业务部署周期长、资源利用率不均衡等方面。

（1）现有设备的转发和控制能力紧密集成，相对转发面的处理能力，控制面处理能力比较弱，造成控制平面能力已经耗尽，而转发能力还有富余却无法使用的情况。

（2）设备基于一体化的封闭软硬件架构，独立配置和控制，无法集中统一调度，无法及时应对流量的变化做出调整，无法对不同客户及业务提供端到端的差异化保障。

（3）现有设备软硬件紧密耦合，对任何一个新业务的功能升级或调整，都需要对分散在全网的设备进行全面升级才能支持，工程周期长、难度大，无法适应新业务快速上线的需求。

（4）传统城域网部署架构涉及厂家和设备种类多，不同厂家设备管理、维护界面不相通，网络规划建设和运营维护非常复杂。

传统的城域承载网可分为用户层、接入层、汇聚层、业务控制层及核心层，BRAS 是业务控制层核心，负责对用户流量进行汇聚和转发，维护了大量用户相关的业务属性、配置及状态。BRAS 是软硬件一体化电信专用设备的典型，长久以来一直采用控制与转发紧耦合的方式。随着近些年运营商城域网络的业务和功能不断丰富，传统一体化 BRAS 设备的弊端不断涌现，束缚了城域网的发展。NFV 技术强在控制计算能力，而 BRAS 的主要功能就是接入控制，二者刚好完美契合，从而使得虚拟宽带远程接入服务器（Virtual Broadband Remote Access Server，vBRAS）成为城域网虚拟化的切入点和典型应用。NFV 在城域网的应用场景如图 3.11 所示。vBRAS 设备采用资源池的模式进行部署，资源池中主要分为 vBRAS 转发池和 vBRAS 控制池，主要负责 vBRAS 的转发与控制。

基于 NFV 架构的 vBRAS 是一套解耦系统，实现了软硬件解耦和硬件标准化。同时，它将资源虚拟化和管理云端化，从而降低了建设和运维成本，并提高了现网设备中资源的利用率。这种设计还具有资源弹性扩容的能力，可以快速适配业务变化，满足快速创新和适应新业务需求的要求。运营商引入 vBRAS 有利于业务的管控、集中下发、集约化，以实现资源的弹性调度，避免资源过分闲置或者紧张的情况。

基于 NFV 的 vBRAS 技术为电信运营商提供了一种开放灵活和可编程的新型网络架构，为解决传统 BRAS 碰到的许多难题提供了一种可选手段，在城域网范围内大规模部署 vBRAS 的前景非常值得期待。目前 vBRAS 尚处于发展阶段，电信运营商、设备提供商以及软件提供商等都积极参与技术和产品的研发；国内外标准组织和开源组织也在积极推动 vBRAS 相关工作的开展；国内外的电信运营商基于网络转型需求，进行了多种 vBRAS 解决方案的部署。vBRAS 的整个产业链在逐步走向成熟，其应用前景越来越明朗。

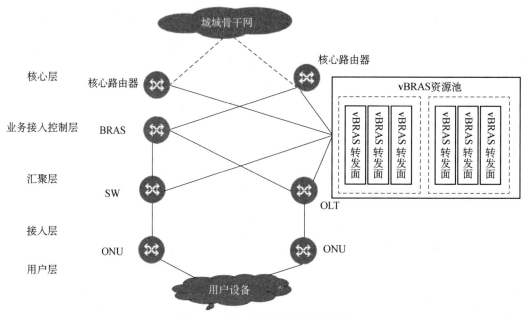

图 3.11　NFV 在城域网的应用场景

3.5　本章小结

　　本章对网络功能虚拟化技术进行了概述，首先对 NFV 的发展背景、基本概念、与 SDN 技术的关系进行了介绍；其次聚焦了 NFV 技术基础，包括通用服务器的发展、各类虚拟化技术以及虚拟中间件；然后介绍了 NFV 的体系架构和管理编排；最后介绍了 NFV 具体的应用场景。读者可以通过阅读本章对网络功能虚拟化进行大致的了解，可结合本书第 2 章 SDN 技术一起学习。

3.6　本章练习

　　1. NFV 是为解决什么问题而诞生的？

　　2. NFV 的概念和特征是什么？

　　3. NFV 与 SDN 的关系如何？

　　4. 网络虚拟化技术是什么？

　　5. 虚拟化中间件的主流形态有哪些？

　　6. NFV 实体的功能模块以及各模块的作用是什么？

　　7. 简述 NFV 的实现过程？

　　8. NFV 有哪些应用？

课件

答案

实验平台

## 第 4 章

云 网 络

随着现代社会用户数据的爆炸式增长、资源利用率的提高以及网络性能的快速发展，各大运营商正积极探索如何为日益庞大的用户群体提供更加便捷、高效的服务。为了更好地满足用户对复杂业务与动态灵活的网络架构的迫切需求，云网络概念被提出并且向智能化、可控化不断地迭代与发展。《中华人民共和国国民经济和社会发展第十四个五年规划和 2035 年远景目标纲要》重点提到了云网络在未来数字经济中的重要作用，云计算网络技术已经成为 IT 行业中最重要的技术之一，并已成为 IT 从业者不可或缺的专业技能。本章首先对云网络的起源与发展进行详细的介绍，再对当前主流的软件定义云网络进行讲解，包括软件定义云网络的需求、架构、关键技术与解决方案等内容。最后，对云网络的典型应用进行介绍，读者通过阅读本章可以对云网络有一个深入的了解。

学习目标：理解云网络的概念和特征，了解云网络的发展历程，掌握软件定义云网络的概念与技术，熟悉云网络的典型应用与研究情况。

4.1 云网络的提出

随着互联网的发展，服务和用户规模不断增加，并且用户对于网络服务的可靠性、可用性的要求也越来越高，传统网络已经难以满足当下的需求，因此像 Google 和 Amazon 等大型网络服务提供商便开始寻求解决问题的新方式，云网络也随之诞生。本节将分成两部分展开介绍，首先是分几个阶段阐述云网络的由来和发展，然后从概念和特征对云网络展开基本的介绍。

4.1.1 云网络起源与发展

云计算技术的产生与全面应用使得互联网技术进入了"云时代"，而"云"与计算机网络的融合则被称为云网络。云网络的概念自诞生以后不断发展，也为广大运营商所青睐，用于应对爆炸式的信息增长和满足动态、灵活架构的迫切需求。云网络的发展可分为 3 个阶段，分别是"云计算与云服务时代"、"网络云化时代"以及"云网融合时代"。

1. 云计算与云服务时代

云计算（Cloud Computing）是分布式计算的一个门类，指的是通过将大型的数据计算任务分解成大量的小任务，再分发给网络里的服务器，这些服务器处理完成后再将数据整合发送给原用户。通过云计算可以实现在短时间内处理数万数据的任务，从而实现性能的极大增强。

随着云计算领域的不断发展与技术创新，行业内"云"的概念也在不断地泛化，从狭义上代指分布式计算的"云计算"概念演变为了广义的"云服务"，而云服务体现了网络 3.0 时代人们应对爆炸式的信息增长和满足动态、灵活架构的迫切需求。云服务是云计算概念的延伸，指将云计算与网络的各项功能结合，通过网络提供用户所需的各种计算与网络资源的服务模式。

2009 年，微软推出 Azure 云服务测试版，宣告微软从为客户提供单一的云计算业务转向提供用户所需的各项网络服务。此时云服务还处于推广阶段，大部分公司都并不重视这项技术，只有少数大公司在进行相关的应用研究。

2009 至 2011 年间，传统的 IT 企业，如 IBM、VMWare、微软和 AT&T 都在向云服务进行转型，至此云服务开始如火如荼地发展，其技术深入到游戏、医疗和金融等各个领域。

2. 网络云化时代

随着互联网网速的提高和互联网软件的改进，"云服务"能够完成的任务越来越多，90%的网络业务都能够通过"云服务"技术完成。在这种情况下，各大公司开始寻求云技术与网络的结合与发展，并通过互联网为客户提供基础设施、平台和软件服务，网络云化时代到来。

在网络云化时代，业界各厂商纷纷开始构建大规模多云交换平台，用以支持私有云、工业云、公有云资源统一编排的服务机制，为实现现有网络的全面云化以及企业内部或企业间异构多云网络的协同与交换不断努力，最终为用户提供一点接入，全服务云化的上云体验。

3. 云网融合时代

云网融合是云计算技术与网络技术的深度融合，即云计算与网络在供给、运营、服务等方面的完全协同，实现云中有网，网中有云。

云计算包括计算能力、存储能力以及相关的软硬件，网络则包括接入网、承载网、核心网等电信网络的方方面面。从本质来看，云是计算，网是连接，而云网融合就是在云计算中引入网络的技术，如图 4.1 所示。

图 4.1　云网融合特征

云网融合的特征主要包括：一体化供给、一体化运营和一体化服务。

（1）一体化供给：网络资源和云资源统一定义、封装和编排，形成统一、敏捷、弹性的资源供给体系。

（2）一体化运营：从云和网各自独立的运营体系，转向全域资源感知、一致质量保障、一体化的规划和运维管理。

（3）一体化服务：面向客户实现云网业务的统一受理、统一交付、统一呈现，实现云业务和网络业务的深度融合。

云网融合主要通过 SDN 和 NFV 技术，实现一网聚多云，并将网络控制系统与云侧的管理系统互联，最终完成云网业务的自动化快速开通和协同服务。

目前，随着 5G、移动边缘计算（Mobile Edge Computing，MEC）和 AI 的发展，算力已经无处不在，网络需要为云、边、端算力的高效协同提供更加智能的服务，云网融合进入算网一体的新阶段。在这一阶段，算力与网络将进一步深度融合，实现可感知算力的调度和确定性的连接，打造算力网络的坚固基石。

4.1.2　云网络的基本概念和架构

云网络是以云为中心、以网络虚拟化技术为基础，面向应用和租户的虚拟化网络基础设施，具备按需、弹性、随处可获得和可计量的特征，可以提供简单可扩展、安全可靠和高可用性的网络服务。

从云网络架构方面看，云网络主要由 Underlay 网络和 Overlay 网络两部分构成，提供弹性的网络服务，如图 4.2 所示。

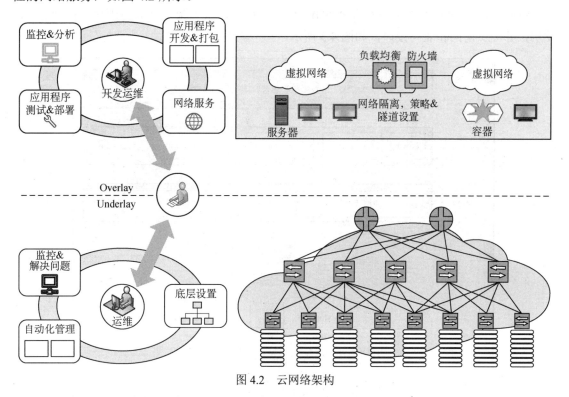

图 4.2　云网络架构

Underlay 网络包括支撑海量信息处理的服务器、数据保存的存储设备、设备通信的交换机设备，这些设备用于实现底层的网络连通。Overlay 网络采用网络虚拟化技术，在 Underlay 网络上为用户建立一个逻辑隔离的虚拟网络空间，提供安全可靠的网络服务。

4.2　软件定义云网络

4.2.1　需求

网络作为云数据中心的基础设施，本质上是云服务的支撑系统，需要拥有"弹性可扩展"和"资源池化"的特征并提供按需自助服务,且最终用户可以通过"宽带接入"进行访问。为了满足以上诉求,再加上传统 IP 网络架构在虚拟化、灵活配置和可编程方面能力不足,业界提出了软件定义云网络(Software Defined Cloud Network,SDCN)的概念和方法,将 SDN 引入云网络数据中心。

软件定义云网络的基本理念是将 IT 基础设施资源变成服务对象,通过虚拟化方式进行抽象,通过自动化的流程和软件方式提供服务。软件定义云网络通过开放架构北向为上层业务提供了丰富的北向 API,基于可视化应用模型,让租户以应用视角定义网络诉求。通过核心组件自我驱动将应用模型自动翻译为网络配置,按需进行网络资源申请和配置,灵活调用底层网络能力,屏蔽底层物理转发设备的差异,将底层的物理资源池化共享,实时、按需、动态地分配给不同租户的不同应用。

4.2.2 整体架构

SDCN 与 SDN 网络架构一致,也采用"3+2"模型,从上到下分为应用层、控制层和转发层,并提供南向和北向接口,如图 4.3 所示。

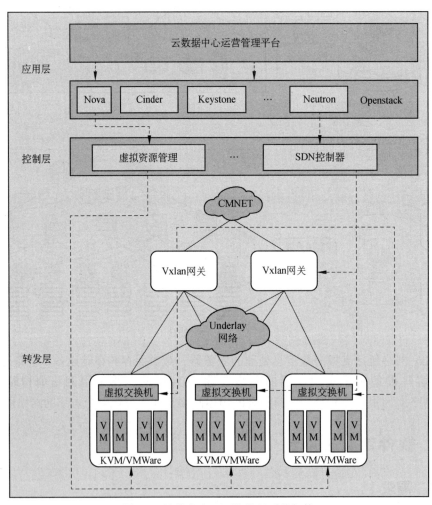

图 4.3 软件定义云网络常见系统架构

1. 应用层

应用层的核心组件为云数据中心运营管理平台和 OpenStack 云操作系统，二者共同构成对外展示信息、处理数据交互的通道。其主要负责接收用户需求，整合数据中心的计算、存储和带宽等应用资源，并通过标准化接口实现资源协同配合，从而实现网络编排、业务调控和服务保障等核心功能。

2. 控制层

控制层是 SDCN 架构的中枢核心，由控制器与虚拟资源管理器组成，发挥着连接应用与网络的关键作用。虚拟资源管理将底层服务器所抽象的计算、存储、网络资源进行统一管理，并分配给上层应用。控制器在北向方面支持 RESTful API，实现与应用层的对接和协同工作；在南向方面，则通过 OpenFlow、OVSDB、Netconf 等接口协议，实现对虚拟网络设备和传统物理网络设备的统一管理和控制。

3. 转发层

转发层包括 Underlay 网络设备、VxLAN 网关、服务器和虚拟交换机等核心组件，承载了网络流量和应用。其中 VxLAN 网关、Underlay 网络设备和虚拟交换机用于实现对网络资源与应用业务的分割与转发，而服务器负责构建虚拟交换机，同时为虚拟机的搭建提供基础支撑。

4.2.3 关键技术

软件定义云网络的关键技术包括 SDN 技术、NFV 技术、路由及传输协议等，SDN 技术与 NFV 技术分别实现了 SDCN 网络的部分基础功能，路由及传输协议决定了 SDCN 网络的性能上限与稳定性。

1. SDN 技术

SDN 通过集中管理的特性可以迅速获取云网络资源的全局视图，并根据业务需要可以进行全局资源调配、资源优化和控制策略的下发。SDN 通过网络编排和可编程等特性，实现云网络业务路径的自动编程，协调所需的网络硬件和软件以支持各种应用和服务。

在 SDN 的支持下，云网络可以支持跨域、跨层以及跨厂家的资源自动化整合，提升网络能力的开放性以及业务网络端到端的自动化部署，为客户带来更好的用户体验。并且SDN 通过标准的南向接口屏蔽了底层物理转发设备的差异，实现了资源的虚拟化，同时开放了灵活的北向接口，可供上层业务按需进行网络配置并调用网络资源。

当前，SDN 技术正向更加开放灵活的数据平面、更高性能的开源网络硬件、更加智能的网络操作系统、网络设备的功能虚拟化以及高度自动化的业务编排等方向发展和演进。同时，由于其灵活和强大的网络管控能力，以及可实现现有网络增量级部署的特点，SDN 技术受到了业界的广泛应用和商业部署，并由此催生了诸如 Segment Routing、Intent-Based Networking 和 P4 等多种备受业界关注的新技术。

2. NFV 技术

NFV 将虚拟化技术全面扩展到云网络当中，支持专有物理网络设备与其上运行网络功能的解耦，可通过软件实现网络功能，强调通过通用硬件加软件的方式取代当前网络中私有、专用和封闭的专有设备。

NFV 技术提供了一种新的设计、部署和管理云网络业务的方法，达到了缩短业务部署上线时间、提升运维灵活性、提高资源利用率、促进新业务的创新、降低 OPEX 和 CAPEX

等目的。

3. 路由及传输协议

云网络数据中心具有链路资源密集、端到端带宽极高、端到端时延极低和流量不可预测等明显不同于广域网的特征，适用于广域网的许多传统互联网路由和传输协议在云网络数据中心中运行效率较低。针对云网络数据中心中的单播报文转发机制，目前主要使用基于流级别的路由方案和基于报文级别的路由方案实现。

1）基于流级别的路由方案

基于流级别的路由方案主要有 ECMP、Hedera 和 Localflow。其中，ECMP 技术无法均匀地分配流量和标记；Hedera 技术利用边缘层交换机对网络中的流量进行实时监测，一旦发现某条流的吞吐量超过预先设置的阈值，即将该条流标记为大流，并通过配置交换机的路由表项对大流量路径进行合理调整，避免网络拥塞；LocalFlow 技术则是由每台交换机利用本地信息对经过的所有流进行分析，并根据各个流的目的地和流量大小，将某些流拆分为若干子流，且每条子流使用不同的路径进行传输、达到更高效的带宽利用率。

2）基于报文级别的路由方案

报文级别的路由方案能够实现更均匀的流量分配，更有效地利用链路资源，提高网络吞吐量。RPS 是第一个报文级别的路由方案，其利用基于 Clos 的云网络数据中心的拓扑特点，提出将同一条流的报文以随机的方式分配到不同的长度一致路径上，实现报文级别的分布式转发，由于不同路径的长度相等，因此各个报文经历的传输时延相差不会太大，在接收端不会产生严重的乱序现象，显著提高了数据报文的传输效率。

4.2.4 解决方案

目前，SDCN 的应用非常广泛，涌现出许多企业级 SDCN 解决方案，常见的有大地云网的多云互联方案和华为的 CloudFabric 解决方案。

1. 大地云网多云互联方案

大地云网多云互联方案基于全新的 SDN 架构和技术赋能 IP 骨干网，为企业云客户（包括 DC、公有云、私有云）提供跨云的连接和组网方案，具备弹性带宽、自助服务、即时开通的特征，并与阿里云、腾讯云、百度云、AWS 等优势资源整合，为用户轻松解决云计算落地"最后一公里"的问题。

大地云网多云互联方案 SDN 架构主要包括通用控制器和统一编排器，如图 4.4 所示。

通用控制器是 SDN 架构的核心，负责网络资源的管理、分配、下发、调度与路径优化，能够打通多协议、多平面的 VPN 和 TE 隧道，并适配多种云平台，为用户提供云网一站式端到端的网络部署。

统一业务编排器具备运营商骨干网完备的业务逻辑，支持多种业务支撑系统接口和 API 外部扩展能力，主要负责用户业务的开通、生成、下发和计费等，为运维人员、用户、云服务商和客户经理等不同角色的人员提供便捷的业务管理、运维和监控能力。

综上所述，大地多云互联方案基于现有运营商骨干网络建设 DCI 逻辑平面，通过引入 SDN 技术为用户提供多种企业到云、云到云接入专线。此外，还通过业务能力对外开放，实现云网业务捆绑销售和用户自助开通，将传统运营模式下，20 个以上人工参与的业务环节转变为自动化流程。通过专业的 SDN 技术实现和灵活可靠可扩展的 SDN 商用部署实践，为大规模运营商骨干网络提供了一套以 SDN 超级控制器为核心的解决方案。创新业务模式，抽象业务能力，定义用户业务的自动化流程，实现业务需求自动下发，多个系统联动完成业务端到端快速部署。进一步实现运营商网络智能化、运营智慧化。

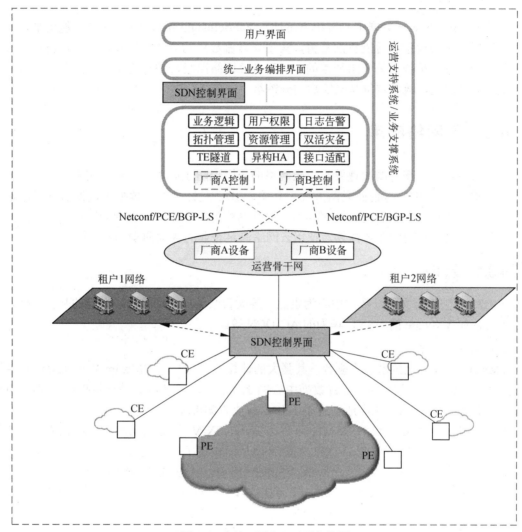

图 4.4 大地云网多云互联架构图

2. 华为 CloudFabric 云数据中心解决方案

华为 CloudFabric 解决方案旨在为客户构筑敏捷、智能、超宽、开放的云网络数据中心，其基于大二层无阻塞网络，以 SDN 控制器 Agile Controller 作为云网络数据中心的核心组件，实现对网络资源的统一控制和动态调度，快速部署云业务。并且华为 CloudFabric 解决方案支持与 AI 和大数据分析系统联动，不断调整和优化网络能力，简化网络运维形成网络闭环管理，最终实现可以自治自愈的自循环智简网络系统。

Agile Controller 控制器基于开放架构提供南北向标准接口，支持与标准云平台或第三方应用无缝集成，同时支持与 vCenter/SystemCenter 主流计算平台联动，以业务为中心，实现网络自动化按需部署。

华为 CloudFabric 云数据中心解决方案提供大数据分析器，实现无处不在的网络应用分析与可视化呈现，并打通应用和网络的边界，提供技术创新到商业创新的连接。数据通过 Telemetry 技术实现秒级采集，并根据智能算法对网络数据进行分析和呈现，实时感知 Fabric 网络和应用的行为状态，从应用视角看清网络，帮助客户及时发现网络与应用的问题，保障应用的持续稳定运行。

华为 CloudFabric 云数据中心解决方案通过 FabricInsight 组件实现 AI 的智能运维，支持百亿级数据的秒级检索和智能算法分析，实现异常流数据的快速发现和定位，可自动实现应用和网络的关联，呈现丢失分组严重的主机和故障网络路径，快速定位到故障节点，减少端到端故障处理时间，故障定位从天缩短到分钟级。

4.3　云网络应用

随着云网络与云服务的快速发展，云网络的应用也随之衍生、发展和完善。云网络相关的应用主要分为云 IDC 与企业云两大类，其中云 IDC 是针对传统数据中心做云网络改造，致力于在网络底层部署新型的云网络架构，提高网络各项性能；而企业云则聚焦于各企业在云网络与云服务上做出的业务探索，使用云网络满足企业的各项需求。

4.3.1　云 IDC

云 IDC 以软件定义的云数据中心为主流，各大云服务厂商均推出了自己的基于软件定义的云 IDC，如 VMware 的 NSX，华为的 AC-DCN 等。

1. VMware NSX

VMware 是虚拟化技术的先驱者，其强大的计算虚拟化产品 VMware Workstation 已经深入了各行各业的日常使用中，随着数据中心的迅速普及，VMware 进一步推出了基于 SDN 网络虚拟化平台的 NSX，从而成功进军了 IDC 解决方案市场。

NSX 提供了 NSX-V 和 NSX-MH 两种方案。NSX-V 方案成功地将 SDN 网络特性与 VMware 的虚拟分布式交换机（VDS）相融合，从而实现了网络虚拟化与服务器虚拟化产品的协同交付，但该方案仅限于 Vmware VSphere 环境，无法支持 KVM、XEN 等虚拟化平台；而 NSX-MH 方案则采取了开源方式，利用 OVS 和 OpenFlow/OVSDB 支撑 SDN 架构，可以服务于 KVM、XEN 等非 VMware 的服务器虚拟化产品。

2016 年 5 月，VMware 推出 NSX-T，NSX-T 是对 NSX-MH 的一次重大的更新，旨在提供更好的 Hypervisor Agnostic 特性。

NSX-V 的产品架构主要包括管理、控制与数据三个平面，如图 4.5 所示。

（1）管理平面的核心组件是 NSX Manager，其通过 UI 界面提供了虚拟化网络的可视化视图和集中式的单点配置与管理功能。NSX Manager 还通过 REST API 与 VMware 的管理平台实现交互，以实现对控制平面和数据平面的配置与管理。

（2）控制平面组件的核心组件是 NSX Controller，其通过 REST API 实现与管理平面的交互，负责接收来自 NSX Manager 的配置与管理指令。同时，NSX Controller 还通过私有协议对数据平面的转发进行管控。

（3）数据平面的核心组件是 NSX vSwitch 与 NSX Edge，二者通过私有协议与控制平面建立通信，并依据 NSX Controller 下发全局信息实施转发。

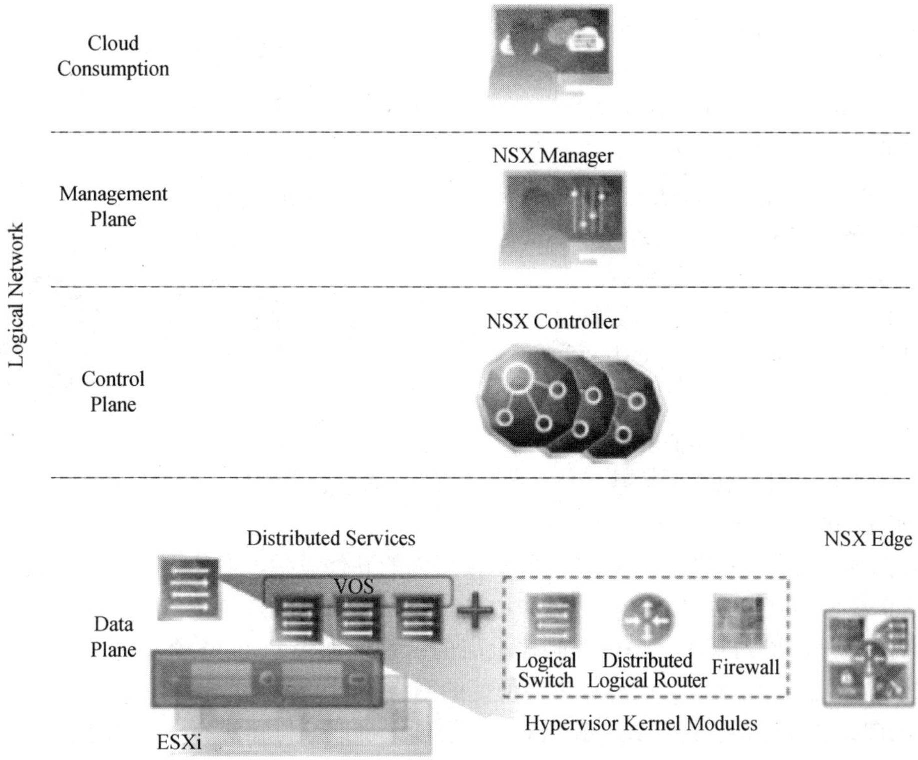

图 4.5　NSX-V 整体架构

可以看到，NSX-V 的这套架构是一套纯软的方案，从管理到控制再到设备全是软件实现的，将虚拟网络透明地覆盖在物理网络之上。

NSX-T 是 NSX-MH 的升级版，旨在提供更好的 Hypervisor Agnostic 特性，并增强了对 OpenStack 和容器的支持，能够更好地适应不同云数据中心的虚拟化平台，其具体新增的特性如下所示。

（1）DHCP Server：具备动态分配 IP 地址及静态 IP 地址绑定的功能。

（2）Metadata Proxy Server：虚拟机实例能够从 OpenStack Nova 中迅速获得其实例参数。

（3）Geneve：使用 Geneve 代替 STT 作为 Hypervisor 之间的隧道。

（4）MAC Learning：支持在一个 logical port 下同时存在多个 MAC 地址。

（5）IPFIX：支持对 logical switch 和 logical port 进行粒度化的 IPFIX 监测。

（6）Port Mirroring：支持在 Transport Node 上将流量引向 sniffer tool。

VMware 通过 NSX-V 与 NSX-MH 的并行发展以及 NSX-T 的升级，展现出其不仅仅局限于将 NSX 作为服务器虚拟化的支撑，而是致力于将其塑造成为一个通用、先进的云网络数据中心虚拟化平台，旨在云 IDC 领域中取得领先地位。

2. 华为 AC-DCN

华为在 2013 年正式发布 Agile Controller 1.0，简称 AC1.0，其主要定位在智能园区网的场景，侧重于无线侧的接入与安全策略。

2015 年 AC2.0 发布，AC2.0 方案集成了面向云数据中心的 AC-DCN 控制器，并提出了以"SDLAN+SDSAN+SDDCI"为主体技术架构的"敏捷数据中心网络 3.0 解决方案"，如图 4.6 所示。

SDLAN 主要负责虚拟网络的自
动化部署与物理网络的自动化运维，
SDSAN 主要负责 FC/FCoE 的集中式
控制与管理，而 SDDCI 主要负责跨
DC 站点的 WAN 链路调优问题。

2016 年底 AC3.0 发布，AC3.0
将三大业务场景正式定位在园区、
数据中心和广域网。其中，针对数据
中心场景，华为推出了"云数据中心
网络 5.0 解决方案"，重点实现多类
型 VxLAN 控制与精细化运维等。

华为的 AC1.0 和 AC2.0 是基于
OpenDaylight 进行二次开发的，以

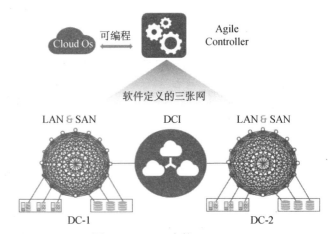

图 4.6　AC 2.0 中的 AC-DCN

MD-SAL 为核心提供华为的业务组件，并对接华为的硬件设备，对集群等关键机制进行了增
强。AC3.0 基于 ONOS 实现园区、数据中心和广域网三大场景控制器的统一。为了充分参与
数据中心的竞争，华为推出了 AC 控制器上层的云管理平台 FusionSphere，其可以作为云编
排器直接与 AC 进行交互，实现更加灵活便捷的网络控制。

AC-DCN 控制器通过北向 REST API 与云管理平台或编排器进行业务需求的交互处理。
同时，利用多种南向接口协议对数据平面设备进行网络管理。此外，AC-DCN 控制器的东西
向接口用于对接计算资源的控制器，以感知虚拟机信息，如图 4.7 所示。

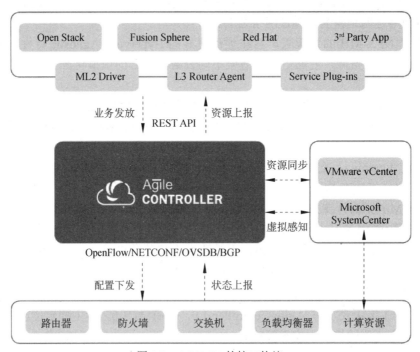

图 4.7　AC-DCN 的接口协议

AC-DCN 以 OpenDaylight 为基础构建，继承了 ODL 对 OpenFlow、OVSDB、

NETCONF、BGP 等多种南向接口协议的支持，使其能够灵活适应多样化的 VxLAN 控制需求，为底层 Overlay 的组网构建提供灵活多变的解决方案，可以实现硬件 Overlaylay、软件 Overlay 和混合 Overlay 场景。

硬件 Overlay 是指通过 AC-DCN 控制器管理硬件转发设备，将 VxLAN 隧道、转发表等信息下发至 Leaf ToR，从而实现数据转发，如图 4.8 所示。

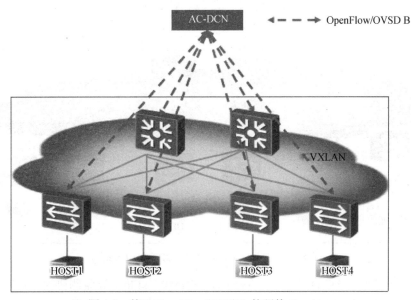

图 4.8　基于 OpenFlow/OVSDB 的硬件 Overlay

软件 Overlay 是指通过 AC-DCN 控制器管理软件交换机 vSwitch，将 VxLAN 隧道、转发表等信息下发至 vSwitch，从而实现数据转发，如图 4.9 所示。

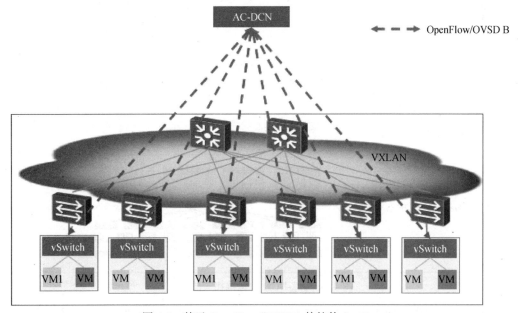

图 4.9　基于 OpenFlow/OVSDB 的软件 Overlay

混合 Overlay 是指通过 AC-DCN 控制器同时管理软件交换机 vSwitch 和硬件设备，并将 VxLAN 隧道、转发表等信息下发至设备中，从而实现数据转发，如图 4.10 所示。

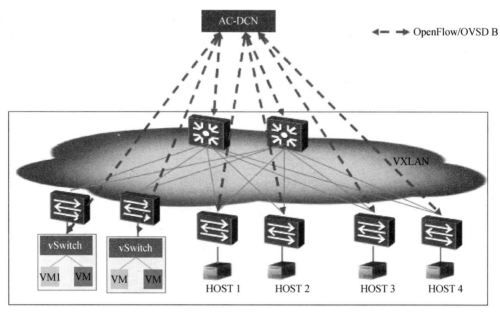

图 4.10　基于 OpenFlow/OVSDB 混合 Overlay

在网络运维方面，AC-DCN 通过 OVSDB、SNMP、sFlow 等监测协议获取转发面交换机的时延、丢包和缓存等数据，并结合大数据平台对这些数据进行分析，为上层的网络运维应用提供数据基础，从而实现故障定位、故障自动恢复和路径自动优化，如图 4.11 所示。

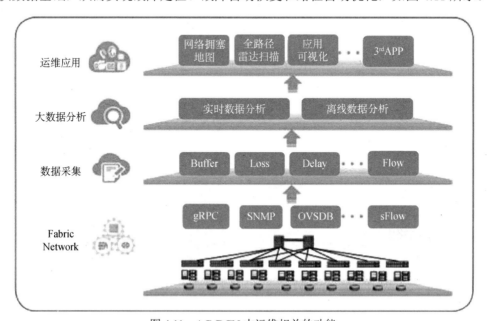

图 4.11　AC-DCN 中运维相关的功能

在网络部署的实际应用中，AC-DCN 展现出了卓越的网络可视化功能，涵盖了设备、拓扑、租户、路径、流量特征和应用状态等多个方面，为运维人员提供了清晰、全面的视角，便于深入地了解网络、业务、流量和应用的状态，为数据中心网络业务的快速部署、敏捷运维以及智能优化提供了强有力的支持。

4.3.2 企业云

在企业云方面，全球各大云服务提供商都有一套成熟而完善的产品系统，如 Google Cloud、亚马逊 AWS、阿里云、华为云等，本小节将主要介绍阿里云与华为云的相关内容。

1. 阿里云

阿里云近几年发展非常迅速，各大洲的主要国家都有阿里云的数据中心，能够为全球各地的用户提供云服务，是世界领先的公共云服务提供商。阿里云不仅对外提供公有云服务，而且负责提供淘宝在"双 11"活动中所需要的弹性服务，在巨大的流量压力下，阿里云网络需要一个可靠、高效、弹性、安全的网络架构来完成当前的转发任务，并为未来做好准备。

阿里云网络主要由 Underlay 网络及其控制器、Overlay 网络及其控制器和应用层构成，如图 4.12 所示。

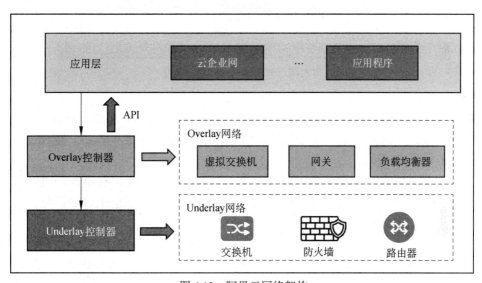

图 4.12 阿里云网络架构

1）Underlay 网络及其控制器

阿里云的 Underlay 网络涵盖 DC 网络、阿里城域网、阿里骨干网等多个部分。物理层控制器负责全面管理物理层网络，同时向 Overlay 层提供 API 接口，确保用户不必关心物理网络的具体细节，即可轻松实现网络部署和管理。

2）Overlay 网络及其控制器

Overlay 网络是一个基于 SDN 的网络架构，可以分为数据平面、控制平面和管理平面，如图 4.13 所示。

数据平面由网关（Gateway）、阿里虚拟交换机（Alibaba Virtual Switch，SVS）和负载均衡器（Server Load Balance，SLB）等网络组件构成，提供数据转发和路由等功能。

控制面由层次分明的控制器系统构成，每个主机均部署有主机控制器（Host Controller），每个地域（Region）设有区域控制器（Region Controller），此外还存在全局控制器（Global Controller）。其中，主机控制器负责从区域控制器获取各个数据面的组件的配置方案；区域控制器则负责本区域的 Overlay 网络层的管理与调度，全局控制器则负责协调调度各个 Region 的 Overlay 网络资源，尤其是全局流量的管理与调度主控制器，同时向应用层的产品和服务提供标准化的 API 接口。

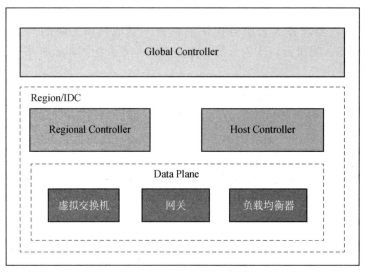

图 4.13　阿里云 Overlay 层架构

3）应用层

应用层的核心组成部分主要包括阿里云网络的各类核心产品和服务，例如云企业网络和资源管理调度系统。这些产品和服务通过调用 Overlay 控制器的北向接口，确保了阿里云网络的平稳运行和灵活调度。

伴随着云服务提供商的服务内容不断扩展，云企业网的功能也在不断演进。从最初仅满足云服务与万维网之间的网络连通性，到现在已经能够支持高速的 VPC 网络实体互联，并最终实现了网络实体的泛联和智能管控能力，如图 4.14 所示。

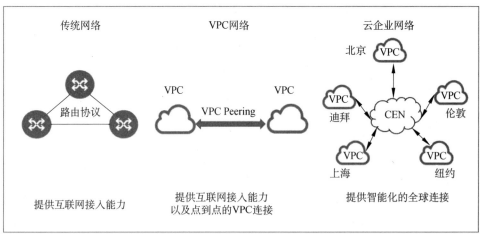

图 4.14　云企业网络介绍

综上所述，阿里云网络在构建过程中，充分结合了 Overlay 和 VPC 技术，并创新性地引入了 SDN 技术对网络进行精细化调控与管理，明显地提高了网络的可扩展性和高可用性，还使网络能够快速适应技术迭代，显著增强了网络的自治能力。同时，阿里云网络能够兼容多种技术和产品，为租户提供强有力的隔离保护，并有效抵御恶意攻击，确保了网络的安全稳定运行。

2. 华为云

华为云将 AI 技术运用于云网络中，提出了 AI Fabric 网络，其采用 Fabric iLossLess 拥塞调度算法以及智能流量分析等技术，实现 AI 业务需求的完美适配。

AI Fabric 网络利用支持 RoCEv2（RDMA over Converged Ethernet）的智能网卡，结合独特的 AI 芯片与 iLossLess 拥塞控制算法，实现了在以太网络中同时达到低成本、零丢包以及低时延的目标，其解决方案架构主要包括华为 FabricInsight 软件和支持 RoCEv2 的智能网卡，如图 4.15 所示。

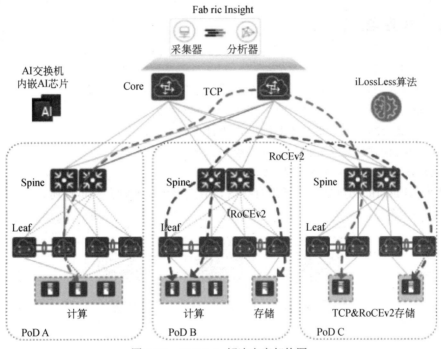

图 4.15　AI Fabric 解决方案架构图

（1）AI Fabric 利用集成 AI 智能芯片的 CloudEngine 交换机，并基于 CLOS 网模型，构建了一个结合 Spine-Leaf 计算智能和网络智能的两级智能架构。此外，AI Fabric 采用独特的 iLossless 拥塞调度算法，从而打造了业界首款 AI-Ready 的无损低时延 Fabric 网络。该算法在传统拥塞控制技术的基础上，结合了 AI 算法，实现了智能无损网络拥塞控制的新突破。

（2）在 AI Fabrick 解决方案架构中，智能分析平台 FabricInsight 被置于上层，其能够全面采集流量特征和网络状态数据，并借助先进的 AI 算法，从全局角度实时调整网卡和网络参数配置，确保与应用需求保持高度匹配。

（3）借助 RoCEv2 协议，AI Fabric 利用以太网承载 RDM 技术，实现网络、存储和计算流量的统一融合，从而大幅降低建网成本并增强统一维护能力。

随着企业对人工智能（AI）的依赖日益加深，利用 AI 辅助决策、改造商业模式与生态系统、重塑客户体验已成为行业趋势。基于 AI 的企业云也有了越来越大的市场与发挥空间，特别是在高性能计算、分布式存储和人工智能等关键领域，AI Fabric 的应用愈发广泛。在这样的时代背景下，华为 AI Fabric 也正处于一个高速发展、日新月异的黄金期。

4.4　本章小结

本章首先对云网络的起源做了系统性的介绍，包括每个阶段的发展历程与技术特点与云网络的基本概念和特征；同时，本章重点介绍了软件定义云网络的需求、整体架构、关键技术与解决方案；最后，介绍了云网络的典型应用，包括偏向物理网络架构的云 IDC 架构与关键技术，与更偏向应用侧的企业云典型应用。通过本章，读者可以对云网络有一定程度的了解。

4.5　本章练习

1. 云网络的概念和特征是什么？
2. 云网络可分为几个发展阶段？每个阶段的标志性事件是什么？
3. 软件定义云网络技术是在什么背景下产生的？
4. 软件定义云网络的关键技术是哪些，为什么？
5. 请列出几种软件定义云网络的典型解决方案。
6. VMware NSX 的核心特点是什么？
7. 华为 AI Fabric 的典型应用场景有哪些？请列出至少两种并简单描述。

课件

答案

实验平台

## 第 5 章

自 智 网 络

随着新兴技术的不断涌现，全球通信产业正在从互联网时代、云时代迈向智能时代，新机遇与新挑战驱动网络加速全面数字化转型升级。在此背景下，为了进一步释放网络潜力、提升网络服务、拓展业务市场，2019 年 TM Forum 联合产业伙伴共同提出了自智网络。自智网络是一种新兴的网络范式，倡议"通过打造自动化、智能化的网络，牵引网络服务迈向新台阶，促进网络向融合化、智能化、绿色化发展"。在 2023 年 2 月，中共中央、国务院发布的《数字中国建设整体布局规划》中，也明确指出要加强数字基础设施建设，深入推进自智网络的全面发展，以加速推动全球经济与社会的数字化、智能化转型。本章首先对自智网络的基本概念、产生背景进行详细的介绍，然后进一步讲述了自智网络的体系结构及其使能的关键技术，最后阐述了自智网络的应用实践及其效果。学习本章节可以对自智网络有一个深入的了解。

学习目标：理解自智网络的基本概念及其产生背景，掌握自智网络的体系架构与使用技术，了解自智网络的解决方案及各运营商的场景实践。

5.1 自智网络概述

随着科技革命和产业变革的深入推进，全球加速迈入数智经济时代。网络作为支撑数智经济发展的关键基础设施，自身正处在云化、软件化的转型发展浪潮之中。网络技术的发展与人工智能技术的两相契合带来了网络智能化技术的新发展，加快了以自动化、智能化为特征的自智网络的建设步伐。

5.1.1 自智网络产生背景

从二十世纪六七十年代分组网络的诞生到现在，互联网已逐渐成为当今世界促进经济发展和社会进步的重要基础设施。但是随着互联网+、5G、4K、VR 等新业务和新技术的发展，网络规模呈指数级增长，用户体验追求极致，新兴网络服务对现有的互联网提出了更高的要求。主要包括以下几个方面。

5G-Advanced：作为数字智能社会的核心基础设施，将进一步推动数智化转型。伴随着 5G-Advanced 技术的创新和相关产业的蓬勃发展，对自智网络提出了更高的要求。

算力网络：根据企业业务需求，在云、网、边之间按需分配和灵活调度计算资源、存储资源以及网络资源，以满足企业的云访问需求。算力网络对运营商编排和调度其网络和云资源方面提出了更加智能化的要求。

低碳排放：伴随着数字业务流量的几何倍增长，势必导致能源消耗增加。运营商有责任想方设法利用自动化和智能技术，部署绿色低碳网络，努力为各行各业实现节能减排。

超高带宽、超低延迟、超高可用性：虚拟现实技术对沉浸式体验的追求，需要 10 Gbit/s 或更高的网络速度去实现。远程医疗、自动驾驶和智能制造等场景需要网络的端到端延迟低至 1ms，并且需要 99.999%以上的可靠性。

场景切片、弹性带宽、确定性：各行各业核心生产场景的数字化转型需要基于场景的专用网络和切片。例如，新能源车企在运营中涉及多个场景，如电池生产、车身压铸、组装、运输、销售及售后服务等，这些场景化均需基于专用网络和切片实现实时应用程序流量调整，按需分配带宽，并使用具有确定性服务级别协议的服务。

零等待配置、预防性维护、可视化管理：随着各行各业的关键生产环境向云端迁移，网络服务的及时性、稳定性和可见性变得尤为重要。同时，企业在运用和管控网络与服务的过程中，期望通过预先规划的维护措施以及对问题的预见性处理，结合独立、直观的管理模式，以实现用户无故障体验的全面提升。

为了克服这些挑战，运营商加速了网络自动化和智能化的转型。据 TM Forum 调研报告数据显示，全球 91%的受访通信网络运营商认同自智网络愿景，并且正在不断增加投资进行大规模自智网络实践。自智网络也有望推动 ICT 网络的数字化、智能化和绿色发展。

5.1.2 自智网络的概念和特征

1. 自智网络的基本概念

自智网络基于连接+智能，赋予网络全生命周期的自动化、智能化能力，实现了网络"自服务、自发放、自保障"，从而为用户提供"零等待、零接触、零故障"的极致体验。自智网络将 AI 技术深度融入通信网络的硬件设施、软件系统等多个层面，有力推动了业务的快速灵活创新、网络运维的智能化升级，进而构筑起一个智慧内生的网络生态体系。其愿景如图 5.1 所示。

图 5.1　自智网络愿景视图

自智网络的愿景总结起来就是要实现"三零三自"。三零指的是零接触、零等待、零故障。要实现"三零"，网络必须具备"三自"能力，三自指的是自服务、自发放、自保障。

零接触：零接触意味着系统的各种操作，如服务的请求、审批、配置到执行等一系列步骤全部通过智能系统自动完成，无需人工干预中间环节。

零等待：网络上各种业务需求，无论是数据传输、服务提供还是业务流程，都能做到即时响应，几乎不需要等待或不存在延迟现象。

零故障：指网络具备强大的自我修复能力，在整个运行周期内始终保持正常工作，不会因为内部故障导致停机或性能下降，对外始终展示出连续、稳定、可靠的运行效果。

自服务：自服务涵盖了自规划、自订购和自运营三个层次的功能。自规划主要是指可以根据用户需求，灵活自定义 ICT 服务规划方案；自订购指的是可以通过一体化平台自主订购 ICT 业务、一站式完成 ICT 业务的申请和开通；自运营指的是通过自动化工具自行开展市场营销相关的运营活动。

自发放：自发放是一个包括自组织、自管理和自配置的综合过程。自组织是指自智网络能够理解用户对于业务或资源分配的目标和需求，依据这些需求自动解析并执行相应的发放策略；自管理是指系统能够根据实际情况灵活调节和优化业务流程，适时地进行业务的编排和调度，就如同一位经验丰富的指挥官，实时掌控并指导业务活动在最合适的时间、地点和方式进行展开。自配置则强调的是网络服务或资源能够随需应变地进行配置和启用，这意味着系统可以在接收到新的业务需求时，自动完成必要的参数设置、系统配置以及服务上线等全过程。

自保障：自保障是一项涵盖自监控、自修复和自优化在内的全方位智能运维机制。自监控类似于网络系统的全天候健康卫士，它通过自动化技术实现对网络状况的实时监测和告警；自修复是指网络系统在遇到故障或服务质量下降时，具备自我诊断和修复的能力，能够实时恢复预设的服务水平协议，确保网络服务的连续性和稳定性；自优化体现的是网络系统能够根据实时监控数据和网络负载情况进行动态调整和优化，不断提升服务质量，确保 SLA 指标得以持续改善和最优化。

2. 自智网络的分级标准

为了达成自智网络成效目标，TM Forum 定义了自智网络能力分级标准，有序牵引自智网络的能力演进。自智网络分为 L0~L5 共 6 个级别，网络的自动化和智能化程度逐级增强。具体如图 5.2 所示。

自智网络等级	L0 人工运维	L1 辅助运维	L2 部分自智网络	L3 条件自智网络	L4 高度自智网络	L5 完全自智网络
执行	人工	人工/系统	系统	系统	系统	系统
感知	人工	人工/系统	人工/系统	系统	系统	系统
分析	人工	人工	人工/系统	人工/系统	系统	系统
决策	人工	人工	人工	人工/系统	系统	系统
意图/体验	人工	人工	人工	人工	人工/系统	系统
应用	N/A	可选场景				所有场景

图 5.2　自智网络分级标准

L0：人工运维，网络运维完全依赖人工操作，所有动态任务都是人工执行。系统仅提供辅助监控能力，帮助运维人员更好地了解网络状态，但仍然需要人工判断和干预来解决问题。

L1：辅助运维，系统允许人工配置一些子任务，然后系统会根据这些预设配置自动执行这些具有重复性的子任务，以提高执行效率和准确性，但人工仍然主导运维的主要决策和复杂任务的执行。

L2：部分自智网络，系统能够遵循预定义的规则和策略，在特定场景下，实现一定程度的自动化闭环运维，例如按照既定规则自动处理常见故障和变更需求。

L3：条件自智网络，在 L2 的基础上，L3 级别的网络系统不仅能执行预定义的规定，还可以实时感知环境变化，并根据感知结果做出针对性的决策反应，例如对特定的网络进行自优化和自调整。

L4：高度自智网络，在 L3 的基础上，L4 级别的网络系统具备在复杂多变的多元化网络环境中，以业务需求和客户体验为导向，主动预测并应对可能出现的问题。它能实现实时的网络闭环管理，通过深入的数据分析和学习，自主做出更为精细化和前瞻性的决策。

L5：完全自智网络，L5 级网络是通信网络演进的最终目标，此时网络系统已全面实现了对全业务、全领域以及全生命周期的覆盖，形成一个完整、闭环且自主治理的网络生态系统，几乎不再需要人工介入，达到真正的无人值守和自主运维水平。

目前绝大多数运营商网络的自智级别都在 L1 或者 L2。很多运营商都制定了达成高等级自智网络的目标，L5 目前来说还遥不可及，因此 L4 就成为普遍的目标。

5.1.3 自智网络的架构

TM Forum 自智网络架构包含"三个层级"和"四个闭环"，具体如图 5.3 所示。

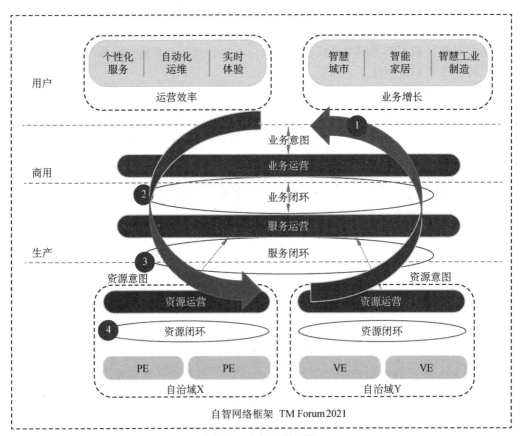

图 5.3 自智网络架构

三个层级包含资源运营层、服务运营层和业务运营层，它们共同构成了通用的运营框架，可支撑所有场景和业务需求。

（1）资源运营层：致力于为单一自治域提供智能化、自动化的网络资源管理能力。

（2）服务运营层：致力于为多个自治域提供 IT 服务运营能力、涵盖从网络规划至服务发布的全流程，包括设计、部署、发布、运维和优化各个环节。

（3）业务运营层：主要面向自智网络业务，致力于为客户提供高效、稳定的运营支持，同时积极赋能生态系统和合作伙伴。

四个闭环实现了三个层级之间的全生命周期交互。四个闭环包括用户闭环、业务闭环、服务闭环和资源闭环。

（1）用户闭环：该闭环跨越三个层级，并与其他三个闭环紧密结合，通过意图驱动的方式让整个自治网络能够围绕用户的实际需求和预期体验进行动态调整和优化，确保用户服务的最终实现。

（2）业务闭环：通过该闭环可以实现业务运营层与服务运营层之间的交互，实现业务需求与服务支撑的动态匹配，确保业务流程顺畅执行，达成业务目标的同时也促进了服务效能的提升。

（3）服务闭环：通过该闭环可以实现服务运营层与资源运营层之间的紧密交互，确保服务的创建、部署、调整和优化能够与底层资源紧密联动，达到高效服务供给的目的。

（4）资源闭环：该闭环保证了在资源运营层和实际网络资源层面，以自治域为基本单位进行精细化管理的交互过程，资源闭环有效确保了资源的分配、使用和回收。

5.1.4　意图驱动的网络

TM Forum 自智网络架构为未来网络的自智能力提升指引了方向，自智网络不同域、不同层之间的信息交互，全部采用意图驱动的方式。用户通过向业务运营层表达业务意图来实现自己的诉求；业务运营层又以服务意图的方式向服务运营层下达需求；服务运营层则通过资源意图来向资源运营层发号施令，具体如图 5.4 所示。

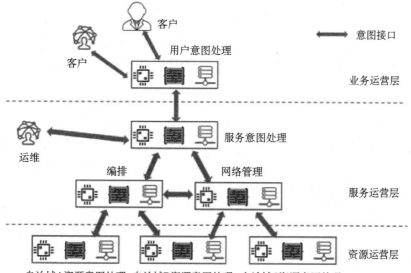

图 5.4　意图驱动的网络架构

自智网络运用意图进行交互驱动、分层实现，每个下层都是上层的"黑盒子"，上层不需要理解该层的技术实现，只需将理解的对象转换为该层可理解和管理的资源对象。其具体流程如图 5.5 所示。

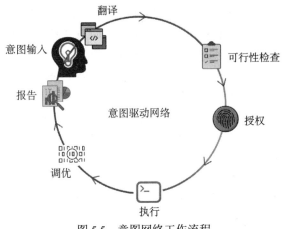

首先，系统通过意图输入人机接口获取用户意图，通过意图引擎将接收到的意图转译成网络策略，并根据当前网络的状态验证策略的可执行性；然后，将通过验证的策略自动地下发到实际的网络基础设施，并在策略下发到实际网络后，对网络的状态信息进行实时监控，确保网络的转发行为符合用户意图，并将结果反馈给用户。

据相关研究报告称，基于意图的网络的部署可减少 50%～90% 的网络基础设施交付

图 5.5　意图网络工作流程

时间，同时还可降低至少 50% 的宕机发生次数和时长，极大提高网络的可用性与敏捷性。

5.2　自智网络关键技术

自智网络坚持以通信领域知识+AI 专业知识为基础，以网络大数据为燃料围绕网络生命周期中的规、建、维、优、营等场景，不断构建、推理、发布、沉淀出网络 AI 算法模型，全面构建高阶的自智网络底座，加速迈向高阶自智网络。其中网络数据中台、网络分布式人工智能、网络数字孪生、网络人机共生和网络内生安全是驱动自智网络发展的五大关键技术。

5.2.1　网络数据中台

数据是驱动人工智能和网络数智化转型的最重要的电子基础设施之一。高性能、低成本、智能化和高安全性的大型数据底座将是自智网络赖以生存的基础。

网络数据中台需遵循规划、建设、维护、优化和运营的整体要求，按照统一的数据接入标准与共享规范，汇聚整合来自全网络全业务范围内的各类系统数据资源。在此基础上，中台负责对这些数据进行集成化管理、集中存储，并通过统一的数据模型建立，构建起一套完善的数据治理体系。同时，中台向内部多种业务系统和应用提供丰富多样的数据服务，包括数据同步、查询访问、缓存服务等，确保无论海量的批量数据还是实时产生的增量数据，都能实现有效共享，以满足不同业务系统在数据使用方面的多元化需求，为网络全生命周期自动化和智能化的实现提供强有力的数据支撑保障。

网络数据中台架构主要包括基础网元层、网络数据中台以及自智网络应用三个层级。具体如图 5.6 所示。

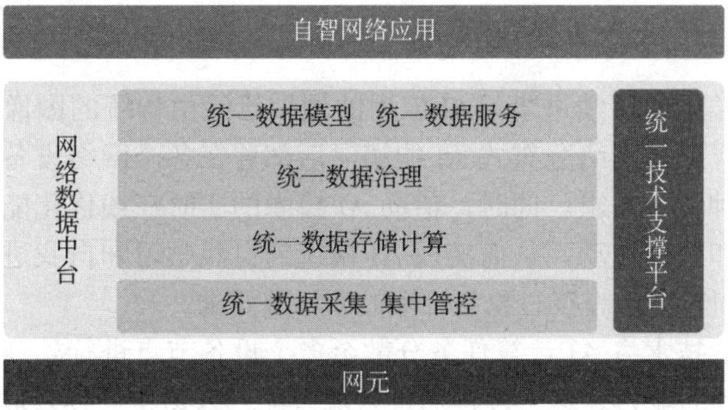

图 5.6　网络数据中台架构

1. 基础网元层

网络数据中台不产生数据，其数据主要来源于基础网元层。主要包括各种资源数据、配置数据、性能数据、状态数据、日志数据和业务数据等。

2. 网络数据中台

网络数据中台主要通过数据技术，实时感知海量网络数据，同时依据数据治理思路，对数据进行加工、建模，然后分门别类地存储，再根据实际的业务场景，打造各类数据服务，从而实现对业务的赋能加速。主要包括统一数据采集、统一数据存储计算、统一数据治理、统一数据建模和统一数据服务几个模块。

统一数据采集：主要提供实时数据感知机制，从数据采集的类型、频率和方法上满足自智网络应用的目标要求，兼具全面、高效特征。同时提供能够映射物理世界的接口，满足实时闭环和控制诉求。

统一数据存储计算：主要提供能够处理不同类型数据的存储能力，包括网络对象数据、时序类指标数据、日志类文本数据等，以满足大规模数据存储和实时数据关联检索的需求。同时，它还具备实时数据分析、计算和推理能力，以满足实时态势感知、大数据计算和人工智能推理的需求，从而支持自智网络的在线仿真和实时数据互动。

统一数据治理：主要提供全面的数据管理和监控功能，确保数据在整个生命周期中的质量和安全性，并提供数据生命周期管理支持。其目的在于维护数据的准确性、完整性和可靠性，同时确保数据的安全性和合规性，以便最大程度地利用数据资源并降低数据风险。

统一数据模型：主要指的是中台需提供一个广泛适用于泛网络领域、环境状态、知识交互的统一模型，以支撑起自智网络应用的高效创新与迭代。同时，此模型还需提供数据与模型资源共享机制，以此来满足多智能体系统自主运作以及不同层次间协同自治的需求。

统一数据服务：旨在提供实时、灵活的数据访问能力，以满足自智网络应用对数据的实时消费和快速创新需求，加速数据驱动的创新进程。

3. 自智网络应用层

自智网络应用层即各种自智网络应用，如网络异常检测、容量预测、网络优化、根因分析、告警预测、故障自愈、业务编排和感知优化等自智网络功能。

网络数据中台凭借其对全网数据的实时洞察力，能够集中整合并处理各类数据，打破不同系统间的信息孤岛，实现网络领域内外数据的深度融合、集聚存储。为自智网络应用提供统一、高效、低成本的数据服务支持。

5.2.2　网络分布式人工智能技术

随着人工智能技术的持续进步，AI 应用的领域已经由传统的图像识别、自然语言处理迅速渗透到了网络行业。网络分布式 AI 能够灵活部署在各个网络设备和软件服务内部，确保能够迅速响应各种业务需求。同时，借助 AI 技术的实时在线优化能力，它能迅速适应环境变化、业务更新和数据流动，从而实现 AI 系统的自我学习和自我进化，以满足自智网络对自配置、自修复和自优化等核心业务目标的高标准要求。

分布式人工智能技术将 AI 计算任务分散至多个设备节点进行处理，从而提供从源头分析、计算到数据处理的能力。这一过程通过云端智能、云边协同以及联邦学习技术的协同运作，有效实现知识的发布、共享、推断及模型训练。同时，网络分布式 AI 内置持续学习机制，在实际应用中不断积累、自我学习和完善，使得其知识结构和认知能力愈发贴合真实的物理环境与业务场景，从而为多样化的业务场景注入智慧力量，实现赋能升级。

1. 云端智能

云端核心功能在于发布与分享 AI 模型、专业知识库及数据集合，涵盖了 AI 应用管理、数据接口服务、AI 训练平台、知识管理服务以及 AI 协同作业等多项服务内容。在自智网络体系中，云端智能扮演了跨域知识和 AI 模型的中枢共享角色，与业务支撑系统（Business Support System，BSS）、运营支撑系统（Operation Support System，OSS）以及各个自治域内的知识中心共同构成了能够实现跨域协作和单域自治的分布式 AI 架构。这种架构设计优化了整体系统的效能和灵活性，提升资源使用效率，并为各个领域的 AI 应用提供更强有力的支持和优质服务。

2. 云边协同

云边协同作为一种革新性的人工智能计算模式，将云端计算资源的优势与边缘设备的便捷性及贴近性有机结合，旨在促成云端与边缘侧的紧密合作与资源共享，从而有效化解计算能力分布不均、数据量处理失衡以及数据孤立等问题。其架构如图 5.7 所示。

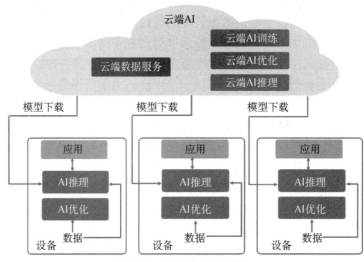

图 5.7　AI 云边协同架构

分布式人工智能技术有助于实现 AI 模型的流动性，使得 AI 模型能够在各个设备或应用节点上便捷部署并立即投入使用，实现了 AI 模型的自动化部署。在 AI 模型的自动化部署过程中，AI 模型可能部署在各种不同的设备上，并且运行在不同的环境中，这就要求分布式 AI 架构需要支持 AI 模型的标准化描述规范，统一定义和格式化 AI 模型，确保模型在各种环境下都能顺利执行，并具备持续自我优化的能力，从而实现业务应用与 AI 模型之间的松耦合。

3. 联邦学习

联邦学习以安全优先，倾向于在数据处理的边缘层面部署算力，尤其适用于那些网元间数据不能直接互相交流（以确保各自数据安全）却又需要协同进行学习的情况。这种技术有助于多个机构在充分尊重用户隐私、确保数据安全并严格遵守法律规定的前提下，共同利用数据进行机器学习建模。其设计宗旨在于，在大规模数据交互过程中，坚持信息安全底线，捍卫终端数据和个人隐私，严格遵守法律法规，在多方参与者或多计算节点间构建一种既能保障数据隐私又能高效进行机器学习的合作机制。联邦学习模型数据关系如图 5.8 所示。

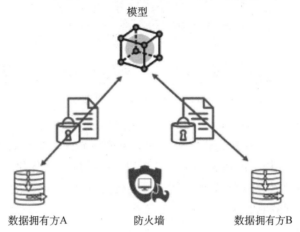

图 5.8 联邦学习模型数据关系

在联邦学习机制下，设备数据得以原地保留，从而确保用户隐私得到有效保护；联邦学习搭建了一个适宜多方协同训练共享模型的框架，不同于一般的预先训练模型，这个共享模型会随着时间流逝，在所有分布式设备的联合学习进程中持续演进和刷新。在联邦学习模式中，模型驻留在各个设备上，降低了对中央服务器的高度依赖，进而缩减了通信延迟。

联邦学习使得各个分布式设备能够获取当前版本的模型，并基于本地数据对其进行改良。每台设备上的模型都能够通过学习本地数据，提炼并更新自身的权重和偏置参数，随后，这些经过本地优化的权重和偏置会经加密处理后汇集到共享模型中，以促使共享模型获得更新迭代。

4. AI 持续学习机制

将 AI 技术植入网络，犹如为网络注入智慧源泉，是网络迈入智能化时代的基石。然而，网络基础设施的智能化并非一蹴而就的过程，而是在实际运行中必须经历不断的自我学习与自我优化迭代，以逐渐累积与真实世界环境、业务场景相吻合的知识与理解力。这些新习得的知识精华，经过严谨甄别和验证后，会被适时融入后续的自主闭环控制系统中，从而持续推动网络基础设施向着更高程度的智能化迈进。

分布式 AI 采用了 AI 持续学习机制，该机制使得 AI 模型能够依据运行时的监测反馈结果，按照预设的业务策略启动模型的重新训练流程。训练完毕后，会对更新后的模型进行严格的验证与评估，只有在通过验证评估之后，才会将其与现有的模型版本进行对比。根据对比结果，选取性能最优的模型进行部署和运行。这一系列的优化过程能够实现自动化闭环管理，从而构建起一个持续不断的学习与改进循环机制。AI 持续学习机制如图 5.9 所示。

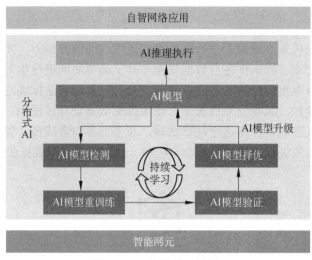

图 5.9　AI 持续学习机制

　　自智网络通过运用 AI 的持续学习技术，能够建立起"需求引导→数据特征提取→模型构建→部署应用→反馈接收→自动化改进"的完整循环流程，从而构建出一个全链路自动化的 AI 能力生产线，确保模型的快速构建、部署以及持续的迭代优化。而整个 AI 模型生产周期实现标准化、流程化及自动化管理，有利于大规模 AI 生产能力的提升，进而有力推动自智网络全域智能化运营效能的快速跃升。

5.2.3　网络数字孪生

　　网络数字孪生技术在推动自智网络实现中扮演着至关重要的角色。通过构建网络数字孪生能力，实现对物理网络的精准感知，在线仿真等核心功能，有助于网络系统在低成本条件下进行试错实验，支持智能化决策过程，并提升创新效率，从而强有力地支撑自智网络在其整个生命周期中达成自动化与智能化的目标。

　　网络数字孪生技术构建物理网络的数字化镜像，基于数据和模型对物理网络进行高效的分析、诊断、仿真和控制等全生命周期管理。网络数字孪生应当具备 4 个核心要素：数据、模型、映射和交互，具体如图 5.10 所示。

图 5.10　网络数字孪生的定义

　　（1）数据构成了数字孪生体的核心要素，通过建立网络数据中台作为统一的数据枢纽，实时捕获并高效储存物理网络的各种配置信息、拓扑结构、运行状态、日志记录及用户业务活动的历史和实时数据，从而为构建网络数字孪生体提供了充足的数据支持。

　　（2）模型赋予了网络数字孪生体功能强大的内核，通过灵活拼装多样化的数据模型组件，能够生成适用于多种网络应用场景的模型实例，有效支撑各类网络功能的实现。

（3）映射是将物理网络实体在数字空间中逼真展现的过程，网络孪生体以其高精度的可视化表现，真实地复现了实体网络的形态和行为。

（4）交互是实现物理网络与虚拟网络同步互动的关键所在，网络数字孪生体通过标准化接口连接物理网络设备与网络服务应用，实时采集和控制物理网络状态，并提供快速准确的诊断分析和反馈，确保虚实网络间的无缝联动。

结合网络数字孪生的特点和自智网络业务需求，网络数字孪生可以设计为如图 5.11 所示的"三层三域双闭环"架构。

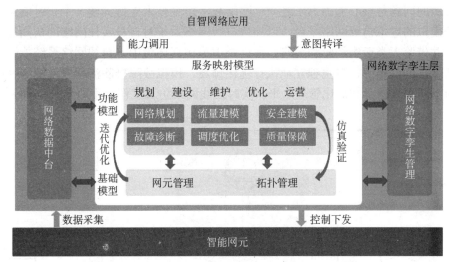

图 5.11　网络数字孪生架构

三层指网络数字孪生系统的智能网元层、网络数字孪生层和自智网络应用层；三个域指网络数字孪生层的数据域、模型域和管理域；"双闭环"则指的是网络数字孪生层内基于服务映射的"内闭环"，用于仿真优化，以及贯穿三层架构的"外闭环"，针对网络应用实时控制、反馈及整体性能优化。

基于此架构，网络数字孪生体与物理网络具有相同的基础网元、拓扑结构以及拟合网络行为的模型，可以实现物理网络及其运行机理的精准复刻，进而为智能化网络运维和策略调整提供接近真实网络的数字化仿真平台。借助网络数字孪生这一技术纽带，结合网络数据中台实时获取数据、注入智能算法，可实现物理网络和网络数字孪生体之间的数据实时交互、深度数字化分析、有效验证和精准控制，进而有力驱动自智网络发展出如下一系列关键效能。

1. 网络全息立体可视

网络全息可视技术运用三维重建、增强现实、虚拟现实等先进技术手段，可以构建对通信网络整体架构、网络节点间路由分布以及网络业务运营状态的全息可视化图景。它可以详尽地展现室内到室外，地上到地下全方位的网络分布及运行状态，协助用户对网络现状有直观而精准的认知，深层次挖掘网络蕴含的价值信息。

2. 数据驱动全生命周期管理

基于深度融合感知技术，获取网络的高精度、实时数据，并生成高精度网络数字孪生模型,从而构建一个以数据驱动的网络全生命周期管理体系。通过对物理网元的数字化建模,可实现网元的可管、可控、可视;基于底层全面开放的数据接口,可实现场景化、标准化、自动化网络应用服务;建设不同网元独特的本体模型,并结合 AI 算法,将业务场景中的实际运行规则融于知识图谱,以支持在网络网元全生命周期管理中实现精准推理分析、前瞻性业务趋势预测以及动态优化规划等功能。同时,借助网络网元数据的持续更新和闭环反馈机制,实现网络网元的自适应、自学习和自演进。

3. 在线网络仿真

在自治网络体系中,确保基于数据驱动所形成的决策与规划在实施后既能达成预期目标又不引发新的问题是核心能力诉求之一。网络数字孪生技术支持构建一个实时响应、高效运作且精确模拟的虚拟仿真网络平台,以加快自智网络系统对自身实体网络的认知过程,使其能够吸收并借鉴人类运维经验和策略。在这个虚拟仿真环境中,自智网络系统能够在无损于实际网络运营的前提下,自主独立地执行优化预案、模拟故障排除流程以及演练系统升级操作,从而不断提升自身智能化管理水平。实时在线网络仿真工作流程如图 5.12 所示。

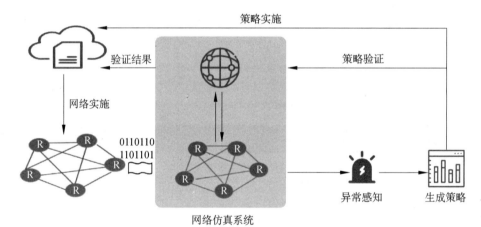

图 5.12　在线网络仿真工作流程

4. 网络实时闭环控制

一旦成功建立了物理网络与网络孪生层之间的实时映射关联,就能够依托网络孪生层开展网络测试、仿真、分析和验证操作,并可以将经过验证有效的网络调整或规划方案实时下发至物理网络层,使用户能够对物理网络层进行实时控制与优化。

5.2.4　网络人机共生

人机共生在自智网络中被视为最理想化的人机协同合作范式与长远追求的方向,它寓意着人与机器能够建立一种深度的互助合作关系,两者在理解和交流的基础上携手完成各类任务,并在合作过程中互相激发潜力、共同成长与进步。

在自智网络架构下,人机共生的内涵不仅局限于简单的协同作业,更重要的是双方能够在运行过程中相互学习,协同演化,以适应快速发展的网络技术、变幻莫测的运行环境以及纷繁复杂的业务需求。具体来说,在这一共生环境中,人类主要承担起创造性思维和智慧决策的角色,如构思新兴业务模式、确立战略目标、提出假说设想、设立评价标准以及进行成效评估等高阶智力活动。与此同时,机器则需要具备一定的自主性和智能互动能力,它们通过与人类的交互沟通，能够准确理解人类的意图，能够将复杂任务拆解为可执行的细分步骤，进而高效地完成执行过程。此外，机器还会根据人类的行为和决策需求，提供实时的辅助支持，共同推动自智网络系统的智能化演进和优化升级。

自智网络人机共生的关键技术主要包括人机协作、人机学习和人机接管三个方面，具体如图 5.13 所示。

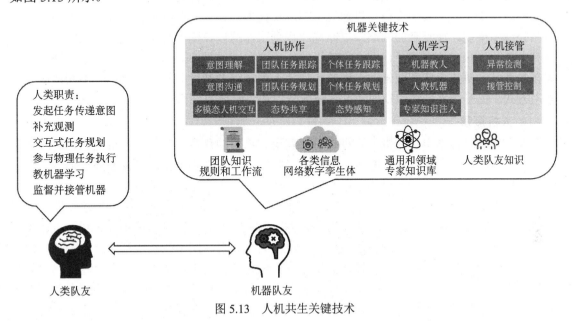

图 5.13　人机共生关键技术

1. 人机协作

人机协作是指人类与机器之间相互理解、有效沟通、协同合作以共同完成特定任务。在这一过程中，机器首先需具备深刻理解人类意愿和意图的能力，而机器要理解人类的复杂意图，不仅需要机器和人共享相同的知识背景，还需要机器精通人类语言逻辑以及敏锐的情感语境感知能力，未来机器还应该学会解读人类未曾明确表达出来的潜在含义，甚至预测人类可能采取的行为。其次，机器需要具备任务规划与编排能力，即将领悟到的人类意图转化为具体的、可执行的任务列表。在面对如规划全新网络这类信息不够完备、复杂度较高的任务时，人与机器应当密切配合，共同规划任务流程。具体表现为人类逐步完善输入信息和任务约束条件，而机器则根据这些信息实时给出反馈和优化建议，通过多次迭代交互，最终形成详尽的任务规划方案。此外，机器还要具备任务追踪与执行监督的功能，对已达成共识的任务执行全程跟踪，直至任务顺利完成或中途取消，并及时将任务执行的结果反馈给人类用户。在整套人机协作体系中，双方主要依赖多模态交互技术以及共享态势感知机制来同步知识信息，确保协作过程的高效与顺畅。

2. 人机学习

人机学习涵盖了两个方向：一是机器向人的学习；二是人向机器的学习。

在机器向人的学习层面，人们作为智慧实体，以其深厚的领域知识、专业技能和日常生活经验为基础，向机器系统提供具有指导意义的数据和信息，从而促进机器迅速习得所需的知识与技能。在这个过程中，机器会运用多种先进的机器学习技术，如监督学习，在有标签数据的指导下学习；半监督学习，在有限标注数据的支持下探索未知；无监督学习，通过发现数据内在结构和模式自主学习；模仿学习，模拟并复制人类的行为或决策过程；生成式学习，则用于创造新颖的内容和解决问题的新策略，不断推动机器自身的认知进化和性能提升。

另一方面，在人向机器学习的过程中，人类利用机器强大的计算能力、海量的信息处理优势以及智能化分析手段，来扩展自身认知边界和提升综合能力。例如，在高度智能化的自组织网络环境中，人类操作员可以通过虚拟现实技术，构建出精细的三维地理环境模型和网络拓扑结构模型，使复杂的网络站点布局和规划工作得以在高度仿真、互动性强的三维虚拟世界中展开，极大地提高了自智网络建设的精确度和工作效率。这种人机交互不仅增强了人类在复杂问题解决上的智能辅助，同时也促使人类学习者通过与机器的互动，不断适应新的学习方式，提升个人的知识获取速度、分析能力和决策效率。

3. 人机接管

在自智网络体系中，人机接管机制扮演着至关重要的角色，确保了人机协作的高度稳定性和可靠性，旨在最大限度地减少由单个人工智能系统或人为因素所引发的潜在损失。这一理念的核心内涵在于，在人机协同运作的各个环节中，实现无缝衔接和高效纠错功能。具体而言，在人机共同执行任务的过程中，一旦智能机器发生误判或异常行为，系统设计应当保证能够实时检测到此类问题，并立即启动人类干预机制，允许操作人员精准识别并迅速矫正机器的错误动作，避免可能的负面后果扩大化。同时，自智网络也要求机器具备主动反馈与应急接管的能力，即在面对人类操作失误、判断偏差或其他不可预见的人为问题时，智能系统能够敏锐感知，并采取有效措施予以警示甚至自动接手相关控制权，以维持整个系统的正常运行及安全状态。因此，人机接管实际上是构建了一种双向保护机制，确保在人与机器相互依赖的复杂协作场景中，双方都能够互相补充、互相校验，共同维护系统的稳健性与准确性，从而最大化地发挥出人工智能与人类智能相结合的优势。

5.2.5 网络内生安全

近年来，在网络技术疾风骤雨般的创新步伐推动下，数字经济展现出强劲的增长活力和广阔的发展前景。这一变革历程不仅在全球范围内有力地催化了经济社会向数字化深度转型的步伐，也深深改变了人们日常生活的方方面面，为社会大众带来了前所未有的便捷体验。然而，不容忽视的是，网络技术在普及应用的同时，也暴露出了诸多网络安全威胁与挑战，这一点在承载国家信息基础设施核心地位的基础通信网络领域尤为明显。基础通信网络的安全与否，直接影响着国家安全战略的稳固根基以及社会稳定秩序的维系，可以说，网络安全问题已成为衡量网络能否充分发挥其潜能、实现价值最大化的重要标尺和决定性因素。因此，我们必须重视并加强网络安全防护体系建设，确保网络技术在推动经济社会发展的同时，也能构建起一道坚固的防线，守护国家利益和社会福祉。

在网络架构融合开放的发展趋势下，网络安全从过去主要由安全事件驱动的静态被动式安全，到当前主要由等保合规驱动的动态主动式安全，正在向着下一阶段由具体场景需求驱动的内生智能安全演进。在自智网络的构建过程中，充分汲取了CARTA安全架构（持续自适应风险与信任评估架构）的精髓，结合零信任安全理论以及对当前网络安全面临的重大挑战的深刻理解，构建起了内生安全架构体系。内生安全架构赋予了网络自身强大的安全防护能力，使其能够自动检测各类安全事件，实时做出响应，并在必要时自主恢复网络功能。同时，自智网络还具备自适应性和自成长性，能够根据环境变化和业务需求不断优化自身的安全策略，从而真正实现网络安全的自主管理和自我完善，确保自智网络能够在安全无忧的状态下高效运行。自智网络内生安全整体架构如图 5.14 所示。

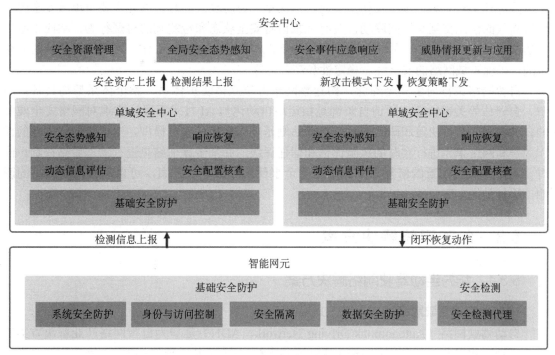

图 5.14　自智网络内生安全架构

安全中心主要负责全面统筹与管理整个网络区域的安全运维工作，其主要包含安全资源管理、全局安全态势感知、安全事件应急响应以及威胁情报更新与应用四大模块。安全资源管理主要负责整合并统一管控各个网络区域内不同种类安全资产，包括虚拟机（VM）、容器、IP 地址、端口资源、带宽使用情况等。全局安全态势感知模块专注于收集整个网络空间的所有安全事件，进而开展跨域安全威胁分析，以实现对整个网络域安全态势的精准把握与及时预警。安全事件响应模块则立足于全面的安全态势感知信息，快速制定相应策略，并下达到各个子网络的安全管理中心，从而迅速切断恶意攻击，确保业务恢复正常运行。威胁情报更新与应用模块主要负责持续获取最新的安全威胁情报，并将其转化为具体的攻击模式分析，然后将分析结果分享给全局安全态势感知系统和其他自智网络区域，以助其更快地识别和抵御相关攻击行为。

单域安全中心主要负责保障单个网络域的安全稳定运行，主要包括基础安全防护、单域安全资产管理、安全态势感知、响应恢复、动态信任评估和安全配置核查几个功能模块。其中动态信任评估模块主要针对操作用户、网元等通信实体的行为进行建模分析，并结合从安全态势感知模块获取的安全事件信息，对这些网元实体的信任等级进行实时评估，进而实施动态化的安全策略调整。安全配置核查模块则主要负责对单个网络域及其内部网元与安全相关的配置进行严密核查审计，旨在实时检测发现网络中的安全配置风险，并具备自动修正功能，能够将潜在风险配置自动转化为安全合规的配置，从而有效维护网络的安全性。

智能网元作为整个网络生态系统的基石，其安全属性对于整个网络的稳定与安全至关重要。尤其是在自智网络的构架中，每一个网元个体不仅要具备足够的自我安全防护机能，以抵挡潜在的安全威胁，还需与单域安全中心紧密协作，共同实现单个网络区域的安全自主管理与维护。具体来说，自智网络中的网元应当集成必要的安全模块和算法，能够针对各类安全风险进行实时监测、预警及初步应对，形成第一道防线。同时，网元需要与单域安全中心保持高效的信息交互与协同联动，及时上报自身安全状态和检测到的可疑行为，响应中心下发的安全策略，并在中心的统一调度和指导下，与其他网元协同工作，共同应对复杂的安全挑战，确保单域网络的安全性、稳定性和高效运行。

自智网络秉持内生安全理念，构建整网全方位立体防护体系，整个体系架构具备自防御、自评估等关键特征。所谓自防御是指运用自动化与 AI 技术手段，实现对网络安全威胁的自动识别、分析决策和即时应对。自评估则是基于零信任安全模型，对自智网络内部的操作用户和网络单元进行实时的风险评估和信任评级，并基于评估结果进行动态策略控制。同时，对网络风险配置的修复方案和网络安全事件的响应恢复方案，可自动评估对网络的影响，选择最优方案。

5.3 自智网络解决方案

5.3.1 华为自动驾驶网络解决方案

1. 华为自动驾驶网络

自动驾驶网络（Autonomous Driving Network，ADN）是华为自智网络产业解决方案的核心实现，也是华为通信网络 2030 战略核心支柱。ADN 基于连接+智能，旨在打造一张自动、自愈、自优、自治的网络。通过单域自治、跨域协同，与运营商和企业共同构建网络"自配置、自修复、自优化"能力，从而为用户提供"零等待、零接触、零故障"的极致体验。

在 TM Forum 自智网络体系框架指导下，华为基于融合感知、网络数字孪生、智能决策和人机共生等多项关键技术，构建高阶的自智网络底座，加速迈向高阶自智网络。

（1）融合感知：实时感知汇集网络中全方位的数据资源，为上层自动化与智能化模块提供精确且实时的数据支撑。

（2）网络数字孪生：借助深度整合的多元感知数据，构筑精细准确的网络数字孪生模型，实现实时在线的网络仿真模拟测试，为网络的规划、建设、维护、优化和运营全生命周期管理提供有效支撑。

（3）智能决策：以构筑的网络高精度数字孪生模型为基础，融入先进的 AI 智能算法，可以实现网络状态的实时监测、精准分析、智能决策以及高效执行的闭环控制。

（4）人机共生：依托华为研发的盘古通用语言模型，结合丰富的电信行业专业数据、标准化文件素材以及实践经验总结，精心打造面向通信领域的专业大模型，显著提升了人机交互模式的智能化水平与协作效率。

2. 华为自动驾驶网络业务架构

华为参考 TM Forum IG1218 业务架构建议，结合丰富的全球客户联合创新实践，提出了如图 5.15 所示的自动驾驶网络业务架构。

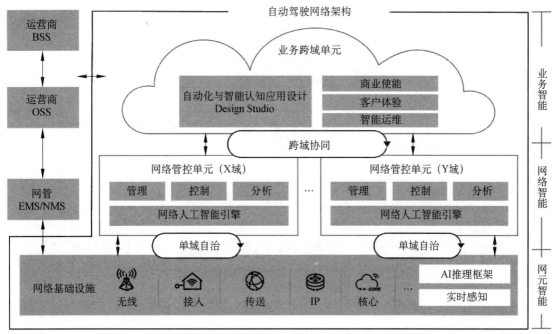

图 5.15 华为自动驾驶网络业务架构

　　网络基础设施即底层多样化的网络设备，是实现高阶自智网络的根本基石。要实现高阶
自智网络，网络设备必须植入更多的实时感知器件和 AI 推理功能，不仅要增强其对资源、
业务及周边所处环境的全方位数字化感知能力，还需要内置能够独立完成分析判断、智能决
策以及操作执行的边缘智能能力。

　　网络控制单元是单域网络自智管理控制中心，通过网络数字建模方法，将各网络资源、
业务、状态数据关联起来，建立完整的域内网络数字化高清地图。通过整合网络数据采集、
感知、仿真、决策与控制等功能，构建单域自治闭环系统，确保网络连接质量与时效性得到
可靠保障与承诺。

　　业务跨域单元主要侧重于推动商业智能创新、提升用户体验层次、保障业务与运维效能
三大核心任务。依据实际业务与网络自身特点，致力于敏捷开发、灵活编排，以实现自智网
络下高度个性化的业务模式、流程及商业产品的定制与服务。

　　网络人工智能模块主要负责 AI 模型的设计与开发，支持通过各种网络数据，持续进行
AI 模型训练和知识提取，进而生成 AI 模型和网络知识库，并将其无缝注入其他三个单元，
依次驱动整个网络系统的智能化进程不断深化和拓展。

3. 华为自动驾驶网络解决方案全景

　　基于上述业务架构，经过多年的创新实践，华为已经形成了系列化自动驾驶网络解决方
案，涵盖无线、核心、接入、传输、IP、数据中心和企业园区多个领域。其解决方案全景图
如图 5.16 所示。

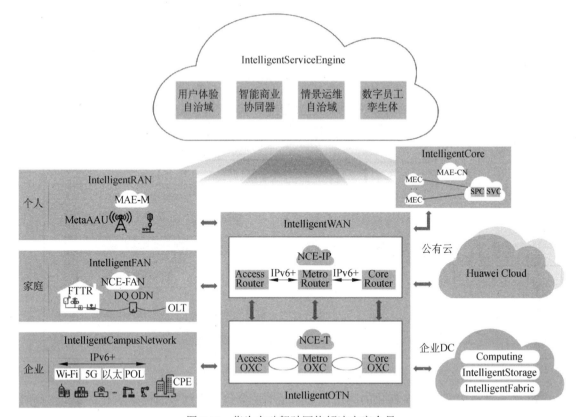

图 5.16　华为自动驾驶网络解决方案全景

5.3.2　中兴通讯自智网络解决方案

1. 中兴通讯自智网络

中兴通讯秉承使网络系统逐步实现自主操控的终极愿景目标，运用数据驱动的自学习和自适应机制来赋予网络系统智能自治的生命力，协助运营商简化业务部署，做到"将复杂留给自己，将极简赋予客户"。

中兴通讯通过业务引领、开放引领及价值引领支撑愿景目标。基于数智中枢、意图驱动、网络数字孪生等多种关键技术构建中兴自智网络，助力实现高阶网络自智。

在当前数据引领的智能时代，通信网络产生的巨量数据，促使业界对多维度、多层次分布式 AI 应用产生了迫切需求，为网络注智赋能已成为行业的普遍认知。建设统一数智中枢，构建涵盖数据管理、模型训练及推理在内的全方位智能服务能力，对网络资源层、服务管控层以及业务运营层提供高价值智能服务，进而推动网—数—智的闭环迭代进程。数智中枢作为统一知识和 AI 能力枢纽平台，采用中台形态汇聚数智能力，通过云—边—端协同联动，实现数智能力的交互联动、协同共享。

意图网络是自智网络理念在抽象层面的具体表现。意图网络要求网络系统具备将用户业务意图转换为网络可识别、可配置、可量化和可优化的对象实体及属性参数，并通过对现有网络资源、SLA 及安全能力等各方面进行综合考量和精准评估，给出最优的网络实施方案，提供网络业务持续监控、持续优化能力。

网络数字孪生旨在通过构建一个高度模拟真实网络环境的数字镜像，以实现对网络系统的高效、精确管理与优化。首先，借助网络数据采集技术，全面收集网络设备的基础配置、环境状态、运行信息及链路拓扑等数据资源；其次，在收集到的数据基础上，构建网络基础模型，并进一步深化开发功能模型，如网络感知、分析、仿真、推理和决策模型，以模拟网络的动态行为，并处理各种网络事件。最后，通过网络数字线程的构建，将网络业务全流程的数据整合至统一的平台，实现数据的全面管理，同时不断迭代优化孪生体模型，根据网络运行的反馈调整模型参数，确保孪生体的准确性和可靠性。

2. 中兴通讯自智网络架构

作为网络设备和解决方案供应商，中兴通讯于 2021 年推出了 uSmartNet 自主进化网络体系，基于智能化核心算法、从网元内生、单域自治、跨域协同、提供分层、分域和分级演进，支撑运营商快速提升自智网络能力。中兴自智网络 uSmartNet 架构如图 5.17 所示。

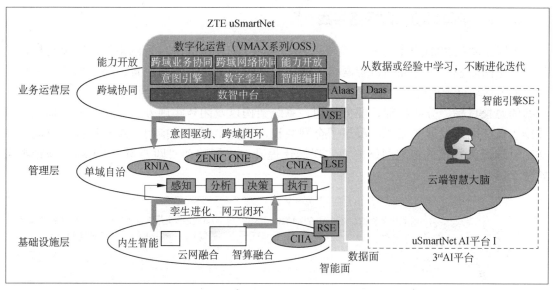

图 5.17　中兴自智网络 uSmartNet 架构

网元基础设施层是自智网络的基石，为了提升网络自智能力。网元需持续强化对自身信息的深度感知，涵盖性能、资源和故障等多个方面。通过这种深度感知，管理层得以更好地实现自配置、自修复和自优化等能力。此外，网络设备的内嵌 AI 实时智能引擎为 AI 推理提供了有力支持，进而提升了在数据源头进行分析和决策的能力。

管理层是单域自治的大脑，实现网元数据的采集、分析决策以及网络控制功能。此外，必须向上层系统开放必要的能力，这涵盖了数据接口和操作接口两个方面。同时，管理层已具备一定的算力资源，并已采集了中等规模的数据。在此基础上，我们可以部署轻量级的 AI 智能引擎，以提供中等规模的训练及推理能力。结合对网络的数据采集和控制能力，我们将实现感知、分析、决策、执行的就近闭环，以优化整体性能并提升效率。

业务运营层以数智中台为基石，将各个单域紧密相连，并通过运用意图引擎、数字孪生、智能编排及能力开放等尖端技术，实现跨域高效协同作业，从而构建出一个全面智能化的端到端闭环流程。

基于各设备商的解决方案，运营商可以自上而下系统性地评估和梳理现有 OSS 系统、综合网管、厂家网管/控制器和网络设备在内的现有架构，由此制定满足自身实际需要的、切实可行的演进路标。

5.4　自智网络实践

当前国内运营商和设备厂商积极投身自智网络的建设，布局现状呈现出三个共性特征：一是不断提升网元的感知、内生智能能力；二是普遍采取统一平台战略，通过流程贯通、开放共享实现跨域协同；三是针对网络运维的规划、建设、维护、优化和运营全流程，推动感知智能、诊断智能、预测智能和控制智能各类网络 AI 应用创新试点。经过几年的沉淀和积累，目前均有成熟的高价值商用案例进入落地推广阶段。本节将重点介绍三大运营商在自智网络方面的落地实践。

5.4.1　中国移动自智网络实践

中国移动在 2021 年初率先设定了"2025 年实现 L4 级高阶自智网络"的明确目标，并启用了全网规模、全专业的自智网络实践。经过三年坚持不懈的探索、深入思考和积极实践，中国移动逐步构建了"四要素+一闭环"的理论体系，该体系全面且系统地阐述了自智网络的愿景目标、分级标准、业务架构、系统架构以及闭环实施方法。这一理论框架不仅描绘了自智网络发展的蓝图，凝聚了全网共识，更为中国移动指明了统一的行动方向，以推动全球最大规模的自智网络能力实现迭代提升。中国移动"四要素+一闭环"理论框架如图 5.18 所示。

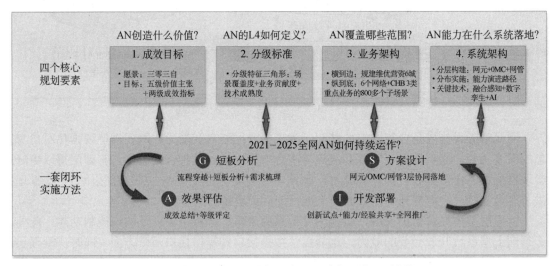

图 5.18　中国移动"四要素+一闭环"自智网络理论框架

基于以上四个核心要素，紧密围绕价值场景，系统推进"短板分析、方案设计、开发部署、效果评估"活动，旨在不断提升自智网络的性能与水平。截至目前，已经落地的自智网络典型案例，已全面涵盖通信网络从规划、建设到维护、优化，再到运营的整个生命周期。

1. 5G 无线网络资源精准投放与优化

当前，5G 无线资源的利用效率尚未充分发挥，流量增长潜力仍有待释放。传统基站选址规划主要依赖人工经验，这导致了建站必要性判断的依据不足以及性能预评估的不充分，进一步导致了入网后基站的利用率较低。对于已入网的零流量小区，问题定位十分复杂，涉及故障、覆盖、网业协同等多个方面。江苏移动致力于在整个 5G 网络规划、维护、优化的全生命周期中，实施资源的精准投放和优化。在站点规划阶段，整合了包括业务量预测在内的 12 项 AI 能力，对每个站点开展思维八级自动评估，并通过一键价值排序实现精准推送，从源头杜绝低效小区入网；在维护阶段，自动识别定位 6 类零低流量小区，智能化输出 15 种匹配解决方案，动态调度实现承载效率最优；在优化阶段，部署天线权值智能寻优，采用一站一策的策略来最大化覆盖能力，每月自动调整 10 万多个 5G 小区；在现网应用后，新建站点流量较同区域高 10%，零低流量小区解决率 96%，5G 零流量小区占比较年初改善 56%，全省 5G 分流比达到 57.5%。

2. 5G 故障"零接触"自动处理

随着 5G 网络规模快速扩大，各省级公司日均网络告警超过千万条，涉及网络专业多、协同链条长、依赖关系复杂。为了应对这一挑战，中国移动开发了一套先进的故障管理框架，该框架具备实时感知、告警关联压缩、自动异常诊断、跨域精准定位以及智慧决策等多项功能。此框架显著提升了网络质量的全程可视化监控能力，能够处理高达每秒 2000 条的告警信息，实现了 1000∶1 的高效告警压缩派单。此外，它还能够自动诊断 300 多种故障场景，并提供了 800 个可灵活组合的原子化网络配置选项。在浙江移动现网应用后，实现重要故障 30 分钟内清零，平均处理效率提升了 40%，从而有效确保了 5G 网络的高质量运行，为用户提供了卓越的业务体验。

3. 5G 语音质量智能诊断

5G 发展初期阶段，5G 语音业务普遍采用回落到 4G 进行通话的方式，导致信令在 4/5G 之间频繁交互，涉及 10 余种网络设备和 50 多个数据接口，使得 5G 语音质量差的问题难以迅速定位和有效处理。中国移动研发智能质差定位能力，横向整合网络性能 KPI 和用户感知 KQI 等多维度指标数据，深入挖掘 5G 语音业务的质量特征，基于时序预测模型主动预警 5G 语音质量劣化隐患，基于 FP-growth 关联分析模型，精确定位质差根因。在北京移动现网应用后，5G 语音故障定位时间压降至分钟级，处理效率提升了 60%。

5.4.2　中国联通自智网络实践

中国联通于 2020 年联合产业伙伴启动自智网络的探索，是自智网络建设的首批践行者。在《中国联通自智网络白皮书 2.0》中，中国联通深度剖析了产业现状与未来趋势，并基于与合作伙伴的实践经验与思考，提出了"四零四自"的愿景目标和"1+3+X"的发展思路，明确了"应用层—平台层—网络层"的分层目标架构，阐释了"三位一体"实施方法体系。随着自智网络实践的逐步深入，中国联通通过滚动规划不断完善业务架构，在《中国联通自智网络白皮书 3.0》中，进一步提出了"三化三层三闭环"目标架构，并将其作为未来网络基础设施、运营平台和创新产品的演进方向。同时沿用了《中国联通自智网络白皮书 2.0》中提出的"三位一体"实施方法，并在此基础上进一步提出"统一分级标准、协同能力规划、衡量建设成效"三项关键行动，以有序推动自智网络场景价值的提升。

"三化三层三闭环"目标架构具体如图 5.19 所示。该架构围绕"网络层、业务层、商业层"构建"数字化、智能化、敏捷化"的能力，通过"知识闭环、任务闭环、意图闭环"牵引中国联通自智网络演进，推动网络高质量发展。

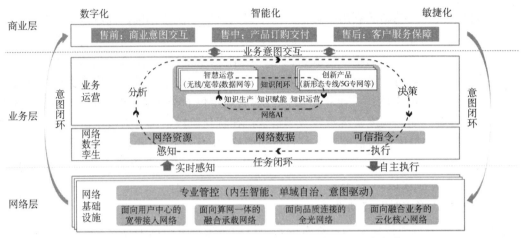

图 5.19　中国联通"三化三层三闭环"自智网络目标架构

中国联通遵循自智网络目标架构的指引，运用科学、合理的实施手段，积极探索并落地自智网络的业务应用场景。通过智慧化运营实现成本降低和效率提升，同时在创新产品的敏捷交付方面也取得了显著的经济效益和社会效益。

1. 云光和云网专线

随着全球化和信息化的不断深入，专线服务的需求呈现出持续增长的态势。特别是在企业积极拥抱数字化转型的当下，企业专线已成为运营商与政企客户之间的重要纽带，为其云服务需求提供了坚实的支撑。企业对于专线服务的高可靠性、安全性、低时延、便捷性和灵活性等指标有着严格要求，以确保其业务的高效稳定运行。云光协同和云网协同作为运营商提供差异化专线服务、满足政企市场云化需求的关键策略，不仅符合当前的市场需求，更是未来发展的必然趋势。

中国联通长期致力于为政企客户打造高品质的云光、云网精品专线产品。通过实施自智网络的"三化三层三闭环"目标架构，中国联通提出了新形态的云光、云网专线产品。具体如图 5.20 所示。

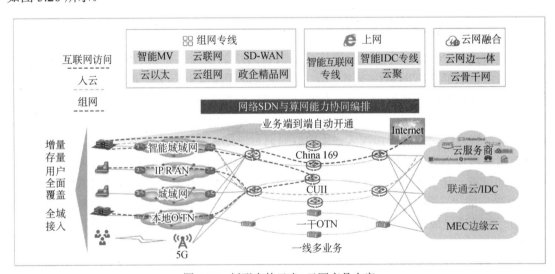

图 5.20　新形态的云光+云网产品方案

依托光传送网（Optical Transport Network，OTN）网络与 IP 网络的实时感知机制，中国联通整合了网元 AI、网络 AI、业务 AI 三层智能化能力，贯彻了意图闭环、任务闭环、知识闭环的先进理念。结合 SDN/NFV 化的 IP+光、云网边一体化的跨网、跨域协同编排技术，中国联通构建了自智专线网络，显著提升了业务服务质量。中国联通成功实现了云光+云网资源的自动核配、专线的自动开通和带宽的智能调整等面向服务效能的敏捷智能运营，同时支持 OTN、IPRAN 及智能城域网等全域自动化接入，实现了业务从端到端的快速自动开通，大幅提升了网络配置下发的性能和效率，将数据配置时间从天级优化至分钟级。此外，中国联通将 AI 模型与用户数据紧密结合，能够主动、精准、灵活地进行业务带宽阈值提醒及动态调整，实时感知用户业务状态的变化趋势，实现专业业务运营的自智化管理。借助 SDN 管控系统的实时网络状态感知和自主执行的路径计算及全局优化能力，中国联通有效满足了客户对低时延、高带宽的需求，实现网络业务保障的自愈、自优化和自闭环，为政企客户提供更高性能、更高效率的网络服务。

2. 核心网网元容量智能规划

中国联通针对核心网涉及云资源、数通等专业联动，扩容实施周期长，难以及时响应市场扩容需求的问题，借鉴自智网络目标架构，在一级 NFVO 系统上实施了一套先进的容量预警调度机制。该机制具备及时预警超出门限阈值的网元容量情况的能力，从而实现了对潜在网络容量风险的提前识别和应对，以满足市场快速发展对网络的迫切需求。

该方案在网络层自动采集 5G 核心网元 AMF、SMF、UDM 及 IMS 的容量数据，并在业务层引入 AI 算法完成智能预测，针对超出预设阈值的情况进行及时预警。同时，方案综合考虑用户终端数、登网数等多维度因素，以及节假日用户迁移等规律，对 5GC 和 IMS 网元容量进行全面、多元化的预测。一方面，借助 AI 算法，能够智能地评估近期的网络需求能力以及预测远期的需求趋势，从而实现网络建设的自动派单，主动适应市场需求，有力支持 5G 和 VoLTE 用户的快速增长。另一方面，通过实时监控网元容量负荷和服务器利用率，可以实现动态调整阈值和实时评估网络负荷的健康状况，同时引入话务和配置模型算法，以优化网络建设配置方案，提高云化设备的能效比，进而降低扩容成本。

3. IP 拥塞预测与控制

针对 IP 网络中频繁出现的拥塞问题，传统解决方案往往聚焦于事件发生后的拥塞管理和优化。然而，这种被动式的应对策略往往难以满足前端业务连续性的需求，同时也给网络运维带来了沉重的负担。因此，迫切需要探索更加智能化的方法，通过预测和主动干预的方式来减少拥塞事件的发生频率，进而降低网络运维的复杂性，以满足现代网络环境的需求。

中国联通携手合作伙伴，在国家级未来网络试验设施的支持下，聚焦于 IP 拥塞预测及预防的研究，共同研发并部署了一系列智能化应用，涵盖流量预测、拥塞控制以及孪生仿真等多个方面。通过这些智能化应用，不仅能够准确预测网络流量及潜在的拥塞点，还能提前实施拥塞控制策略，有效防止网络延迟和数据丢包，从而保障用户的网络体验。此外，借助孪生仿真技术，网络的管理与优化过程更为高效和直观，为网络运维工作提供了强大的技术支持。CENI 网络 IP 拥塞预测与控制架构如图 5.21 所示。

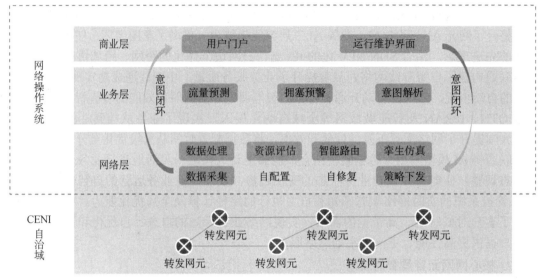

图 5.21   CENI 网络 IP 拥塞预测与预防架构

5.4.3   中国电信自智网络实践

自 2019 年，中国电信确立了云网融合与人工智能融合发展的战略方向，明确了云网蓝图。此后，中国电信始终秉承以"客户极优体验、产品极速服务、云网极智运营"为云网运营自智的愿景目标，不断夯实以云网操作系统/昆仑平台为底座的"四层四闭环"体系架构，以全面自智等级评估标准和成效指标体系为牵引，沿着"2022 年云网运营自智能力全面达到 L2，2023 年全面达到 L3，2025 年达到 L4"的演进路径，持续引入网络和 ICT 技术的新发展成果，实现从上层客户应用的自开通、自服务，到底层云网设施层的自修复、自优化等端到端的自智能力，最终实现对业务发展的支撑。

中国电信基于新一代云网运营体系架构，成功将自智能力从网络延伸至云端，实现了一体化供给、一体化运营和一体化服务，以满足云网融合的战略需求。中国电信有效整合了 IT 的 B、M、O 三域数据和 CT 的云网基础设施，依靠云网操作系统底座构建端到端的自智能力。同时，中国电信积极引入网络大模型，为迈向更高级别的自智能力注入了新的活力。此外，中国电信还注重能力开放和服务化 NaaS，推动新型信息基础设施全要素的能力开放，为各行各业提供赋能支持。中国电信云网运营自智目标架构如图 5.22 所示。

在中国电信的自智网络建设进程中，采取了分级分层、逐步推进的策略，并提出了"四维五步、循环迭代"的实施思路以及"四要素法"云网运营自智等级评估标准，牵引云网运营自智能力有序提升演进，进而推动商业和业务目标达成。

"四维"涵盖了云网运营自智的核心领域，包括产业标准、运营系统、网络+云和云网运营体系；"五步"则代表自智网络顶层设计、等级评估与短板识别、自智能力提升策略/路径、能力创新试点验证和自智能力建设五个步骤。

"四要素法"评估标准则主要引入"意图—感知—分析—决策—执行"的闭环方法论，建立统一规则分级评估体系。通过对评估对象的逐级分解，与运营闭环的各个环节进行映射，能够屏蔽不同产品、运营支撑系统以及网络+云之间的差异性。同时，该评估标准还涵盖了客户体验和产品运营成效、AI 智能内生、操作线上自动和云网运营系统技术等特征，定义各评估对象所包含的流程任务的 L1~L5 分级评估规则。实施有序、评估有法，目前中国电信已在 5G 定制网络敏捷开通、云网融合智能运营、基站实时动态节能等领域有多项创新成果。

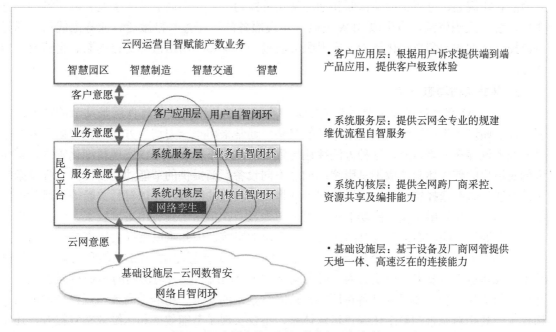

图 5.22　中国电信云网运营自智目标架构

1. 5G 定制网络敏捷开通

随着数字社会的快速发展，单一的 5G toB 方案已难以应对多样化的场景需求。为实现 5G toB 跨越式发展，中国电信致力于构建 5G 定制网能力，以行业客户需求出发，通过电商化的业务订单受理、意图化的客户需求转译、可视化的资源勘察评估、端到端一体化的云网方案设计以及全自动化的云网激活测试五大业务环节，打造端到端的自智能力。通过"5G+边+云+X"打造一体化定制融合服务，并针对广域优先型、时延敏感型和安全敏感型三类不同的行业需求和场景，分别设计了"致远""比邻"和"如翼"三种精准定制的网络服务模式，实现"云网一体，按需定制"。

5G 定制网作为云网融合自智深化的关键实践，已在制造、能源、政务等行业发挥重要作用，推动行业数字化进程，已累计落地超过 2500 个 5G 定制网项目，且业务开通速度正逐步由月级提升至小时级，极大促进了 5G ToB 业务的迅猛发展，为行业客户带来了实质性的作业效率提升。以电力行业为例，中国电信与国网山东电力合作，成功实施了智慧化 5G 切片安全项目，通过 5G 专网实现实时数据监控、采集及控制，显著增强了电力行业安全生产的能力，为客户每年每线路节省了数十万元的停电经济损失，同时减少了 80% 的现场核查人力成本，并提升了 20% 的巡检效率。通过 5G 网络切片，中国电信还推动了智能分布式配电、配电态势感知、输配电网络监控和削峰填谷四大专题，为构建更加安全、可靠、绿色、高效的电网提供了有力支持。

2. 云网融合智慧运营

中国电信推出的云网融合智慧运营解决方案，依托先进的"网随云动、云网融合"架构与理念，综合应用 SRv6（Segment Routing over IPv6）、流量检测、人工智能（AI）以及云网智能等前沿 ICT 技术与云网运营系统，旨在提供全面且高效的自动化和智能化网络服务。通过实时自感知云网资源拓扑、状态和网络流量，将云网大数据资源通过人工智能算法转化为云网的智能规划、分析、故障诊断和动态优化等能力。针对不同业务需求及云网资源的动态变化，统一组织资源，自生成 SLA 策略，实现服务的自配置与自激活。业务上线后，通过自监控、持续跟踪和自优化能力，实现服务质量的自保障、网络故障的自诊断、自修复、自优化。

3. 基站实时动态节能

在基站 AI 智慧技术尚未全面普及之前，全网普遍使用传统的软件层基站节能技术，主要手段是通过人工在设备上配置定时节能策略，通常采用"一刀切"方式设置。由于各个基站的业务量存在显著差异，这种方法往往导致节能效果不精确，难以实现精细化管理，甚至可能对用户的使用体验造成不良影响；加之不同设备厂商提供的节能功能多样且条件复杂，传统节能方式在选择实施时，主要倾向于选择风险较低的区域，并以符号关断等低风险的浅度节能为主，尽管中深度节能功能在效果上更为显著，但由于其应用难度较大、维护工作量庞大以及潜在风险较高，可能对网络 KPI 产生负面影响，因此难以进行大规模推广。

为了有效解决当前所面临的问题，中国电信基于大数据驱动、AI 赋能和智能节能控制技术，成功自主研发出了一款名为"天翼蓝能"的全网统一、云边协同的 4G/5G 融合基站智慧节能网络化平台。该平台具备跨厂家、跨网络基站的安全、精准、高效和规模节能能力，构建了一套相对完善的数字化绿色运营体系，不仅实现了节能效率和运维效率双提升，还实现了基站能耗和运营成本双降低。

经过在广东、福建和安徽三省的成功试点及两年多的不懈努力，中国电信已顺利实现对全国 31 个省份的全面部署，5G 日综合节能效率已超过 16%，年化节电量高达 6 亿度以上，节省电费 4.5 亿元，每年直接减少碳排放约 35 万吨，同时可节省软硬件相关投资约 3 亿元，并大幅降低常态化运维工作量，减碳降本增效成效显著。

自智网络通过整合多种先进网络技术，显著提升了网络的灵活性、效率和智能化水平。在网络规划、建设、维护、优化及运营的全流程中发挥着关键作用，有效加速了网络向更高级别自智化演进的步伐，为未来网络的发展奠定了坚实的基础。

5.5   本章小结

自智网络是一种新兴的网络范式，目前已经成为未来网络发展的产业共识，但其发展不是一蹴而就的，它是一个长期、持续迭代、循环演进的系统工程，需要生态繁荣和持续发展。本章首先对自智网络的基本概念、产生背景进行详细的介绍，然后进一步讲述了自智网络的体系结构及其使能的关键技术，最后阐述了产业界设备制造商和运营商在自智网络的应用实践。通过本章的学习，读者可以对自智网络有一个全面的理解。

5.6   本章练习

1. 什么是自智网络？

2. 自智网络产生的背景是什么？

3. 简述自智网络的分级标准。

4. 简述自智网络的关键技术。

5. 简述自智网络的应用场景。

6. 自智网络中，为什么使用联邦学习？

7. 分布式 AI 有什么优势？

8. 简述 AI 持续学习过程。

9. 在网络内生安全中，自评估指的是什么？

课件

答案

实验平台

## 第 6 章

算 力 网 络

2022 年 2 月，国家发展改革委员会、中央网信办等多个部门联合发布通知，宣布正式启动全国一体化大数据中心体系的总体布局设计，即"东数西算"工程。该工程旨在有序引导东部的算力需求至西部，以完善数据中心的布局，提高算力资源的供给效率，对数字中国战略的实施具有重大意义。

为实现算力资源的集中和灵活分配，需将算力深度融入通信网络中，构建算力网络。算力网络以算力为核心，以网络为基础，网络贯穿算力生产、传输和消费的各个环节。在算力网络中，各节点间的连接和海量数据的传输，要求具备超长距离的无损数据传输能力，即提供长距离、低延时、低抖动和高可靠性的"确定性"服务。

展望未来，算力网络需要实现网络与计算的高度协同，以提高算力和数据资源的利用效率。同时，为确保网络服务质量，确定性网络将作为新一代数字基础设施，为算力网络的数据流通提供强大的支撑。

学习目标：了解算力网络的产生背景，熟悉算力网络的概念和架构、关键技术和典型应用场景。了解确定性网络的概念和架构，熟悉确定性网络的关键技术以及算力网络和确定性网络的相互联系。

6.1 算力网络概述

6.1.1 算力网络产生背景

随着新型技术的不断涌现、算力架构的持续演进以及算力高效调度的迫切需求，算力和网络必须实现更为紧密的结合，方能达成算力的灵活调度与弹性服务。因此，算力网络应运而生，以满足这一时代背景下的关键需求。

1. 新技术的兴起

随着大数据、人工智能以及各类数据大模型的快速发展，对计算能力的需求正变得越来越迫切，特别是在低延迟和灵活调度方面。为了满足这些需求，计算能力与网络技术的深度融合变得至关重要。以无人驾驶为例，根据行业预测，从 2018 年到 2030 年，无人驾驶技术所需的计算能力将激增数百倍。同时，未来的 L4 和 L5 级别的无人驾驶系统对网络带宽的需求将超过 100Mbps，并且对数据传输的时延要求严格控制在 10 毫秒以内。这些都突显了算力与网络融合的重要性，以支撑未来技术的发展和应用需求。

未来智能化社会的核心将由"数据、算力、算法"三大要素共同支撑。数据，源自社会各行各业的人群和物品，形成海量的信息流；算力，作为支撑这一切的基础平台，进行数据的高效处理；而算法，则是这一切的灵魂，指导着数据和算力如何协同工作，从而为社会提供智能化的金融、医疗、交通和安全等服务。这一模型如图 6.1 所示，清晰展现了未来智能化社会的运行框架。

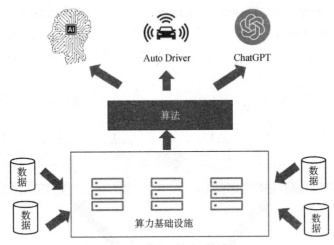

图 6.1　数据+算力+算法

目前，全球应用处理器出货量巨大，并以稳健的 8%增速持续攀升。作为半导体消费的主力军，亚太与欧美国家合计占据全球市场的大部分份额。展望未来 5 至 10 年，这些地区的机器算力总和将会有质的飞跃，展现出强大的科技潜力和发展空间。

2. 算力架构的转变

随着东数西算总体布局的稳步推进，云端算力正逐步向集中化方向发展。与此同时，为满足低时延、高可靠的业务需求，边缘计算也在不断发展壮大。最终，算力将形成云、边、端三级架构，并实现全面优化与协同，如图 6.2 所示。

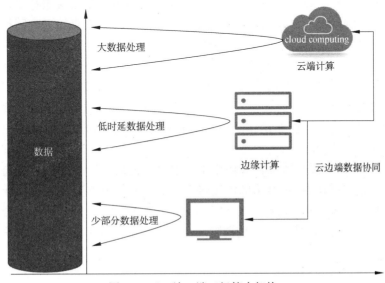

图 6.2　云、边、端三级算力架构

未来边缘算力将迎来高速增长期。特别是随着 5G 网络的全面建设与应用，其独特的大带宽和低时延特性将推动算力需求从终端和云端向边缘计算转移。在这一过程中，网络将发挥至关重要的作用，承担起云、边、端数据协同和算力灵活调度的重任。

3. 算力高效调度的驱动

《中国联通算力网络白皮书》指出，要达成云、边、端算力的优化调配，必须构建算力网络。具体而言，高效算力需满足"专业""弹性"和"协作"三大核心要素，方能确保数据与算力的高效率流通、灵活连接及均衡选择，如图 6.3 所示。而实现这三大要素都离不开网络的支撑。

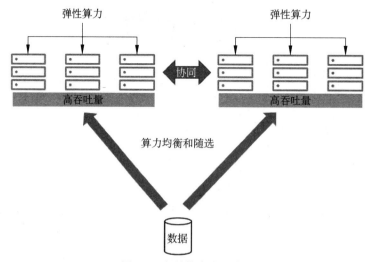

图 6.3　高效算力三要素

"专业"的定义在于针对特定应用场景进行深入挖掘，并通过优化功耗与成本，实现高效能的计算能力。目前，视频与图像分析、大模型等领域已成为算力需求最为旺盛的领域，它广泛地应用于各行业的智能化场景之中。无论是边缘设备还是云端服务器，对于视频数据的解析与处理均对网络提出了极高的吞吐量要求。网络吞吐量则直接受到网络带宽与时延两大核心指标的影响，带宽的拓宽与时延的降低，均可有效提升数据的吞吐量。

"弹性"是指算力分配的敏捷性，即能够根据数据需求的变化迅速调整算力资源的分配策略。这要求网络具备高效的路由算法和调度机制，能够根据数据需求的特点选择最合适的算力资源并实现敏捷调度。当前社会，实时性业务的要求越来越高，例如在线游戏、实时交易等场景，都需要算力分配能够迅速响应数据需求的变化。因此，"弹性"在算力分配中的重要性不言而喻。

"协作"指的是在多云与边缘计算环境中实现"算力均衡"与"算力随选"的能力。为实现这一目标，必须推动算力+网络的深度融合，确保网络能够支持多边缘计算节点之间以及边缘与中心节点之间的算力均衡分配、流量调度和拥塞管理。通过这一融合，我们将实现数据与算力的高吞吐量、敏捷连接和均衡随选，从而优化整体计算性能和服务质量。

6.1.2　算力网络的概念和架构

1. 算力网络基本概念

未来无论是企业客户还是个人用户，其对计算的需求将不仅局限于网络和云端服务，而是要求能够灵活地将计算任务部署到最合适的环境中。算力网络，作为一种新兴的信息基础设施，正是为了满足这一需求而诞生的。它基于业务需求，能够在云端、边缘端和用户端之间，按需分配并灵活调度计算资源、存储资源以及网络资源。

算力网络的实质在于提供算力资源服务，其核心理念是通过创新的网络技术，将分布在不同地理位置的云、边、端算力节点相互连接，实时感知算力资源的状态，进而实现计算任务的统筹分配与调度，以及数据的传输。这样的设计构建了一个全局范围内的算力感知、分配与调度网络，实现了算力、数据、应用资源的汇聚与共享。

虽然算力网络在形态上表现为一张连接所有计算节点的网络，但其实质是将这些节点的算力汇聚成一个统一的算力资源池，如图 6.4 所示。算力网络不仅提升了计算资源的利用效率，更为用户带来了前所未有的"一点接入，即取即用"的便捷计算服务。

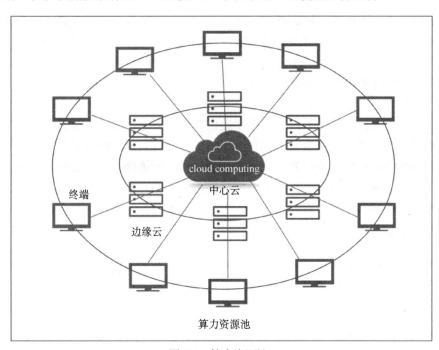

图 6.4　算力资源池

算力网络致力于为用户提供一个无缝的算力服务体验，使用户在利用计算资源时无需感知其物理位置，如同在本地操作一般便捷。为实现这一目标，算力网络必须具备高性能的网络特性，包括超大带宽、极低时延、海量连接以及多业务承载能力。同时，该网络还需支持弹性扩展、敏捷响应、无损传输、安全保障、智能感知、可视化管理和确定性服务等特性。通过这些特性的综合应用，算力网络能够为用户提供一个高效、可靠且安全的计算环境。

1）弹性扩展

算力网络与因特网在流量特性上存在显著差异。因特网流量通常保持平稳且有序，而算力网络流量则呈现出较大的波动性，对于弹性带宽的需求尤为明显。以网络流量预测为例，网管中心需要根据实时流量和历史流量每天进行多次计算,这些计算过程对带宽的需求极大。因此,对于这种特定场景,更适合提供带宽可调整、时长可定制的弹性连接服务。

2)敏捷响应

算力在云、边、端均有广泛分布,因此,算力网络必须具备迅速接入各种算力的能力。用户在接入算力网络以获取服务时,对计算资源在网络中的具体分布并不关注,他们只关心是否能快速、有效地获取所需的算力服务。因此,算力网络应提供敏捷、高效的算力接入服务,以满足用户的需求。

3)无损传输

算力依赖于网络的互联互通,影响网络服务质量的如丢包、抖动和乱序等也会对算力的平稳使用带来影响,即使网络存在极少的丢包率,也会导致较大的算力损失。特别是在数据中心等内部进行的分布式计算过程中,任何形式的丢包都会显著降低算力的计算效率。因此,为了确保算力的有效利用和高效运算,无论是数据中心内部还是数据中心之间的算力网络,都必须确保数据的无损传输。

4)安全保障

在算力服务中,数据作为核心要素,其安全可靠地传输与返回至关重要。算力网络的安全性问题不容忽视,这涉及数据的安全存储、加密保护、租户间数据的安全隔离、外部攻击和数据泄露的防御措施,以及终端的安全接入等多个方面。为确保算力网络的安全稳定运行,必须全面考虑并采取有效的安全措施。

5)智能感知

算力网络在调度计算资源、为不同用户提供算力服务时,必须认识到不同用户和应用对算力的需求存在差异性。确保重要用户和应用的服务质量是算力网络必须关注的核心问题。这就要求算力网络不仅要具备高效、灵活的调度能力,还需拥有智能感知的特性。换言之,算力网络应当能够通过分析用户行为和应用特征,准确判断其重要程度,并据此为用户和业务提供更为精准、高效的网络服务。在算力网络面临资源紧张或拥塞时,应能优先保障重要应用的算力需求,确保关键业务和核心用户的顺畅运行。

6)可视化管理

针对算力网络的运维管理,需要构建可视化的算力网络逻辑拓扑。该逻辑拓扑需以高效的方式,精准映射应用、算力与网络之间的复杂关联,并构建出相应的模型。并且应具备实时更新整个算力网络状态的能力,确保网络拓扑结构的清晰可视化,最终实现网络路径的透明追踪。此外,当发生故障时,逻辑拓扑应能迅速定位并关联分析故障的传播路径,以便进行根源追溯。更重要的是,基于网络、应用与算力之间的关联映射,该拓扑应能一键定位特定应用在网络中的位置,为管理和维护提供便捷。

7)确定性服务

算力网络所提供的服务繁多且复杂,涵盖车联网、远程医疗和无人驾驶等诸多领域,这些服务的特性对算力网络提出了确定性的时延和抖动等要求,以确保服务具备低时延与高可靠性。针对这些要求,需借助确定性网络技术实现解决方案。

2. 算力网络体系架构

当前,算力网络主要采用算网一体化的体系架构,这一架构从逻辑上可以分为三个层次:算网基础设施层、编排管理层和运营服务层,如图 6.5 所示。

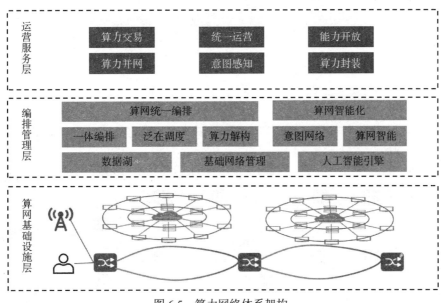

图 6.5　算力网络体系架构

算网基础设施层是算力网络的基础，它负责提供计算、网络和存储等资源。这些资源通过网络连接，形成一个庞大的资源池，为上层应用提供强大的计算能力。作为算力网络的坚实底座，基础设施层已形成了"云—边—端"多层次、全方位分布的算力体系，以满足中心级、边缘级以及现场级的多样化算力需求。在网络技术方面，依托全光底座和统一的 IP 承载技术，实现了云边端算力的高速互联，确保了数据的高效、无损传输。这意味着，用户无论身处何地，都能通过无所不在的网络，接入遍布各处的算力资源，享受算力网络提供的极致服务，满足其随时、随地、随需的计算需求。

编排管理层是算力网络的核心，它负责资源的调度、分配和管理。在这一层，需要设计合理的资源调度算法和管理策略，以确保资源的合理分配和高效利用。同时，编排管理层需要结合人工智能技术，实现对算网资源智能调度和全局优化，提升算力网络效能。最后，还需要考虑如何保障资源的安全性和可靠性，防止资源被非法占用或滥用。

运营服务层是算力网络与用户之间的桥梁，它负责为用户提供各种计算服务。在这一层，需要设计丰富的服务接口和服务模式，以满足不同用户的需求。同时，在保障服务质量和稳定性的前提下，构建算力即服务的新模式，打造新型算网服务及业务能力体系。

6.2　算力网络的关键技术

算力网络由三大核心组件构成，即"算""网"与"脑"，如图 6.6 所示。用户可借助网络享受无缝覆盖的丰富算力资源，实现即取即用。

具体而言，"算"作为核心，负责生成并供给算力资源；"网"则起到桥梁作用，负责将分散的算力资源进行有效连接；"脑"作为管理核心，统一负责感知、编排、调度以及协调网络中的算力资源。算力网络的关键技术主要围绕这三个方面展开，包括算力资源的标识与度量关键技术、算力网络转发面的关键技术，以及算力资源的编排与调度关键技术。这些技术的研发与应用，对于推动算力网络的高效运行与发展具有重要意义。

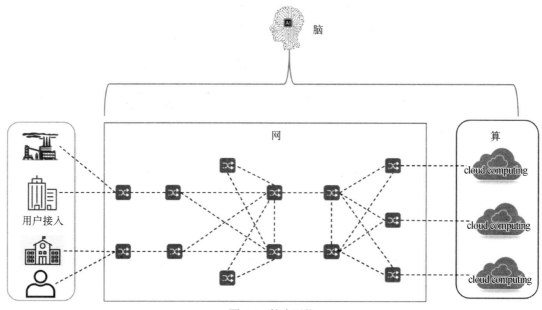

图 6.6　算力网络

6.2.1　算力标识与度量关键技术

算力网络利用算力度量和算力标识等前沿技术，推动计算能力与网络在协议层面实现深度融合。通过这种融合，网络能够智能地调度和优化计算与网络资源的使用。

具体而言，算力度量技术是对算力基础设施进行抽象化处理，并运用算力标识技术从资源、功能和应用等多个维度对算力进行详尽描述。基于这些描述，网络能够综合考虑算力、网络和存储等多个方面，进行精确的算力路由选择，从而为用户需求找到最佳路径，实现了算力的灵活调度与高效利用，如图 6.7 所示。

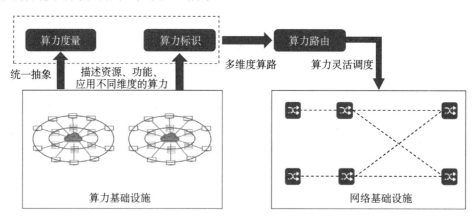

图 6.7　算力标识与度量

1. 算力度量

算力度量是一种统一的抽象描述方法，用于刻画算力需求和资源。它结合网络性能指标，为算力路由、算力资源提供标准统一的度量准则。其目标在于屏蔽开发者在开发过程中对底层硬件的感知，建立支持多种异构硬件开发的框架模型。该模型为开发者提供了统一的开发平台和编程标准，实现了跨硬件架构的代码开发和编译，且程序迁移更加灵活。

算力度量体系涵盖异构硬件芯片、算法和算网业务需求的度量。首先，通过统一的算力度量，异构硬件设备可实现统一的资源描述，进而高效提供计算服务。其次，算力节点在计算过程中受不同算法影响，需度量人工智能、机器学习、神经网络等算法所需的算力，以更准确地了解应用调用算法所需的资源，从而更好地服务于应用。最后，为满足用户的不同服务需求，需将用户需求映射为实际所需的算力资源，从而提高网络对用户需求的感知能力，提升与用户交互的效率。

2. 算力标识

算力标识，作为分布式计算系统中的关键要素，用于唯一标识计算资源。此标识以数字和字母的特定组合呈现，用于明确区分各个计算节点或设备。借助算力标识，系统可以精准追踪和掌控各类计算资源的使用状态，进而保证任务能够精准分配到合适的节点进行高效处理。

在算力网络体系中，算力标识技术的运用广泛，能够多维度地描述计算资源和应用等细节。算力标识具备唯一性和可验证性，为用户提供了稳定可靠的服务指示。当用户通过算力标识明确所需服务时，网络能够迅速解析标识，获取相应的算力服务、需求等关键信息，为后续的算力调度等操作奠定坚实基础。

3. 算力路由

算力路由，依托对网络、计算、存储等多维度资源与服务状态的精准感知，将所获取的算力信息在全网范围内进行发布，并指导数据沿最优路径转发至算力节点，提升算力和网络资源的整体效率，同时确保用户体验的连贯性与满意度。

算力路由能够依据算力标识等信息，构建出算力拓扑结构，进而基于按需调度策略，生成新型的算力感知路由表，实现算力与网络资源的协同调度。此外，通过支持网络编程以及灵活可扩展的新型数据面，算力路由能够为用户提供最优质的算力服务体验。

6.2.2　算力网络转发的关键技术

算力网络是创新性的网络架构，其核心在于算力的运用。在此架构中，数据转发层面融入了多项前沿技术，如 SRv6、APN6、网络切片以及确定性网络等。这些技术的融合，共同构建了一个全面连接云、边、端的智能 IP 算力网络。通过此网络，能够将丰富的算力资源无缝传输至用户手中，以满足日益增长的算力需求。

1. SRv6 技术

在传统的 IP 网络中，数据的传输主要依赖于多协议标签交换技术（Multi-Protocol Label Switching，MPLS）。然而，MPLS 存在业务部署周期长、端到端配置复杂以及路径调整不灵活等局限性，这些不足限制了其在算力网络数据转发中的应用。相比之下，算力网络引入了一种基于 IPv6 的段路由（Segment Routing IPv6，SRv6）的技术。SRv6 通过自动化业务发放，显著缩短了业务开通时间，从传统的数天缩短至分钟级。此外，SRv6 还实现了从分段业务部署到端到端业务部署的转变，并为海量业务提供了差异化的 SLA 保障，确保了业务的泛在接入和敏捷开通，如图 6.8 所示。

首先，网络控制器利用边界网关_链路状态（Border Gateway Protoco_LinkState，BGP_LS）协议，实时汇集整个网络的链路状态信息，这些信息涵盖了带宽、时延、剩余带宽以及链路开销等重要参数。其次，根据用户的特定需求，借助 AI 智能路径计算技术，实时计算出当前状态下的最优路径。最后，将这条精心计算出的路径统一地分配给转发层的网络设备，从而实现了业务端到端的快速开通以及差异化服务，满足了分钟级的业务需求。

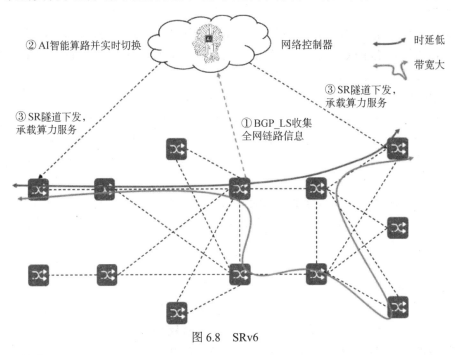

图 6.8　SRv6

2. AP6 技术

应用感知型 IPv6 网络（Application-aware IPv6 Networking，APN6）是一种高级网络技术，该技术巧妙地运用了 IPv6 扩展报文头空间，将关键的应用属性（APN Attribute）嵌入网络传输之中。这些属性涵盖了应用标识信息（APN ID）和应用需求参数信息（APN Parameters），从而赋予服务提供商更精细化的网络服务能力和更精准的网络运维手段。值得一提的是，APN6 技术能够与 SRv6、网络切片以及确定性网络等前沿技术紧密结合，共同为各类应用提供更丰富、更个性化的网络服务，满足不同应用场景下的差异化需求。

APN6 网络架构以其独特的组件和布局，为现代网络通信提供了强大的支持。在这个架构中，主要包含了 APN 网络域、控制器、应用管理服务器和控制器等核心组件，它们各自承担着不同的角色，共同维持着网络的高效、稳定运行。

首先，APN 网络域是整个网络架构的基石，主要由边缘设备、头节点、中间节点和尾节点组成，主要负责数据的传输和路由。APN 网络域设备依据控制器发布的 APN 策略，对应用程序进行精确标识并封装相应的应用信息。头节点与尾节点则根据报文中所携带的应用信息，提供针对感知应用的精细化网络服务。并借助智能路由选择和数据转发机制，确保数据在不同网络节点间实现快速且准确的传输。

其次，在 APN6 网络架构中，控制器发挥着中枢神经的关键作用。它主要负责统一管理和维护 APN ID、APN Parameters 等重要信息，同时定义并下发与 APN ID 相关的转发策略和标记策略。同时，控制器也会收集并分析来自各个网络节点的信息，根据网络状态和需求动态调整网络资源的分配。通过控制器的智能调度，网络资源得以更加合理地利用，从而推动网络的优化与升级。

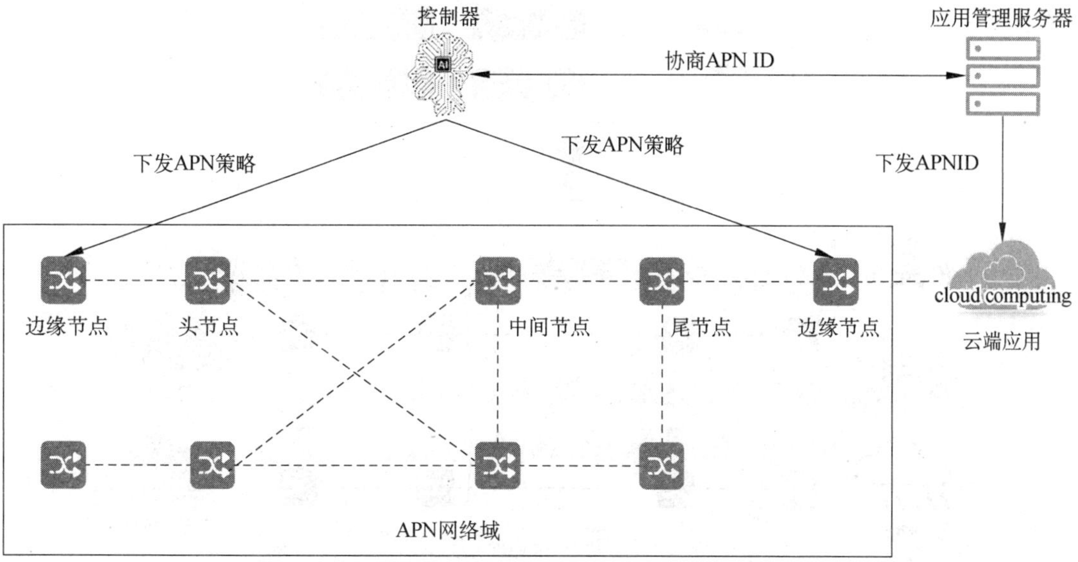

图 6.9　APN6 网络架构

最后，应用管理服务器主要负责管理和控制各种网络应用的运行，并与 APN 控制器协商应用信息并下发给云端应用。

借助 APN6 技术，算力网络可以实现应用可视化管理、应用路径选择、应用检测和应用调优等多重能力，为各类应用提供更为高效、稳定的运行环境。

1）应用可视化管理

通过 APN6 技术，能够对网络进行全面而深入的性能分析和故障定位。并且随着人工智能和大数据分析等技术的运用，APN 可以针对关键应用或用户绘制精确的流量特性图谱。该图谱可以展示应用的流量路径和用户数据变化规律，并预测流量发展的趋势。通过流量特征图谱，运维人员可以查看实时的网络状态并监控应用流量，为网络管理和优化提供了有力支持。

2）应用路径选择

利用 APN ID 来精确识别关键的应用或用户，进一步引导他们进入相应的 SRv6 路径、网络切片、DetNet 路径或 MPLS 路径，以实现应用的分流和灵活的路径选择。

3）应用检测

网络流量中包含的 APN ID 具有精细化标识重要应用或用户的能力。结合随流检测技术，可以实时地监控关键业务的性能，确保网络的高效稳定运行。

4）应用调优

APN6 网络架构中，通过可视化管理实现应用感知，并且通过随流检测技术实现网络路径的质量感知，两者的结合能够对性能要求较高的关键业务，通过业务的 APN ID 进行精确优化调整。

3. 网络切片技术

网络切片作为一种硬隔离技术，能够在单一物理网络上进行资源分割，从而生成多个独立的虚拟网络。通过这种方式，不同的业务可以在各自的网络切片"专网"上进行独立传输，确保传输的确定性和无损性，并同时实现安全隔离，如图 6.10 所示。

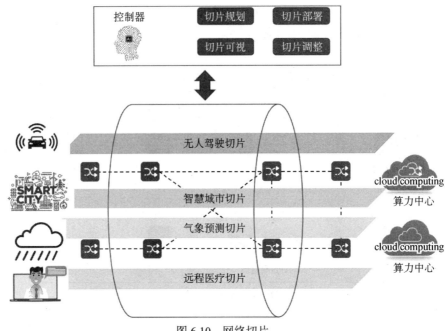

图 6.10　网络切片

网络切片技术可赋予算力网络从用户业务到网络资源再到网络运维的全方位隔离的能力。具体而言，业务隔离可以确保各网络切片业务在相同物理网络环境中互不干扰、互不可见；资源隔离则可为不同的切片在网络层面分配独立的网络资源，以满足业务差异化的资源需求。并且针对不同的切片网络，其管理和维护也是独立的，类似于对一张独立的物理网络进行管理。通过上述三方面的隔离，网络切片技术为算力网络提供了坚实的业务保障和高效的运维支持。

4. 确定性网络技术

确定性网络（Deterministic Networking，DetNet）是提供确定性服务质量的网络技术，是算力网络的一种关键技术，其衡量指标主要包括低时延（上限确定）、低抖动（上限确定）、低丢包率（上限确定）、高带宽（上下限确定）和高可靠（下限确定）。

目前确定性网络技术主要分为灵活以太网、时间敏感网络、确定网、确定性IP、确定性WiFi 和 5G 确定性网络六种，如表 6.1 所示。

表 6.1　确定性网络分类

技 术 名 称	网 络 层 级	支持软件定义网络	技术成熟度
灵活以太网（FlexE）	L1.5	支持	实验与商用阶段
时间敏感网（TSN）	L2	支持	实验与商用阶段
确定网（DetNet）	L3	支持	标准制定阶段
确定性 IP(DIP) 网络	L2-L3	支持	实验与商用阶段
确定性 WiFi (DetWiFi)	L1-L2	支持	实验阶段
5G 确定性网络（5GDN）	L1-L3	支持	实验与商用阶段

1）灵活以太网（Flexible Ethernet，FlexE）

其基本思想是通过增加时分复用的 Shim 层实现 MAC 层与 PHY 层的解耦，得到更加灵活的物理通道速率，从而实现链路捆绑、子速率和通道化三种应用模式，承载各类速率需求业务。

（1）链路捆绑。

将多个物理通道捆绑起来，形成一个总速率的逻辑通道，利用多个低速率物理管道来支持更高的速率的客户端，实现大流量的业务传输，如 4 路 100GE 的物理通道可以实现 400G MAC 速率传输，如图 6.11 所示。

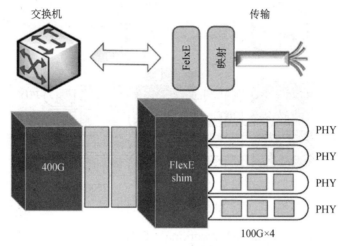

图 6.11　FlexE 链路捆绑

（2）子速率。

单条客户业务速率小于一条物理通道速率，多条客户流共享一条物理通道时，能够在一条物理通道的不同时隙上分别传递多个客户业务，多条客户业务流采用不同时隙，实现等效物理隔离的业务隔离，提供了一种不需要流量控制的物理通道填充方法。

提高物理通道的带宽利用率与物理通道的传递效率，实现网络切片功能。当客户端业务速率为 150G，一路物理通道为 100GE 时，这 150G 业务采用时分复用的思想分到两路物理通道的多个时隙来实现传输，如图 6.12 所示。

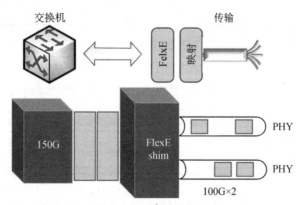

图 6.12　FlexE 子速率

（3）通道化。

客户业务在多条物理通道上的多个时隙传递，分布在多条不同物理通道的多个时隙上，多个客户共享多个物理通道。客户业务在 FlexE 上传递时，根据实际情况选择不同的时隙组合，合理利用物理通道带宽。

用户业务具有不同的速率需求，而物理通道只有 100GE 这一种，类似于复杂化的子速率模式，这 400GE 的客户业务可以共享 4 路 100GE 的物理通道，并通过时分复用的思想分到不同物理通道的不同时隙中，如图 6.13 所示。

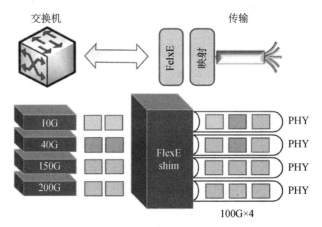

图 6.13　FlexE 通道化

2）时间敏感网（Time-sensitive Networking，TSN）

用于解决二层网络确定性保证问题，目前主要应用于汽车控制领域、工厂内网、智能电网和 5G 等场景。TSN 通过一系列协议标准实现零拥塞丢包的传输，提供有保证的低时延和抖动，为时延敏感流量提供确定性传输保证，如图 6.14 所示。

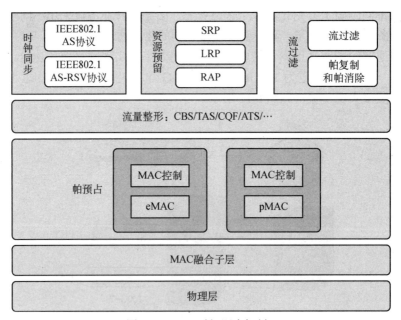

图 6.14　TSN 时间同步机制

时间敏感网络实现了精确的网络时间同步机制，调度不同优先级流量的流量整形机制、资源预留机制和时间敏感流量配置机制。

3）确定性网络（Deterministic Networking，DetNet）

DetNet 主要思想借鉴 TSN 的机制和架构，提供三层端到端的确定性方案。实现方法主要包括资源预留、释放/重用闲置网络资源、集中控制、显性路由、抖动消减、拥塞保护和多径路由等，如图 6.15 所示。

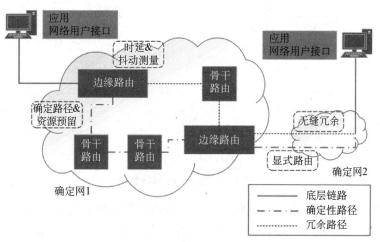

图 6.15　DetNet 网络架构

终端应用业务流通过网络用户接口与 DetNet 的边缘路由相接，DetNet 域内由骨干路由与边缘路由组成，DetNet 域间由不同的边缘路由连接。DetNet 通过边缘路由的时延抖动测量、骨干路由的确定路径与资源预留以及端到端显式路由实现终端业务流的确定性传输。

4）确定性 IP（Deterministic IP，DIP）技术

DIP 技术是华为和紫金山实验室共同提出的一种新颖的三层确定性网络技术架构，在数据面上引入周期调度机制进行转发技术的创新突破，在控制面提出免编排的高效路径规划与资源分配算法，真正实现大规模可扩展的端到端确定性低时延网络系统，如图 6.16 所示。

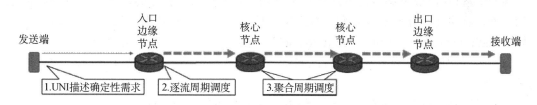

图 6.16　DIP 端到端网络架构

（1）DIP 网络控制面技术：准入控制、路径规划和资源预留。

（2）DIP 网络数据面技术：路径绑定功能、确定性周期转发功能。

5）确定性 WiFi（Deterministic WiFi，DetWiFi）

DetWiFi（Deterministic WiFi）的网络架构由管理器、接入点（AccessPoints，AP）以及连接的传感器和执行器组成。管理器用于存储来自站点的信息，并在站点加入后将固定的时隙表分配给站点。AP 和站点采用相同的硬件和网络堆栈，它们只是在不同的工作模式下运行，如图 6.17 所示。

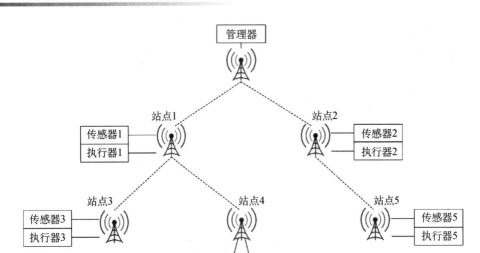

图 6.17　DetWiFi 网络架构

DetWiFi 由三个组件组成：数据包队列、任务调度程序和系统状态容器。

数据包准备发送后，将它们放入发送队列中，等待适当的时隙，然后将其发送给驱动程序进行发送。类似地，当从较低层接收到数据包时，它们将被存储在接收队列中。

任务调度程序用于计划任务并控制 DetWiFi 的行为，包括发送信标、时隙循环和网络加入。这些任务根据任务的紧急程度按优先级进行区分，任务调度程序将首先执行高优先级任务，而不是低优先级任务。

系统状态容器由时隙表、邻居表和计时器组成：时隙表记录了时隙循环序列，该序列是在管理者加入网络时从其获取的；邻居表用于存储邻居信息，该信息在邻居信标中公告；计时器负责维护 DetWiFi 的时间信息。

6）5G 确定性网络（5G Deterministic Networking，5GDN）

5GDN 指利用 5G 网络资源打造一种可预期、可规划、可验证的，有确定性传输能力的移动专网，提供差异化的业务体验。5GDN 包括三种能力：差异化（Differentiated）网络、专属（Dedicated）网络、自助（Do It Yourself）网络。

（1）差异化网络包括带宽、时延、抖动、丢包率、可用性、高精度定位、广域/局域组网等的差异性。

（2）专属网络包括网络安全、资源隔离、数据/信令保护等特性。

（3）自助网络包括线上/线下购买、网络自定义、快速开通、自管理/自维护、网络自运营等特性。

6.2.3　算力网络编排与调度关键技术

算力网络的统一编排与调度，可以实现云、边、端泛在算力与网络的协同，并能够充分利用各种异构算力资源和网络的灵活调度能力，构建算网一体化服务模型。算力网络编排与调度的关键技术主要包括云原生、OpenStack、算力解构、泛在调度和算网自治等。

1. 云原生

算网一体的编排调度需要算力网络支持云原生技术并实现网络功能的容器化，这样网络功能就不需要专用设备来完成，而是由云计算资源中的容器来提供，这样网络和计算资源才

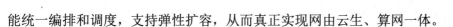

能统一编排和调度，支持弹性扩容，从而真正实现网由云生、算网一体。

目前，新一代云化网络操作系统都是基于标准 Linux 内核，并集成了云原生中的 Docker 和 Kubernetes 技术。其中 Docker 主要用于网络功能的容器化部署，Kubernetes 主要用于容器的编排、调度和管理。

1）Docker

Docker 是一个基于 Go 语言开发的开源容器化项目，该项目在 LXC 技术的基础上进行了进一步的优化和完善。Docker 容器可以被视作是一个精简版的 Linux 系统环境，其中包含了 root 用户权限、进程空间、用户空间和网络空间等必要组件，以及运行在这些环境中的应用程序。这些容器共享同一套主机操作系统和内核，并巧妙地利用访客操作系统的系统库来实现必要的系统功能，具体实现方式如图 6.18 所示。

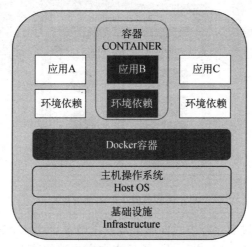

图 6.18　Docker 容器

Docker 主要有三大核心概念，包括镜像、容器和仓库。理解这三大核心概念对于掌握 Docker 应用尤为重要，它们的具体含义如下。

（1）Docker 镜像：类似于虚拟机镜像的概念，可视为一种只读模板。该模板只包含基础的操作系统环境、应用程序和相关环境变量，如仅安装了 Apache 应用程序（或用户指定的其他软件）的环境，此类镜像可称为"Apache 镜像"。

（2）Docker 容器：类似一种轻量级沙箱，是从镜像中创建出的应用运行实例。简单而言，容器可以理解为一个简化版的 Linux 系统环境，包含 root 用户权限、进程空间、用户空间以及网络空间等核心要素，并将它们与在其中运行的应用程序共同封装成一个独立的盒子。

（3）Docker 仓库：类似于代码仓库，Docker 镜像仓库是专门用于集中存储和管理 Docker 镜像的地方。实际部署时，每个镜像仓库通常专注于存放某一类镜像，这些镜像一般包括多个不同的版本，可以通过标签（tag）来加以区分。以 CentOS 操作系统镜像为例，其对应的镜像仓库即为 CentOS 仓库，其中可能包含了 CentOS7、CentOS6 等不同版本的镜像文件。

Docker 运用标准的客户端/服务器（C/S）架构。在这种架构中，Docker 客户端负责发出构建和运行容器的请求，而 Docker 服务端则通过其守护进程 Docker Daemon 来响应这些请求。Docker Daemon 是一个在 Docker 服务端运行的后台进程，专门负责处理构建、运行和分发 Docker 容器的任务。

Docker 客户端和 Docker Daemon 之间的通信可以通过 Sockets 或 RESTful API 实现。这意味着 Docker 客户端和 Docker 服务端的守护进程既可以运行在同一系统上，也可以实现远程连接。

以执行命令"docker run -it ubuntu:14.04"为例，当此命令被执行并创建和运行一个 Ubuntu:14.04 容器时，Docker 客户端和 Docker 服务端的交互过程如图 6.19 所示。这一过程中，Docker 客户端会向 Docker Daemon 发送请求，Docker Daemon 则会根据请求执行相应的操作，如构建、运行容器等，并返回结果给 Docker 客户端。

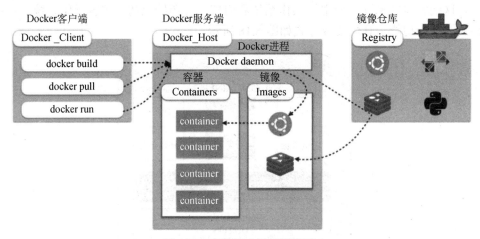

图 6.19　容器化应用部署流程

① Docker 客户端通过命令行方式向服务端发送请求启动一个容器，等待服务端返回。

② Docker 服务端的 Docker Daemon 接受来自客户端的请求，并处理这些请求，向 Host OS 请求创建容器。

③ Host OS 会创建一个空的容器（Container）。

④ Docker Daemon 检查本机是否存在 Docker 镜像文件，如果当前主机本地镜像已经存在，则使用它作为容器运行的实例，如果在当前主机上不存在，则从 Docker 镜像仓库（Registry）下载。

⑤ 获取到镜像文件后，将镜像文件加载到容器中，完成创建并运行一个容器服务。

2）Kubernetes

Kubernetes 简称 K8s，本质是分布式资源管理器的核心，专注于容器化应用的编排、部署及管理。其设计初衷在于解决生产环境中容器的互联互通、负载均衡、冗余备份、资源调度及生命周期管理等关键挑战，以实现简单且高效的容器化应用部署。K8s 源于 Google 的 Borg 架构，并运用 Go 语言进行精心打造。如今，它已成为业界领先的分布式资源管理器，以其资源消耗低、开源灵活以及弹性伸缩等特性受到广泛认可。

K8s 采用主从架构，由 Master Node 和 Worker Node 组成。Master Node 和 Worker Node 是分别安装了 K8s 的 Master 和 Woker 组件的实体服务器或虚拟机，它们共同组成 K8s 集群，同一个集群可存在多个 Master Node 和 Worker Node，如图 6.20 所示。

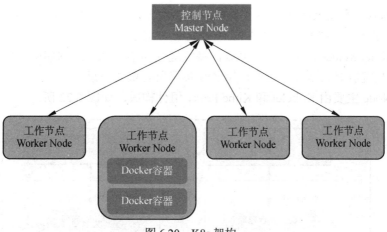

图 6.20　K8s 架构

K8s 集群中，Master Node 并不是直接调度 Docker 容器，而是将 Docker 容器部署在豆荚（Pod）中，通过 Pod 来调度和管理 Docker 容器。Pod 作为 K8s 调度和管理的最小单元，可以将其理解为集群中的一个逻辑主机，用于在集群中部署和执行容器，其特征如下：

① 一个 Worker Node 可以有一个或多个 Pod。

② 一个 Pod 可以包含一个或多个容器。

③ 每个 Pod 都有自己的虚拟 IP 地址。

④ Pod 作为容器的载体，可以支持 Docker 也可以支持其他容器技术，并容易扩展。

⑤ 同一个 Pod 内的容器共享 IP 地址和端口空间。

⑥ 同一个 Pod 内的容器共享存储卷。

⑦ 支持自主式或通过 Controller 进行 Pod 的创建。

K8s 集群中的 Master Node 主要由服务接口（API Server）、调度器（Scheduler）、控制器（Replication Controller）和数据库（Etcd）等组件构成，如图 6.21 所示。

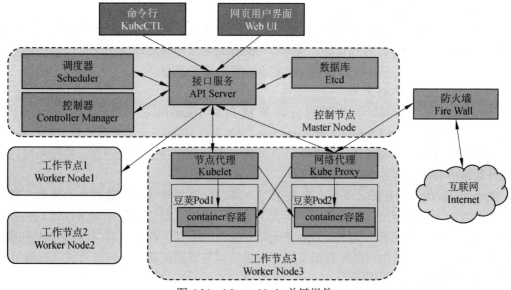

图 6.21　Master Node 关键组件

① API Server 负责接收所有请求服务，包括 KubeCTL（命令行）和 Web UI 两种方式。

② Scheduler 负责调度最合适的 Worker Node 完成业务部署。

③ Controller Manager 负责保证 Pod 的持续运行和维持 Pod 副本期望数目。

④ Etcd 是键值对数据库，负责存储 K8s 集群所有重要信息。

Worker Node 主要由 Kubelet 和 Kube Proxy 组件构成，如图 6.22 所示。

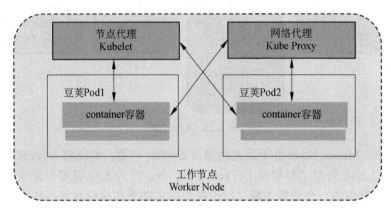

图 6.22　Worker Node 关键组件

Kubelet 在容器生命周期管理中扮演着至关重要的角色，可以被视为 Master Node 在 Worked Node 上的代理。在每个 Worker Node 上，都会启动 Kubelet 进程，负责 Pod 及其内部容器的管理工作。此外，每个 Kubelet 进程都会在 API Server 中注册节点信息，并定期向 Master Node 报告节点资源的使用情况，同时监控容器和节点资源的状态。

Kube Proxy 运行在每个 Worker Node 节点上，主要负责制定 IPtables 规则来实现服务的映射访问。其核心功能在于将特定 Service 的访问请求通过制定的 IPtables 规则有效地转发至后端的多个 Pod 实例，从而充当反向代理及负载均衡器的角色，确保服务的顺畅运行与高效访问。

2. OpenStack

OpenStack 具备出色的资源调度管理能力，能够针对数据中心内部多样化的计算资源、存储资源和网络资源实施高效管理。同时，OpenStack 还能够实现泛在计算能力的统一纳管以及去中心化的算力交易，从而构建一个整合性强的服务平台。

1）OpenStack 基本概念

OpenStack 是在 2010 年 7 月由云计算提供商 Rackspace 和美国国家航空航天局（National Aeronautics and Space Administration，NASA）共同发起的开源项目。Rackspace 贡献了存储源码，NASA 贡献了计算源码，其目的在于为数据中心建立一套云操作系统，以大幅提升数据中心的运营效率。

OpenStack 是一款开源云平台，专注于对计算、存储和网络资源进行全面控制与管理。它能够有效地为算力网络提供并管理多样化的计算资源，包括但不限于对象存储、块存储等存储资源，以及网络资源。此外，OpenStack 所提供的所有资源均支持灵活的弹性伸缩和按需服务模式，从而确保用户能够根据实际需求灵活调整资源配置，实现高效的资源利用。

2）OpenStack 关键组件

OpenStack 的核心组件涵盖了计算服务、对象存储服务、块存储服务、网络服务、认证服务、计量服务、镜像服务、部署编排以及用户界面，如图 6.23 所示。这些核心组件之间协同工作，共同维护了一个稳定且可靠的云计算环境，并为用户提供了从基础设施到应用程序的全面管控能力。这样的设计使得用户能够灵活地构建和管理私有云，满足各种业务需求。

图 6.23　OpenStack 关键组件

① Nova 组件负责虚拟机计算资源的生命周期管理，例如创建和结束虚拟机实例。

② Swift 组件负责存储和检索文件，适用于存储不经常修改的内容，例如镜像文件。

③ Cinder 组件为虚拟机实例提供持久性存储，适用于实时性更新数据的场景。

④ Neutron 组件为 Nova 等其他服务组件提供网络连接功能，提供 API 给用户使用。

⑤ Keystone 组件为 OpenStack 中的其他服务组件提供身份认证和鉴权服务。

⑥ Celiometer 组件为其他各服务组件提供监控、检索和计量功能。

⑦ Glance 组件提供虚拟机的镜像服务，例如 Nova 组件可以使用此服务获取虚拟机所需的镜像。

⑧ Heat 组件提供编排服务，可编排 Cinder、Neutron、Glance 和 Nova 等各种资源。

⑨ Horizon 组件提供基于 Web 与内部服务组件进行交互的界面，例如虚拟机管理、安全组配置和身份管理等。

3）OpenStack 组件架构

OpenStack 由一系列开源组件组合而成，这些组件之间相互独立，但可以协同工作，以提供云计算资源的调度和管理功能，如图 6.24 所示。

下面以创建虚拟机为例，简单介绍各组件的协同关系并了解 OpenStack 对计算、存储和网络资源的调度和管理方式，具体流程如下：

① 用户访问 OpenStack 的 Web UI 组件 Horizon，通过图形界面的操作下发一个创建虚拟机的请求，进入虚拟机创建界面。

② 创建虚拟机时，需要指定操作系统，而系统镜像由 Glance 组件管理和提供，需要调用 Glance 组件选择合适镜像。

③ OpenStack 中的镜像资源存储在 Swift 组件上，选择所需镜像后，需要调用 Swift 组件才能获得镜像文件。

④ 镜像获取后，虚拟机的正常运行需要有存储空间和网络服务，而 OpenStack 的存储服务和网络服务分别由 Cinder 组件和 Neutron 组件提供，需要调用 Cinder 组件给虚拟机分配 volume 资源，调用 Neutron 组件分配网络参数。

⑤ 虚拟机创建成功后，用户需要经过 Keystone 认证之后才可以管理和控制虚拟机，访

问虚拟机资源。

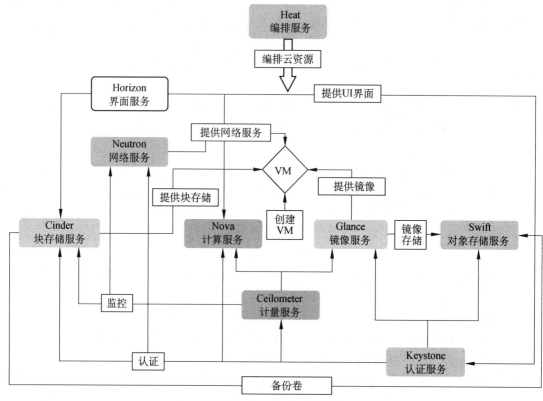

图 6.24 OpenStack 组件架构

3. 算力解构

算力解构是指经由算网统一编排，将复杂的计算任务和技术流程进行剖析和重新组织的过程。具体而言，就是将复杂应用的处理细分为多个独立任务，并将这些任务在不同的计算节点上并行执行，可以大幅提升算力资源的利用率和应用处理效率，如图 6.25 所示。

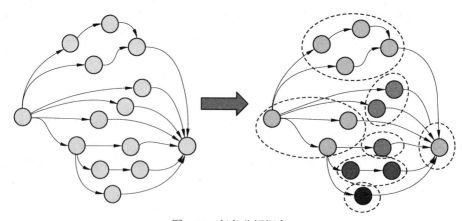

图 6.25 任务分解概念

4. 泛在调度

泛在调度系统是一种集中式的资源调度机制，旨在统一管理和调度算网资源。通过网络控制器对全部网络资源状态的感知，并结合用户的具体需求，为用户量身打造合适的部署或调整方案。

5. 算网自治

算网自治是指通过引入 AI、大数据分析等前沿技术，赋予网络自服务、自修复、自优化等特性，以便算力网络能够为消费者和垂直行业客户提供全自动、零等待、零接触的创新网络服务。该技术能够对高复杂度的算网环境进行通用化数学建模，并运用智能核心算法实现智能控制和决策，从而持续增强算力网络的自动化和智能化能力，满足用户灵活、动态和多样的业务需求，实现算力网络的自动化、智能化管理。

6.3 算力网络的典型应用

6.3.1 智慧交通

智慧交通作为一种服务于交通运输领域的先进系统，其核心在于整合并应用算力网络、物联网、人工智能、自动控制以及 5G 等尖端电子信息技术。该系统通过无缝连接车辆、道路、行人以及云计算平台，构建了一个能够实时通信、监控、决策和调度的智能交通网络。这不仅显著提高了交通的安全性和效率，同时也推动了交通行业的绿色与节能发展，极大地改善了人们的出行体验。

智慧交通系统依赖于摄像头、雷达等传感设备，实时收集交通环境中的多元化数据。通过对这些海量数据的深度分析与学习，系统能够智能推导出相应的调度策略，动态调整交通信号并引导车辆实现自动驾驶。为达成全场景下的车路信息精确感知与处理，必须整合车内、车间及车路等多个维度的信息。借助算网协同调度能力，能够根据应用的不同时延和算力需求，智能分配云、边、端算力节点，并与车载终端紧密配合。最终，这一协同过程将形成精确且实时的驾驶策略，如图 6.26 所示。

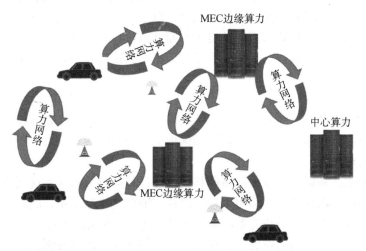

图 6.26 智慧交通网络模型

经过算力网络的连接和整合，车辆能够广泛接入交通环境中的各类信息，包括红绿灯状态、车道布局以及行人动态等。这些信息被迅速调度至汽车终端、边缘算力节点以及中心算力节点进行处理。车载无人驾驶控制系统根据接收到的数据，对车辆状态及路况做出准确判断，并据此执行避让、减速、行驶和开启车灯等必要操作。

同时，汽车终端持续采集的信息通过算力网络实时传输至边缘计算节点，并与红绿灯、其他车辆等交通元素实现互联。这使得车辆能够提前获知前方信号灯的变化，避免因视线受阻未能及时反应而造成的交通问题。车辆之间也能保持安全距离和合适的行驶速度，并通过分析前方路口信号灯状态、车辆速度以及与前方路口的距离，计算出最佳行驶速度，从而规划出到达目的地的最优路线。

算力网络的引入，使车辆仿佛获得了全面的感知能力，不仅能够实时掌握自身周围的信息，还能洞察其他车辆、红绿灯及其他交通设施的状态。通过算力网络将数据传输至中心算力节点，实现高效的大数据分析与人工智能应用。结合深度学习技术，对采集的信息进行深入建模，使车辆能够在各种复杂情况下做出合理决策，极大地提升了车辆的智能化水平和安全性，有效解决了交通领域的一系列难题。

6.3.2　工业互联网

在信息时代的浪潮下，工业互联网正逐步成为推动制造业向高端化、智能化转型的关键驱动力。通过无缝连接工业生产的各类要素与环节，工业互联网平台构建了一个以数据为引擎、以制造能力为基石的专业化服务平台。

随着 5G、边缘计算及物联网技术的日益成熟，为工业互联网的迅猛发展提供了坚实的支撑。终端通过工业网关连接至最近的边缘计算网络，并结合算力网络的算网融合机制，促进了远距离工业园区间的信息共享，还实现了云、边、端算力的协同工作。

在工业园区中，边缘计算与云端计算形成了紧密的协同关系。通常情况下，边缘计算通过算力网络连接智能工业设备，并实时处理关键任务数据。当面临大规模计算需求（如视频处理）时，边缘云能够与中心云通过算力网络进行高效协作。这种弹性部署功能使得数据处理更加分散和灵活，显著降低了网络流量和数据处理时延，如图 6.27 所示。同时，在工业制造领域，单点故障是绝对不能容忍的。因此，除了云端的统一控制外，边缘计算节点也必须具备一定的计算能力。这些节点能够自主判断并解决问题，及时检测异常情况，从而更好地实现预测性监控。这不仅提升了工厂的运行效率，还能有效预防设备故障问题，确保工业生产的稳定性和连续性。

工业园区中，工业网关负责与各类工业设备，包括数据采集器、可编程逻辑控制器（Programmable Logic Controller，PLC）、机械臂、摄像头和监控仪表等建立连接，构建园区内部的工业互联网络。通过工业网关以及园区内的算力网络和边缘云，不同园区能够实现互联互通和业务处理。

同时，工业园区还需借助算力网络和移动边缘计算与办公园区实现网络互联，完成与办公园区内数据中心的信息共享与调用处理。这样，能够建立起工单、物料、设备、人员、工具、质量和产品等各方面的关联关系，确保信息的连贯性和可追溯性。

总体而言，工业互联网的发展对于推动制造业的转型升级具有深远意义。通过实现云边协同工作、结合算力网络的算网融合创新功能以及利用具备计算能力的边缘计算节点，我们可以实现远距离工业园区间的信息共享以及云、边、端算力的协同，从而提高工厂的运行效率并预防设备故障。

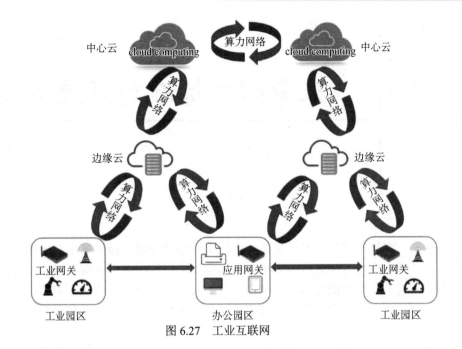

图 6.27 工业互联网

6.4 本章小结

在本章节中，我们首先对算力网进行了详细的介绍，内容涵盖了算力网的基本概念、其构成要素、整体的体系架构，以及算力网络中至关重要的关键技术。此外，我们还探讨了算力网在不同领域的应用场景，以便读者能够更全面地理解算力网的实际应用价值和潜力。

通过本章，读者可以对算力网络形成一定程度的认识。

6.5 本章习题

1. 什么是算力网络？算力网络有什么特点？
2. 你认为算力网络在哪些方面有广泛应用价值？
3. 算力网络具有哪些核心技术？
4. 算力网络的应用场景有哪些？

课件

答案

实验平台

## 第 7 章

未来网络标准与开源实现

本书前文对未来网络发展及智能技术进行了详细的介绍，相信读者对未来网络已经有了一个全面的了解。本章对未来网络领域的各大标准化机构与典型开源项目进行详细的介绍，并统合上文所讲的各种使能技术，加深读者对于未来网络的总体认知。本章首先对未来网络领域的标准机构进行详细的介绍，又对未来网络领域的开源开放生态与主要开源项目进行详细的讲解，读者通过阅读本章可以对未来网络标准与开源实现有一个深入的了解。

学习目标：了解未来网络领域的各大标准机构及各自负责的领域，熟悉当前主流的未来网络开源技术组织以及各自典型开源项目的相关应用情况。

7.1 未来网络标准机构

本节详细介绍未来网络领域的各大标准化机构，旨在加深读者对未来网络的整体理解，并且介绍未来网络技术标准方面的内容，使读者对未来网络有更深入的了解。

7.1.1 ITU-T

国际电信联盟电信标准组织（International Telecommunication Union-Telecommunication Standardization Sector，ITU-T）创建于 1993 年，是国际电信联盟管理的专门制定通信国际标准的组织。ITU 是联合国下属的组织，与其他的组织相比，ITU-T 提出的国际标准更规范、更权威。ITU-T 由多个研究组（Study Group，SG）组成。其中，SG11 是信令与控制架构工作组，SG13 是下一代网络标准化工作组，SG15 是接入网与传输网工作组，SG17 是安全研究组，SG20 是物联网和智慧城市研究组。

2012 年，SG13 开始对 SDN 与电信网络结合的标准进行研究。首先启动了 Y.FNsdn-fm 和 Y.FNsdn 两个项目，分别对应 SDN 的需求研究和框架研究，初步提出了在电信网络中实现 SDN 架构的方案。后经与 ONF 协商，进一步明确了 SDN 相关架构的研究方向，重点放在电信运营商中的应用场景研究，在 2013 年 SG13 全会上，进行了 SDN 相关研究课题的整合，并修改了 Y.FNsdn 项目的研究范围，全面覆盖了 SDN 的定义、总体特征、功能需求和架构等。

SG11 结合 SG13 的研究，开展了 SDN 信令需求和协议标准化的工作。主要议题包括：软件定义的宽带接入网（Software-Defined Broadband Access Network，SBAN）应用场景及信令需求（Q.SBAN）、SDN 信令架构（Q.Supplement-SDN）、基于宽带网关的灵活网络业务组合及信令需求（Q.SBNG）、跨层优化的接口及信令需求（Q.CSO）、支持 IPv6 的标准化智能可编程接口应用场景及信令需求（Q.IPv6UIP）。SG11 将研究的 SDN 信令架构与 ONF 制定的 OpenFlow 及 OF-CONFIG 协议相兼容，并基于通信网络的需求进行协议扩展或者对不同层面的协议标准进行定义。

在 2013 年 2 月的 Q12/Q14 中间会议上，SG15 宣布开始研究 SDN 对传送网架构的影响，并根据会议提交的多篇文稿确定了 SDN 在传送网方面的主要研究方向。

SG17 研究关于 SDN 架构和应用方面的安全问题。2013 年 6 月，ITU-T 成立了 SDN 联合协调活动组（Joint Coordination Activity on SDN，JCA-SDN），将会更多地协助 SG13 从整体上规划和开展 SDN 领域的研究，并通过协调其他 SDN 相关的研究组以维持 SDN 研究内容的整体一致性。

2017 年 3 月，SG20 成立，加速了物联网和智慧城市相关标准的制定进程，一是新立项目较多，4 次会议共有将近 40 项标准立项；二是 ITU-T 内部物联网和智慧城市相关标准研制的整合进程加速；三是全球标准化组织之间的协调工作逐步开展。解决了物联网和智慧城市相关标准制定分散、协调工作量大和制定周期较长等问题，有利于 ITU-T 物联网和智慧城市相关标准的发展。

2018 年 4 月，SG15 发布了多项成果，包括完成 5G 承载技术报告 GSTR-TN5G：Transport network support of IMT-2020/5G（支持 IMT-2020/5G 的传送网），为启动 5G 承载技术的研究奠定了基础，标志着其工作重心由 5G 承载需求讨论转变到 5G 承载方案讨论；完成 G.sup.5gotn：Application of OTN to 5G Transport（OTN 在 5G 传送中的应用）立项，该项目描述了 OTN 技术作为 5G 承载方案解决 GSTR-TN5G 中关于前传、中传以及回传的需求，同时指出 OTN 技术在 5G 承载标准化中的发展方向，标志着其对 OTN 技术应用在 5G 承载方案的认可，也是首个得到认可的端到端 5G 承载技术；完成 G.ctn5g：Characteristics of transport networks to support IMT-2020/5G（支持 IMT-2020/5G 的传送网特性）标准立项，主要规范 5G 承载方案的需求和特性。

ITU-T 网络 2030 焦点组（Focus Group on Network 2030，FG-NET-2030）成立，旨在探索面向 2030 年及以后的新兴 ICT 部门网络需求以及 IMT-2020（5G）系统的预期进展，潜在的包括新的媒体数据传输技术、新的网络服务和应用及其使能技术、新的网络架构及其演进。

网络 2030 工作组第一次全会在 2018 年 10 月展开，主要从新媒体业务、工业控制和 5G 等应用场景出发，重点分析了未来网络愿景、需求和发展趋势，同时介绍了一些新技术和新架构，如 Flexible IP 和 Big IP，对 IP 网络做一些改动，使其更有能力、更强大，来满足未来网络的发展需求。

同时，会上正式成立了用例和需求组、网络服务和技术组、网络架构和基础设施组用于更好地分类和推动相关文稿的输出，并审议了本次会议征集的十余篇文稿。这些文稿包括了未来网络应用场景和需求分析、未来网络协议和功能的需求分析、新的架构设计需求等内容。第一次全会从各个层面对未来网络做出了一定的趋势分析，其中，新媒体技术大带宽需求和多感觉同步传输需求被多次提及，将成为网络 2030 关键驱动力之一。另外，卫星通信及其与陆地网络的融合、线缆有线传输技术向太比特每秒（Tbps）级发展、支撑垂直行业发展的更灵活的网络技术、大灾难管理时的应急网络、未来智慧城市的异构和多传感器网络的发展等方向也受到与会者的广泛关注。

第二次全会于 2018 年 12 月召开。来自运营商、设备商、服务提供商、研究机构和大学等众多单位的代表出席会议，共同回顾了网络的发展历史和现状，探讨了未来网络面临的挑战和网络技术的未来新趋势。第二次全会按用例和需求组、服务和技术组、架构组三个子工作组分别对提交的文稿及工作组的工作内容进行了详细的讨论。特别是用例和需求组，聚集了众多未来网络应用案例，包括光场三维显示、沉浸式技术支撑的工业监测和远程医疗、卫星通信、灵活寻址/实时预警/云化可编程逻辑控制器（Programmable Logic Controller，PLC）、未来虚拟农场、网络智能运维和新型网络服务等。同时，这些新兴应用也对未来网络提出了技术和商业模式上的需求及挑战。

2023 年，ITU 举办了"国际标准化（麒麟）大会"，研讨并推动国际标准的应用和发展。并与其他国家和地区标准化组织加强合作，联合举办各类标准化研讨会和技术交流活动，共同推动全球范围内的电信标准统一化进程，涉及 5G 及以后的移动通信技术（如 6G 研发的初期标准化讨论）、物联网、云计算、人工智能、网络安全和卫星通信等领域。

7.1.2　IETF

互联网工程任务组（The Internet Engineering Task Force，IETF）成立于 1985 年，是全球互联网最具权威的技术标准化组织，是由互联网专家自发参与和管理的国际民间机构。主要任务是负责互联网相关技术规范的研发和制定，当前绝大多数国际互联网技术标准都出自 IETF。

早在 SDN 提出以前，IETF 就对类似 SDN 的方法和技术做了研究，与 SDN 相关的项目分别是转发分离工作组（Forwarding and Control Element Separation，ForCES）和应用层流量优化工作组（Application-Layer Traffic Optimization，ALTO）。2013 年 7 月，IETF 成立了路由系统接口（Interface to the Routing System, I2RS）工作组，致力于 SDN 标准开发工作，其目标有两个，第一个是标准化网络范围内的多层拓扑，第二个是标准化设备的路由信息库（Routing Information Base，RIB）编程。I2RS 还有一个非官方目标是对网络功能虚拟化（NFV）服务链进行编程。同年，IETF 启动了一项名为网络服务链（Network Service Chaining，NSC）的全新工作，其目标是生成可用于信号和维护网络服务链的协议。

IETF 以软件驱动网络（Software Driven Network，SDN）为出发点来研究 SDN 并提出 IETF 定义的 SDN 架构，重点关注控制平面北向接口规范，对于南向接口并未有相关的标准化建议。2017 年 7 月，在 IETF 第 99 次会议上，网络管理研究组（Network Management Research Group，NMRG）讨论了关于 SDN 控制器在网络中的放置问题，提出了"基于 MLG 的 SDN 环境表示参考模型和 SDN 自动管理架构"。I2RS 工作组进一步更新了网络拓扑模型的草案和 BNG 控制分离信息模型。

随着虚拟化、网络 Overlay 和编排技术的推出，网络运营商对服务功能的需求越来越突出，IETF 于 2018 年推出了服务功能链工作组（Service Function Chaining Working Group，SFC WG），其职责主要管理 SFC 组件的 YANG 模型和制定相关标准。SFC WG 目前已经发布了用于服务功能链的架构（RFC 7665）和网络服务报头（RFC 8300）等标准。

在快速重路由方面，为了解决无环路的备选路由（Loop-Free Alternates，LFA）以及远程无环路的备选路由（Remote Loop-Free Alternate，RLFA）存在的问题，IETF 提出了基于最大冗余树（Maximally Redundant Trees，MRT）的备份路由计算机制，旨在寻找能够达到 100%覆盖率的快速重路由技术。理论上存在备份路由的场景下，MRT 均能产生备份路由，彻底解决了某些场景下无备份路由的问题。

在网络传送方面，IETF 网络源分组路由（Source Packet Routing In Networking，SPRIN）工作组提出的新一代网络传送技术标准 SR，以及一个新的 IPv6 报头 SRv6，为 IP 和 MPLS 网络引入可控的标签分配，为网络提供高级流量引导能力。

7.1.3　ETSI

欧洲电信标准化协会（European Telecommunications Standards Institute，ETSI）成立于 1988 年，是由欧共体委员会批准建立的一个非营利性电信标准化组织，其标准化领域主要是电信业，并涉及与其他组织合作的信息及广播技术领域。ETSI 现有来自欧洲和其他地区共 55 个国家的 688 名成员，其中包括制造商、网络运营商、政府、服务提供商、研究实体以及用户等 ICT 领域内的重要成员。

2012 年 10 月，在 ETSI 的推动下发起成立网络功能虚拟化工业工作组（Network Functions Virtualization Industry Specification Group，NFV ISG），着重从电信运营商角度提出对 NFV 的需求，推进电信网络的 NFV 技术发展与标准化工作，目前已有超过 220 家网络运营商、电信设备供应商、IT 设备供应商以及技术供应商参与。

2014 年 11 月，NFV ISG 完成了第一阶段工作，发布第三版 NFV 技术白皮书，阐述电信领域引入 NFV 技术的优势，以及 ETSI NFV 的研究工作进展和计划。NFV 技术白皮书的内容主要涉及 NFV 的定义、应用场景、基本功能、发展优势以及与 SDN 等技术的关系等。从 2015 年底开始进入第二阶段工作，更加注重 NFV 的应用与部署。针对管理与编排功能需求和接口、VNF 包、Hypervisor 域进行规范制定，同时对 NFV 基础设施节点架构、NFV 部署架构和虚拟化等技术进行研究。2017 年，ETSI 举行了 NFV PLUGTEST 活动，致力于解决 NFV 的互操作性问题。同年 10 月，ETSI 针对多厂商的互操作性问题发布了新的 NFV 规范，统一了 API 接口，使运营商能够加快技术的推广。

此外，ETSI 还成立了多接入边缘计算项目（Multi-access Edge Computing，MEC），旨在为移动网络边缘提供 IT 服务环境和云计算能力。在 2017 年 3 月 ETSI MEC 第 9 次会议上，ETSI 移动边缘计算（Mobile Edge Computing，MEC）行业规范工作组正式更名为多接入边缘计算工作组，以应对第二阶段工作中的挑战，更好地反映并满足非移动运营商的需求。此外，ETSI 还成立了 Zero-Touch 工作组，该小组的目标是定义是建立一套标准化的工作方法和系统，使所有操作流程和任务（如交付、部署、配置、优化等）自动执行，以实现敏捷、高效和定制的服务管理和自动化网络。

2018 年 1 月，零接触网络和服务管理行业规范组（Zero-Touch NetWork and Service Managent Industory Specification Group，ZSM ISG）进行了首次会议，选举出了领导成员，启动了首批工作议题的讨论，并发起了与其他标准团体、论坛和开源社区的合作。会议的一个重要成果是就 5 项工作议题达成了一致，其中包括：零接触系统端到端视图使用案例的发展、要求及参考架构，还包括对自动化技术和网络切片管理等领域的分析。ETSI ZSM ISG 的目标是提供一种使所有的操作流程和任务自动执行的解决方案，最理想的情况是 100% 自动执行。工作组认为，随着 5G 及其构建模块的发展，提供一个端到端视图聚焦自动化的网络和服务管理是非常必要的。工作组希望向市场提供开放的简单的解决方案，同时与其他标准团体和开源项目展开合作，共同推进未来网络发展。

在 2019 年年初，ETSI 多接入边缘计算小组创建了它的第一个工作组——部署和生态系统工作组（Deployment and Ecosystem Working Group），称为"Decode"。新小组重点关注使用标准化 API 实现和部署基于 MEC 的系统。这些系统利用了 MEC 定义的框架及其服务。工作组将帮助促进使用开源组件来验证 MEC 用例或系统实体。此外，Decode 致力于通过运用先进的云应用程序设计原则、编排技术、自动化流程以及提升安全性和可靠性的措施，来确保实现基于多接入边缘计算（MEC）系统的最佳部署和运营实践。Decode 的另一个关键要素是，该小组将进一步推动 ISG 的工作，以实现运营商的采用和互操作性。它将通过为 MEC 的测试创建进一步的规范来实现这一点，包括 API 一致性规范和指南。MEC ISG 最近演示了许多使用其概念验证（Proof of Concept，PoC）框架的实现。其中包括使用服务感知无线接入网络（Radio Access Network，RAN）MEC PoC 优化视频用户体验、边缘视频编排、使用多服务 MEC 平台实现高级服务交付，以及低延迟工业物联网。

2020 年 2 月，ETSI 面向全球宣布成立第 5 代固定网络（F5G）产业标准工作组——ISG F5G，提出了从"光纤到户"迈向"光联万物（Fibre to Everywhere）"的产业愿景。同年 9 月，ETSI 发布《F5G 代际定义标准》，确定 F5G 三个主要特征：增强固定宽带、全光联接和可保障品质的体验。

截至 2023 年 8 月，ETSI ISG F5G 已经发布 Release 1 和 Release 2，包含 32 个应用案例以及一系列相关的技术标准等，覆盖家庭宽带、商业园区、工业生产、移动承载等多种场景。

7.1.4　MEF

城域以太网论坛（Metro Ethernet Forum，MEF）成立于 2011 年，是一个专注于解决城域以太网技术问题的非营利性组织。MEF 主要从四个方面开展技术工作：城域以太网的架构、城域以太网提供的业务、城域以太网的保护和 QoS、城域以太网的管理。目前，MEF 的成员已超过 200 家，包括来自世界各地的服务提供商、硬件和软件技术供应商、测试/培训服务商和其他公司等。

2014 年，MEF 提出第三张网（The Third Network）的概念，旨在按需灵活分配的互联网与运营商级以太网 2.0（Carrier Ethernet 2.0，CE 2.0）的性能和安全保证结合在一起，为跨网络域提供协调的、有保证的敏捷的连接服务网络。MEF 将以 CE 2.0 为基础，基于网络即服务原则，用户可以动态地按需地创建、修改或删除服务，满足多运营商网络中的服务订购、性能、应用和分析等需求，同时满足定义生命周期服务编排（Lifecycle Service Orchestration，LSO）和 API 的安全需求。

2016 年 7 月，MEF 发布了《运营商以太网和 NFV 白皮书》，通过生命周期服务编排功能扩展其 CE 2.0 服务来实现敏捷的、有保证的增强型服务。LSO 将包含现有的 WAN 基础设施元素、软件定义网络（SDN）和网络功能虚拟化（NFV）元素。

2017 年 11 月，MEF 发布了 MEF 3.0 架构，用于在全球自动化网络生态系统中定义和交付灵活有保证的通信服务。MEF 3.0 服务为用户提供了在数字经济中所需的动态性能和安全性能，将复杂的标准化服务与新兴的 LSO 和 API 套件相结合，提供按需、以云为中心的体验，使用户通过应用程序对网络资源和服务功能进行控制。MEF 3.0 扩展了 CE 2.0 的服务和技术，推动了数字化转型的发展。

2018 年，MEF 主要致力于 SDN、SD-WAN 等方向的工作，并分别推出了新的行业规范。4 月，MEF 在其 3.0 架构下发布了两个新的规范，分别是《网络资源管理信息模型

（MEF 59）》和《网络资源调配接口配置文件规范（MEF 60）》，并联合 Linux 基金会和 ETSI 共同推出了业界首个 SDN/NFV 的认证。10 月，MEF 在其年度 MEF18 会议上发布了一套广泛的软件定义广域网（SD-WAN）规范。随着 SD-WAN 市场的发展势头，这些标准将有助于提供标准化蓝图，使得不同供应商和服务商所提供的 SD-WAN 服务及技术之间具有可比性和互操作性。MEF 的 SD-WAN 服务规范详细阐述了应用感知的要求以及 over-the-top WAN 连接服务的相关标准，这些服务通过应用一系列策略，来指导如何有效地通过网络基础设施转发不同的应用流量。

2023 年，MEF 通过了《MEF138（草案）》第 1 版。该文档定义了针对 SD-WAN 和 IP 服务的安全功能，包括 IP 过滤、端口和协议过滤、DNS 协议过滤、域名过滤、URL 过滤、恶意软件检测和删除、数据丢失防护、保护性 DNS 和中间盒安全功能解密和重新加密。

7.1.5　CCSA

中国通信标准化协会（China Communications Standards Association，CCSA）是负责制定国内通信行业标准的主要组织。CCSA 紧跟国际最前沿技术的发展趋势，是国内主导 SDN/NFV 等标准化工作的重要机构，具体研究及标准化工作主要分布在 IP 与多媒体通信技术工作委员会（TC1）、网络与交换技术工作委员会（TC3）和无线通信委员会（TC5）等。

IP 与多媒体通信技术工作委员会成立了以软件定义为核心特征的未来数据网络特别工作组，重点研究基于 SDN 技术的未来数据网络的场景需求、架构和协议标准。网络与交换技术工作委员会成立了软件化智能型通信网络子工作组（SVN），该工作组主要负责基于 SDN 的智能型通信网络、网络虚拟化和未来网络三个方面的研究和标准化工作。此外，网络管理与营运支撑技术工作委员会重点研究 SDN 管理架构、SDN 管理功能需求、SDN 管理接口功能需求、SDN 管理接口信息模型等方面。无线通信委员会研究分析虚拟化、SDN 等技术对移动网络架构和技术发展的影响，以实现移动网络高效的建设、扩容及运营，实现新兴网络的灵活能力和快速部署。

CCSA 在 SDN 标准方面先后立项 31 个标准项目，其中包括行业标准 15 项、协会标准 2 项、课题研究 14 项，全面覆盖应用与业务层、控制层、基础设施层、北向 API 以及南向接口等。同时围绕基于 SDN 的热点技术开展相关的关键技术研究和标准化工作，制定《基于 SDN 的二层 VPN 组网技术要求》《基于 SDN 的网络随选系统总体架构及技术要求》等行业标准。

CCSA 在 NFV 标准方面先后立项 34 个标准项目，包括行业标准 12 项、协会标准 1 项、研究课题 21 项，其中 3 项横跨 SDN 和 NFV。标准重点聚焦 MANO，涵盖 VNF 和 NFVI，并延伸到 OSS 和模板。同时制定了《网络功能虚拟化编排器（NFVO）技术要求总体要求》《核心网网络功能虚拟化总体技术要求》等标准规范。

2018 年，CCSA 针对 5G 网络云化、5G 网络切片、5G 网络边缘计算、SD-WAN、城域网新架构、确定性网络以及网络 AI 等多个方面开展了相关的标准化制定研究工作。在容器虚拟化方面，2 月 CCSA TC7WG1 工作组成立了网络功能虚拟化容器化网元编排管理研究项目，7 月 CCSA TC3WG3 成立了容器在网络功能虚拟化中的应用及架构研究项目，经过 8 次密集会议，CCSA 完成了 NFVO 系列 6 项行业标准、1 项研究报告的报批。在 5G 网络切片方面，CCSA TC3 建立了相关网络切片行业标准，包括 IP 网络切片总体架构及技术要求、路由器设备支持 IP 网络切片功能技术要求、支持 IP 网络切片的灵活最优路径算法技术要求、支持 IP 网络切片的增强型虚拟专用网（VPN+）技术要求和灵活以太网（FlexE）接口技术要求。在边缘云关键技术方面，CCSA TC3 对边缘云部署业务的需求进行了调研分析，并对边缘云的架构、硬件、虚拟层、编排管理技术、组网、可靠性和安全性，以及网元演进对边缘云的要求/边缘云为业务提供的能力进行了研究。在城域网新架构方面，CCSA TC3 在中国联通的带领下制定了基于 SDN 的城域综合 IP 承载网络参考架构及网络转发面、控制面和管理面等技术要求，同时还由中国电信牵头制定了云化 IP 城域网参考架构及接口技术要求。在 SD-WAN 方面，CCSA TC3 制定了 SD-WAN 行业标准，包括 SD-WAN 总体技术要求（已立项）、SD-WAN 关键技术指标体系和测试方法，以及与 SD-WAN 增值业务技术要求相关的广域网加速、敏捷运维和安全服务标准。CCSA 还将确定性网络纳入了研究范围，针对广域网中提供 Layer3 确定性服务网络的总体架构、用户网络接口、资源预留信令、确定性转发机制和 OAM 工具集等方面进行了研究。在网络 AI 方面，CCSA TC3 基于人工智能的网络业务量预测及应用场景、网络智能化引擎在未来网络中的应用和 IP 承载网络智能化使能技术开展了一系列标准研究工作。

CCSA 重点致力于推进网络 5.0 发展，并成立了相应的工作组。2018 年 11 月，CCSA 网络 5.0 技术标准推进委员会（CCSA-TC614）正式成立，委员会的主要技术领域包括：分析新应用对数据网络的需求及现网存在的问题、明确网络 5.0 的目标愿景与具体指标、构建网络 5.0 技术体系架构，推动相关技术点的验证、部署，组织与建设产业链、推进产业化进程。在第一次全会上正式成立了 7 个工作组，分别是网络 5.0 需求工作组、网络 5.0 架构工作组、网络 5.0 接口与协议工作组、网络 5.0 安全与可信工作组、网络 5.0 验证与基础设施工作组、网络 5.0 管理与运营工作组，对网络 5.0 的各个方面展开研究。

2019 年 1 月，网络 5.0 委员会第二次全会召开，该次全会需求工作组和架构工作组分别基于前期的工作提交了网络 5.0 需求草案文稿和体系架构草案文稿，并就两个文稿的内容进行了细致的讨论，用于指导后期的修改和完善。其余工作组也基于各自的工作做了报告，包括网络 5.0 场景与技术要求、未来网络应用场景和需求分析、网络智慧化运营、未来网络移动性支持、未来网络安全可信的需求、网络 5.0 协议和架构的匹配等方向。

在 2019 年 3 月召开的第三次全会上，主要针对未来智慧农业的场景与需求、主动防御的网络安全探讨、网络需求分析、未来网络安全可信的需求、5G 新型核心网络架构技术等场景进行了深入而细致的讨论，明确了网络 5.0 的产业发展方向、体系架构等问题，并在会上发布了《网络 5.0 参考架构白皮书》，并宣布了《网络 5.0 产业白皮书》的发布计划。

2023 年 2 月，CCSA 主办的互联网与应用技术工作委员会（TC1）云计算工作组（WG5）在北京召开了第 24 次会议，会议聚焦云计算、算力服务、数字化转型等领域，标准化工作取得积极进展。会议审查通过了《可信开源社区评估规范第 1 部分：通用要求》《云备份平台技术能力要求》等 7 项文稿并同意进行报批，并通过了《可信开源代码库技术要求》《云原生无服务器平台虚拟化技术能力规范》等立项申请。

7.2 未来网络开源项目

在未来网络的研究与发展进程中，开源软件起到了巨大的作用。开源软件以快速迭代、开放、免费等特性受到了广大研究人员的青睐。在信息网络的研究中，开源软件涉及从单个设备的软件实现到平台级软件系统的方方面面。本节主要介绍在未来网络方面具有一定影响力的开源软件基金会以及许多在国际上备受关注的开源项目，首先从发展现状、参与项目、未来发展方向等方面介绍开源软件基金会，随后从开源项目的发展状况、功能特性以及应用场景等三个角度对网络、云计算、边缘计算等方面的开源项目展开介绍。

7.2.1　开源开放生态

随着大数据、SDN、物联网、云计算、移动互联网时代已经到来，传统的底层网络架构已无法满足用户日益增长的需求，各种问题层出不穷。为解决此问题，越来越多的组织开始发展开源开放生态项目，致力于开源开放生态合作平台的建设，聚焦未来网络的前沿技术，解决并完善传统网络的问题，为下一代网络奠定发展基础。本节主要介绍在未来网络方面比较有影响力的开源软件基金会，这些基金会支持着许多成功的开源项目，包括许多当今最为流行的技术。

1. Linux 基金会

Linux 基金会是一个于 2000 年成立的中立非营利性组织，由开放源码发展实验室（Open Source Development Labs，OSDL）和自由标准组织（Free Standards Group，FSG）联合成立。它的主要目标是围绕开源项目构建可持续的生态系统，以推动技术开发和商业应用。Linux 基金会及其项目致力于促进 Linux 技术社区、应用开发商、行业和最终用户的持续创新，以解决 Linux 生态系统面临的紧迫问题。

Linux 基金会致力于推动涵盖企业 IT、嵌入式系统、云计算和网络等多个技术领域的开源项目。在这些领域中，若干开创性的网络创新项目正在不断拓宽行业边界并转化为现实应用。例如，Hyperledger 项目专注于跨行业的区块链解决方案，而 ONAP（Open Network Automation Platform）则致力于提供网络自动化平台以推进软件定义网络和服务的发展。此外，LFN（LF Networking Fund）作为一个由 Linux 基金会指导的组织，整合了多个关键网络项目，包括高性能数据包处理框架 FD.io、开源 SDN 控制器 OpenDaylight、ONAP，以及致力于 NFV 集成与验证的 OPNFV 项目。

2018 年 3 月 28 日，Linux 基金会正式宣布成立 LF 深度学习基金会，旨在推动开源生态系统在人工智能领域的创新与发展。该基金会的初始核心成员包括百度、华为、腾讯、诺基亚、中兴通讯、Amdocs、AT&T、B.Yond、Tech Mahindra 以及 Univa 等业界领军企业。

随后，在 2019 年 1 月，Linux 基金会进一步推出了 LF Edge 这一国际开源组织，其核心目标是构建一个独立于硬件架构、芯片组、云服务和操作系统的开放且可互操作的边缘计算框架。LF Edge 由五个关键项目构成，这五大项目具体为：Akraino Edge Stack、EdgeX Foundry、Open Glossary of Edge Computing、Home Edge 和 EVE。通过整合电信、云计算和企业级技术的优势，并将它们统一到一套适应位置、延迟和移动性差异化的软件栈内，LF Edge 有望加速部署日益增长的各种边缘设备，以应对未来快速发展的边缘计算市场需求。

2023 年 11 月，Linux 基金会宣布正在组建高性能软件基金会（High Performance Software Foundation，HPSF），以推动高性能计算（High Performance Computing，HPC）开源项目的发展。随着 AI 的快速发展，越来越多的数据中心开始部署各种 HPC 设备。高性能软件基金会可以利用美国能源部的"超大规模计算项目"，联合企业及一系列国际项目加速 HPC 方面的投资，促使行业、学术界和政府部门共同推进 HPC 开源项目的发展。

2. OCP

开源计算项目（Open Compute Project，OCP）成立于 2011 年，是一个快速发展的全球合作社区，由 Facebook、Intel、Rackspace、高盛及 Andy Bechtolsheim 携手共享开源设计推出的开放计算项目。该项目致力于通过开源方式重新设计硬件技术，使其更高效、灵活和可扩展，以满足计算基础设施不断增长的需求。OCP 的愿景是将硬件领域的创新力和协作力提升到与软件领域相同的水平。

OCP 为个人和组织提供了一个平台，允许他们分享知识产权，共同设计、使用、支持和推动交付服务器、存储器和数据中心硬件。通过开源硬件和软件的结合，OCP 促进了服务、存储和数据中心技术的开放与普及。该项目的目标是重新定义技术基础设施，摆脱专有的、"一刀切"的设备束缚，推动商用硬件的高效、灵活和可扩展发展。

为确保开源开放的一致性，OCP 提出了四项核心要求：有效性、可扩展性、开放性和影响力。OCP 基金会在未来网络发展方面设有多个工作组，包括高性能计算、开放计算网络、安全项目、开放计算存储和电信等。每个工作组负责孵化一个或多个项目，推动相关技术的发展。

在网络方面，OCP 设立了专门的工作组，专注于推动关键网络技术的发展与应用。该工作组管理并推广了对现代数据中心网络具有重大影响的子项目。

（1）ONIE（Open Network Install Environment）：提供了一个开放标准的安装环境，使网络设备能够灵活选择和部署不同的网络操作系统，实现硬件与软件之间的解耦。

（2）ONL（Open Network Linux）：这是一种为网络设备设计的 Linux 发行版，旨在为开源交换机和路由器提供一个通用且可扩展的操作系统平台。

（3）SAI（Switch Abstraction Interface）：作为一种抽象层接口，SAI 允许网络应用程序独立于底层芯片细节来编程和控制交换机功能，增强了硬件与软件的互操作性。

（4）SONiC（Software for Open Networking in the Cloud）：作为一款专为云环境设计的开源网络操作系统，SONiC 提升了网络设备的可编程性和自动化程度，支持大规模云计算数据中心的需求。

在 2019 年 3 月的 OCP 全球峰会上，百度宣布与 Facebook 和微软合作，共同定义了 OCP 加速器模块（Open Accelerator Module，OAM）规范，以提高 AI 加速器的性能。同时，Submer 公司推出了全新的 SmartPodX 平台，这是全球首款符合标准 19 英寸服务器格式的液浸式冷却系统，符合 OCP 规范，适用于高性能、超级计算和超大规模基础设施。此外，华为宣布与 OCP 合作，在其最新的全球数据中心采用 OCP 的 Open Rack，这是第一个专为数据中心设计的机架标准，有助于降低总体拥有成本（Total Cost of Ownership，TCO）并提高规模计算领域的能效。

2023 年 8 月，在北京举行的开放计算中国社区技术峰会（OCP China Day 2023）上，面向生成式 AI 应用场景发布了《开放加速规范 AI 服务器设计指南》。这一指南旨在帮助社区成员高效开发符合开放加速规范的 AI 加速卡，并大幅缩短与 AI 服务器的适配周期，为用户提供最佳匹配应用场景的 AI 算力产品方案。此外，OCP 下的开放加速器接口（Open Accelerator Interface，OAI）小组制定了开放加速规范（Open Accelerator Specification，OAS）用于指导 AI 硬件加速模块和系统设计。

3. ONF

开放网络基金会（Open Networking Foundation，ONF）成立于 2011 年，由 Google、德国电信、Yahoo 等几家公司联合发起，主要致力于推动软件定义网络的发展及 OpenFlow 协议的标准化与商业化。

自成立以来，ONF 凭借其强大的实力和广泛的行业影响力，成功推出了多个具有里程碑意义的项目，这些项目不仅推动了 SDN 技术的发展，还为全球网络领域带来了深刻的变革。

OpenDaylight 项目是 ONF 旗下的一个开源 SDN 控制器平台，它为 SDN 网络提供了核心控制功能。OpenDaylight 的设计初衷是为了构建一个可扩展、模块化且高度灵活的 SDN 控制器，以满足不同运营商、设备商和服务提供商的需求。通过 OpenDaylight，用户可以轻松地构建、部署和管理 SDN 网络，实现网络资源的动态分配和优化，提升网络的性能和可靠性。

ONOS 是 ONF 推出的另一个开源项目，它是一个分布式 SDN 操作系统，旨在为服务提供商和企业网络提供高效、可靠的网络管理功能。ONOS 的设计理念是构建一个高度可扩展、容错性强的网络操作系统，以应对不断变化的网络需求。通过 ONOS，用户可以实现对网络的集中控制和智能化管理，提高网络的灵活性和可维护性。

端局重构为数据中心（Central Office Re-Architected as a Data Center，CORD）项目是 ONF 于 2015 年推出的一个具有划时代意义的开源项目。CORD 的目标是通过采用白盒硬件、软件定义网络和网络功能虚拟化技术，使端局能够像数据中心那样运行灵活可编程的服务，并具备弹性扩展、快速部署新业务和服务的能力，同时降低成本和提升运维效率。这一转变有助于电信运营商应对现代网络环境下对数据流量快速增长、实时服务需求以及云服务集成等方面的新挑战。

P4 项目是由 ONF 与斯坦福大学等合作伙伴共同发起的，旨在通过编程语言的方式定义网络设备的数据平面行为。P4 的出现为网络设备的设计和开发带来了革命性的变革，使得网络设备可以更加灵活地适应不断变化的网络需求。通过 P4，用户可以自定义网络设备的转发行为，实现高效、灵活的网络数据处理，提升网络的整体性能。

这些项目的推出不仅加速了 SDN 技术在全球的普及和应用，还为运营商、设备商和服务提供商等行业用户提供了更加高效、灵活和可扩展的网络解决方案。通过 ONF 的不懈努力，SDN 已经从一个前沿概念逐渐发展成为全球网络领域的主流技术之一，为各行各业的数字化转型提供了强有力的支撑。

2017 年 2 月，ONF 与开放网络实验室（ON.Lab）合并，形成了一个新的开源组织 ON.LAB，负责制定 OpenFlow 标准。这次合并将标准和开源软件整合在一起，旨在重塑网络的未来，并推动 SDN 的发展、应用和提升。ON.LAB 的成员包括 AT&T、Google、NTT、SK 电信和 Verizon 等知名的运营商和其他公司。ON.Lab 推出了 Stratum、SEBA、VOLTHA 等项目，这些项目在推动 SDN 和 NFV 技术的发展方面发挥了重要作用。

2023 年 12 月 14 日，ONF 宣布将其涵盖接入、边缘和云解决方案的开源网络项目转移至 Linux 基金会下，成为独立项目。这一决策为 Broadband、Aether 和 P4 三个主要项目领域创建了社区领导的独立治理结构，为项目的协作和采用奠定了基础。随后，ONF 将解散，其所有业务将并入 Linux 基金会，继续推动开源网络技术的发展。

4. CNCF

云原生计算基金会（Cloud Native Computing Foundation，CNCF）是 2015 年成立的隶属于 Linux 基金会的围绕"云原生"服务云计算的非营利性基金会项目。CNCF 的目标是维护和集成开源技术，通过编排容器化微服务架构应用，创造一套新的通用容器技术，以推动云原生的发展。它的成员包括 Google、IBM、Intel、Docker 和 RedHat 等知名公司，以及 DaoCloud 等后起之秀和一系列终端用户与支持者。这些成员代表了容器、云计算技术、IT 服务和终端用户，他们共同努力构建全球云原生生态系统，推动现代化企业架构的发展。

2018 年 9 月，CNCF 与 Linux 基金会展开合作，推动开放网络自动化平台（Open Network Automation Platform，ONAP）与 Kubernetes 在下一代网络中的融合，同时虚拟网络功能（Virtual Network Function，VNF）也逐步迁移至云原生网络功能（Cloud-native Network Functions，CNF）上，为网络空间带来更大的弹性，使网络具备更高级别的自我管理和可扩展性。

在 2019MWC 大会上，CNCF 推出了新的 CNF 测试平台，进一步推动了传统电信市场的发展。这个试验台是由 CNCF 和 Linux 基金会的 LF 网络小组合作开发的。它将代码重新打包为容器形成 CNF，并提高了运行在 Kubernetes 上的能力。

CNCF 为支持分布式、可扩展的应用组件和组装方式提出一种规范，期望定义出能够支持云原生应用和容器的整个基础设施堆栈。2021 年，CNCF 特别聚焦于那些能显著提升部署效率的云原生技术，诸如全球范围内广泛应用的 DevOps 实践和微服务架构，这些技术有助于加快云计算环境中原生应用的开发、部署和执行速度。

7.2.2 网络开源项目

开源项目已经成为未来网络科技不可或缺的一部分，它们深入影响了网络发展的各个方面。这些开源项目大致可以分为以下几类。

网络控制平面项目：ODL 和 ONOS 都是用于实现软件定义网络（SDN）架构中的网络控制功能的开源平台，负责对数据平面设备进行集中管理和控制。

网络数据平面项目：DPDK、FD.IO 和 P4 专注于提升网络数据平面的数据包处理性能和灵活性。DPDK 通过用户态库和驱动程序加速数据包处理；FD.IO 的 VPP 提供了快速灵活的数据包处理框架；而 P4 是一种可编程语言，支持硬件无关的数据平面编程模型。

交换机操作系统项目：SONiC、Stratum 和 DANOS 提供的是运行在交换机上的操作系统，这些系统通常整合数据平面优化技术，并为网络设备提供了一个标准化、可扩展的操作环境。

云与边缘计算相关项目：Kubernetes 作为容器编排工具，在云环境和边缘计算场景中广泛应用于服务部署和管理；ONAP 则是一个端到端的网络自动化平台，同样适用于云端和边缘环境；CORD 和 Akraino Edge Stack 分别从重构传统接入网以及构建高可用、高性能边缘软件栈的角度推动边缘计算的发展；StarlingX 则是一个专为满足边缘计算需求设计的云基础设施平台，强调高可靠性和安全性。

其中，开源项目 ODL、ONOS、P4 已经在第 2 章中描述，下面重点介绍其他项目。

1. DPDK

数据平面开发套件（Data Plane Development Kit，DPDK）项目是由 Intel 公司在 2010 年发起，并在 2017 年 4 月加入 Linux 基金会。DPDK 得了众多行业巨头和开源社区的支持，项目的成员涵盖了电信服务提供商、网络和云计算基础设施提供商以及多个硬件厂商，其金牌会员有 ARM、AT&T、F5、Intel、Mellanox、Marvell、爱立信、恩智浦、红帽和中兴通讯，银牌成员包括 6WIND、Broadcom、华为和思博伦。

DPDK 是一套开源的软件库和驱动程序集合，专为高性能数据包处理而设计。其核心思想是允许应用程序直接访问物理硬件资源，从而绕过操作系统内核的数据处理路径，实现零拷贝、低延迟的数据包处理。也就是说，DPDK 为开发者提供了一条快速通道，让他们能够充分利用硬件性能，实现高效的数据包处理。截至 2023 年 10 月 1 日，DPDK 已支持来自多个供应商的主流 CPU 架构，包括 X86、PowerPC、ARM、RISC-V 以及龙架构（LoongArch），能够对各种 CPU 架构上运行的工作负载进行加速。

DPDK 技术在多个关键领域发挥着重要作用，包括但不限于网络功能虚拟化、高性能网络设备制造以及数据中心性能优化。在云服务和电信行业的核心应用场景中，DPDK 被广泛应用以增强虚拟环境下的网络性能表现，它赋能虚拟交换机、虚拟路由器及各种虚拟化网络功能，确保即使在高度虚拟化的架构下也能保持高效的网络服务质量。在软件定义网络的框架内，DPDK 扮演着催化剂的角色，助力硬件制造商突破性能瓶颈，研发出具备更高数据处理能力的网络设备。与此同时，大型互联网企业和云服务商借助 DPDK 技术，有效地提升了数据中心内部及跨数据中心的数据传输速率，从而大幅提高了服务器间的通信效率。

此外，DPDK 还被集成至多种先进的网络数据处理解决方案之中，成为提升性能的关键一环。例如，在 MoonGen、mTCP、Ostinato 等开源项目中，以及像 Lagopus 这样的开源 SDN 控制器、Fast Data 项目（FD.io）、Open vSwitch 虚拟交换机、OPNFV 网络功能虚拟化平台，乃至 OpenStack 云操作系统等多个项目中，DPDK 都是不可或缺的组成部分，共同推动着整个网络技术行业的性能升级和创新实践。

2. FD.io

FD.io（Fast data–Input/Output）同样是一个隶属于 Linux 基金会的开源项目，成立于 2016 年 2 月。FD.io 吸引了一批国际知名企业参与和支持，包括电信运营商、云服务提供商、网络设备制造商以及芯片供应商，这些企业通过贡献代码、改进架构和推广使用，共同促进了 FD.io 项目的繁荣与发展。

FD.io 是许多项目和库的一个集合，旨在提供一个模块化、可扩展的用户态报文处理框架，能支持高吞吐量、低延迟、高资源利用率的 IO 服务，可适用于多种硬件架构和部署环境。FD.io 的关键组件是矢量报文处理（Vector Packet Processing，VPP）。VPP 是高度模块化的项目，新开发的功能模块很容易被集成进 VPP，而不影响 VPP 底层的代码框架。VPP 的高度模块化让用户可以根据需求实现定制化的服务节点插件，另外 VPP 还具有服务的易插件化，丰富的基础功能，良好的扩展性等技术特色。

如同 DPDK 一样，FD.io 广泛应用于网络功能虚拟化、数据中心加速、云服务提供商的基础设施优化等领域。FD.io 与其他系统集成架构如图 7.1 所示。

2019 年 2 月，一个新的 FD.io 项目混合信息中心网络（Hybrid Information-Centric Networking，HICN）诞生，这是一种基于互联网协议的独特网络架构，重新思考信息本身的通信，而不是信息的位置，其开发的目的是支持一些关键的工业应用，如 5G、物联网、移动边缘计算和云原生应用。2023 年发布了 VPP 23.10，更新了 ARPing CLI、NPTv6、DPDK 和 MPLS 等插件，并修复上个版本中的一些问题。

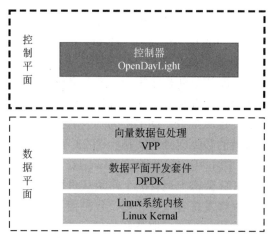

图 7.1   FD.io 与其他系统集成架构

3. SONiC

SONiC（Software for Open Networking in the Cloud）是 2015 年微软建立的开源项目，后加入 OCP。SONiC 获得了全球多家领先科技企业的广泛支持和深度参与，其中包括阿里巴巴、腾讯、百度、京东、中国移动和中国联通等，它们共同推动成立了"凤凰项目"，进一步丰富和完善了 SONiC 的功能和生态。

SONiC 旨在将传统交换机操作系统软件分解成多个容器化组件，能够让运营商在多个交换机厂商的硬件上共享相同的软件堆栈，方便在交换中增加新的组件和功能。SONiC 建立在交换机抽象接口（Switch Abstraction Interface，SAI）的基础上，并定义一个标准化 API，网络硬件供应商可以通过标准 API 来开发创新的硬件平台，在保持与专用集成电路（Application-Specific Integrated Circuit，ASIC）编程接口一致的前提下，能够在芯片、CPU、功率、端口密度、光和速度等方面实现快速创新，同时保持其在多个平台上实现统一的软件解决方案，其架构如图 7.2 所示。

SONiC 架构中的交换机硬件能够在不影响最终用户使用的情况下平滑部署升级新功能，并利用云端深度遥测和全自动化技术解决网络故障。SONiC 让 SDN 软件使用统一的结构控制网络中所有的硬件元素，消除重复并减少故障，具有极高的可扩展性。

SONiC 应用在云网络场景中，用来简化和规模化管理 IT 基础设施。SONiC 和 SAI 在 2018 年获得了业界的广泛支持，大多数网络芯片供应商都在其 ASIC 上支持 SAI。博通、Marvell、Barefoot、微软正在推动 SAI 的监控和遥测功能发展。Mellanox、Cavium、戴尔、盛科为 SAI 提供协议通知，以支持更丰富的协议支持和大规模网络场景，例如 MPLS、增强 ACL 模式、桥接模式、L2/L3 组播、分段路由和 802.1BR。戴尔和 Metaswitch 通过添加 L3 快速重路由和 BFD，为 SAI 带来了故障弹性和性能。

4. Stratum

Stratum 是由 ONF 在谷歌公司的鼎力支持下推出的开创性开源项目，它是一款独立于特定芯片的交换机操作系统。Stratum 项目吸引了全球范围内的多元化参与者，涵盖云服务提供商、电信运营商、网络设备制造商、白盒 ODM 厂商以及芯片制造商等不同领域的领军企业。包括：谷歌、腾讯、中国联通、Juniper Networks、VMware、Barefoot Networks、Broadcom 和 Cavium 等。

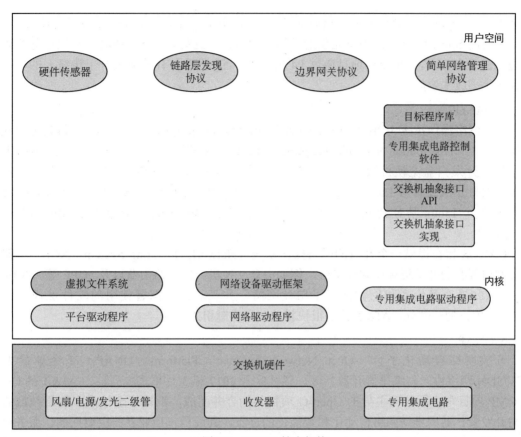

图 7.2　SONIC 技术架构

Stratum 被视为未来 SDN 解决方案的关键软件组件，公开了一组下一代 SDN 接口，包括 P4、P4Runtime、gNMI/OpenConfig 和 gNOI。它不嵌入控制协议，而是设计成支持外部网络操作系统或与支持在相同嵌入式交换机上运行的 NOS 功能的系统一起工作。Stratum 组件与接口如图 7.3 所示。

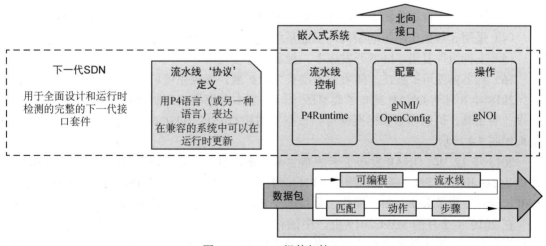

图 7.3　Stratum 组件与接口

Stratum 项目具有广泛的应用场景。在 SDN 数据平面方面，谷歌致力于在其定制的 SDN

网络中使用 Stratum 项目。同时，Stratum 项目也适用于云 SDN Fabric 平台，为可编程 SDN 数据中心的 Spine-Leaf 结构提供完整的开源解决方案。此外，在 5G 移动和其他业务的运营商边缘云平台方面，Stratum 项目通过 P4 Fabric 中的 VNFs，有效地提升了边缘云的可扩展性并优化了成本效益。

5. DANOS

分解网络操作系统（Dis-Aggregated Network Operating System，DANOS）源自分布式网络操作系统（Distribution Network Operating System，DNOS）项目。2017 年 11 月，AT&T 发布了旨在开发白盒交换机操作系统的 DNOS 项目。随后，在 2018 年 3 月，AT&T 决定将 DNOS 项目正式托管给 Linux 基金会，并将项目名称更名为 DANOS。目前，DANOS 已经获得了多个 Linux 基金会团体和成员的支持，包括 Broadcom、Inocybe、Metaswitch 和 Silicom 等。

DANOS 旨在提供一个开放的网络操作系统（Network Operating System，NOS）框架，充分利用现有的开源资源和硬件平台，例如白盒交换机、白盒路由器以及 uCPE 等。2019 年 4 月，AT&T 在多伦多和伦敦部署了白盒网络，并表示白盒部署使用的软件堆栈将成为 DANOS 项目的一部分，AT&T 计划很快将其代码贡献引入社区。

6. ONAP

开放网络自动化平台（Open Network AutomationPlatform，ONAP）是全球最大的 NFV/SDN 网络协同与编排器开源社区。该社区于 2017 年 3 月正式成立，由 AT&T 的 Open-ECOMP 项目与中国移动主导的 Open-O 项目共同合并而成，汇聚了全球众多网络领域的专家与开发者，共同推动网络自动化和智能化的进步。其成员包括业界的主要厂商、服务提供商、系统集成商和咨询公司，如 Amdocs、ARM、AT&T、中国移动、中国电信、中国联通、思科、爱立信、华为、IBM 和英特尔等。

ONAP 的功能特性如下。

（1）提供物理和虚拟网络的策略编排与自动化平台，支持大规模网络的管理和调度。

（2）支持 VNF、SDN 网络及基于这些基础设施的高级服务的设计、创建、协调、监控及生命周期管理，提升网络运营效率。

（3）通过快速自动化部署新服务功能，缩短服务上市时间，加快业务创新。

（4）采用元数据策略驱动架构，保证系统灵活性，以适应不断变化的网络需求。

（5）支持组件复用，降低开发成本，提高软件复用率。

（6）具备弹性可扩展性，随着业务增长平滑扩展，确保系统可靠性。

2018 年 6 月初 ONAP 发布了北京版本，该版本在模型规范制定的社区流程和方法、模型设计的工具、信息模型和标准保持、数据模型和 OASIS TOSCA 等方面达成了一致，具体架构如图 7.4 所示。

2018 年 12 月，ONAP 发布了卡萨布兰卡版本，引入了许多新功能，其中最重要的两个功能为 5G 和 CCVPN（跨域和跨层 VPN），且适配了 MEF3.0 与 ETSI NFV-SOL003 等行业标准，同时使用了 Kubernetes 简化了系统的安装，增强了系统的性能。

在 2019 年 2 月的 MWC2019 上，中国移动展出了基于 ONAP 实现 AI 场景驱动的智能编排原型系统，用于智能企业专线业务。该系统可以在自助开通企业分支站点的同时，按需部署智能安防系统等站点增值业务并对其开放 ONAP 的业务实时调整能力。

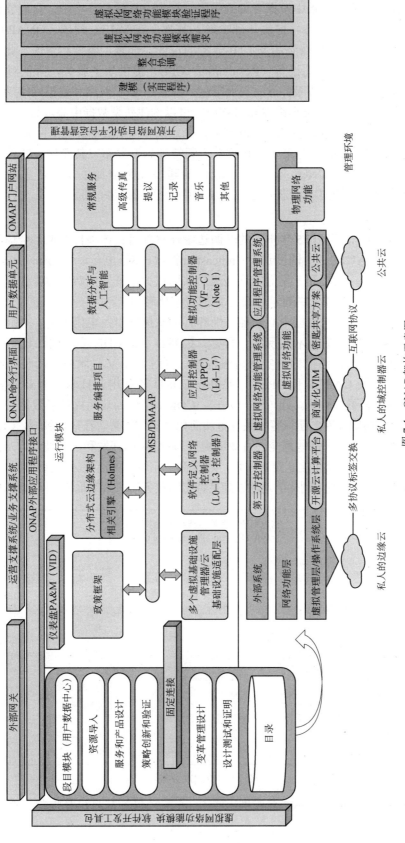

图 7.4　ONAP 架构示意图

ONAP 在多个应用场景中发挥着关键作用。首先，在移动环境中，它能够迅速部署和拆除虚拟资源，实时监控服务并提供基础映射。其次，在 VoLTE 领域，ONAP 的应用将语音与 IP 网络进行整合，实现端到端 VoLTE 业务的设计、部署、监控和管理。此外，ONAP 还支持通过家庭虚拟客户终端设备（Residential vCPE）提供增值服务，降低对底层技术的依赖。ONAP 在协调网络点播服务方面表现出色，并且在 LTE 网络和虚拟网络功能中得到广泛的应用。通过编排 NFV 与物理组件和 OSS，它可以构建新型数据中心。另一方面，ONAP 与 SD-WAN 的结合在 IP 光传输网络、移动网络、企业网和电信云中展现出巨大的发展潜力。

2023 年 12 月，ONAP 的第 13.0.0 版本"蒙特利尔"发布，其简化了软件开发流程并引入了新的门户项目 PortalNG。同时，新版本的建模项目增加了 YANG（Yet Another Next Generation）模块自动化工具，提高了 YANG 模块的开发效率。

7. CORD

CORD 是由 ONF 于 2015 年推动的开源边缘计算项目。该项目汇聚了全球领先的电信和科技公司，包括 AT&T、中国联通、Comcast、谷歌、SK 电信、Verizon、Sprint、DT、思科、富士通、Intel、NEC 和三星等。这些成员共同致力于开发创新的边缘计算解决方案，以满足不断增长的网络需求，并推动电信行业的数字化转型。

CORD 核心目标是将数据中心的经济性和云端敏捷性引入电信端局，并通过运用白盒硬件、SDN 和 NFV 等前沿技术实现这一目标。CORD 利用 SDN 实现网络设备控制面与数据面的分离，从而开放网络能力并实现可编程性。同时，NFV 技术的采用使得网络功能得以虚拟化，进而降低 CAPEX 和 OPEX。此外，CORD 还利用云技术提升业务和网络的伸缩性，确保业务部署更加敏捷。通过这一方式，CORD 不仅为端局提供了数据中心的经济性，还赋予了云计算的敏捷性，使得整个系统更加简化且易于部署。在开发领域，CORD 精心打造了一系列的功能和工具，这些都能够有效地支持 DevOps 的开发和部署技术，从而实现高效的 CI/CD 构建过程，这不仅简化了定制过程，还提高了系统的灵活性。运营商可以根据需求选择并替换硬件和厂商，实现定制化的功能以满足特定的业务需求，其业务流程如图 7.5 所示。

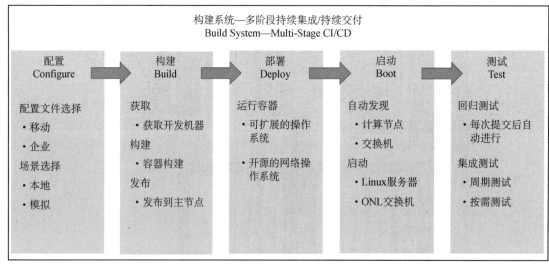

图 7.5　CORD 业务流程

2018 年 3 月，谷歌与 ONF 合作推出了 Stratum 项目，其目标是提供一个白盒交换机和开放软件系统。而在其后不久，CORD 就实现了对 Stratum 的支持，在结合了 Stratum 的情况下，CORD 开始支持可编程网络结构中 VNF 实例化的道路，大大提高了边缘云的可扩展性和成本效率。

2018 年 4 月，中国联通在北京搭建完成国内首个基于 CORD 最新版本的电信边缘云开发平台，并组建了国内首个网络开源产业联盟，该联盟汇聚了云计算初创公司、投资公司、芯片公司等众多合作伙伴。为了满足垂直行业的需求，中国联通结合 3GPP 5G 标准化需求，积极牵头推动社区首个基于开源容器化技术的差异化服务解决方案，从而迅速满足了移动网络差异化保障的需求。

8. Kubernetes

Kubernetes 是 2015 年 Google 开放的一个以容器为中心的基础架构，是一个在物理集群或虚拟机集群上调度和运行容器并提供容器自动部署、扩展和管理的开源平台。K8s 构建于 Docker 之上，提供应用部署、维护和弹性扩展等功能。开发者利用 K8s 能方便地管理跨机器运行容器化的应用，实现了更加高效、灵动的容器管理。本质上，K8s 可以看作是基于容器技术的 mini-PaaS 平台。

Kubernetes 由 Google 于 2015 年开源，在 2014 年 6 月正式发布，并在 2015 年 7 月发布第一个正式版本 v1.0。Kubernetes 旨在提供一套完整的容器化应用管理解决方案，其核心目标是实现跨主机集群的自动化部署、扩展和管理。它具备强大的容器编排能力，能够自动管理和调度应用的生命周期，确保在多主机集群中高效运行。同时，Kubernetes 内置服务发现与负载均衡机制，使多个容器实例能够被透明地访问，并智能分配流量。它还具备弹性伸缩功能，根据资源使用情况或预定义策略自动调整容器副本数量，以应对负载变化。此外，Kubernetes 能够动态管理存储卷，支持多种持久化存储类型，并在容器间实现数据共享。它还具备强大的自愈能力，能够监控并自动恢复故障组件，保证应用的高可用性。在安全和隔离方面，Kubernetes 通过命名空间等机制支持多租户，并允许设置资源配额以限制资源消耗。最后，Kubernetes 还提供配置管理与版本控制功能，支持滚动更新和回滚等操作，确保应用升级过程的平稳过渡和无缝维护。

2018 年末，Kuberntes 核心团队被 Vmware 收购，全力推进计算软件的成熟速度，以配合白盒网络设备的迭代。2019 年 2 月，容器管理软件提供商 Rancher Labs 宣布推出轻量级 Kubernetes 发行版 K3s，这款产品专为在资源有限的环境中运行 Kubernetes 的研发和运维人员设计，满足在边缘计算环境中运行 Kubernetes 集群的需求。现有的 Kubernetes 发行版通常是内存密集型的，在边缘计算环境中显得过于复杂，而 K3s 可以提供一个小于 512MB RAM 的 Kubernetes 发行版，非常适用于边缘计算的应用场景。2023 年 12 月初，主题为 Mandala 的 Kubernetes 1.29 正式发布，新版本中共有 11 个功能已经升级为稳定版，19 个功能进入测试版，还有 19 个功能升级为预览版，包含了很多重要功能以及用户体验优化。

9. Akraino Edge Stack

Akraino Edge Stack 是 Linux 基金会于 2018 年启动的一项旨在推进边缘计算领域开源创新的关键项目，自其发布以来便吸引了业界众多重量级企业的积极参与和贡献。目前，该生态系统的构建者和主要成员涵盖了 ARM、AT&T、戴尔 EMC、爱立信、华为、英特尔公司、inwinSTACK、瞻博网络、诺基亚、高通、Radisys 以及红帽和风河等全球知名的技术领导者。这些企业携手合作，在 Akraino Edge Stack 框架下共同开发一套全面优化的边缘计算解决方案。

Akraino Edge Stack 支持针对边缘计算系统和应用程序优化的高可用性云服务，旨在改善企业边缘、OTT 边缘和运营商边缘网络的边缘云基础架构状态，为用户提供全新级别的灵活性，以便快速扩展边缘云服务，最大限度地提高每台服务器上支持的应用程序或用户数量，并帮助确保必须始终处于运行状态和系统的可靠性。

Akraino Edge Stack 代码基于 AT&T 的 Network Cloud 开发，它支持在虚拟机和容器中开发运行的运营商级计算应用程序，并向 Linux 社区开放和提供。Akraino Edge Stack 社区专注于 Edge API、中间件、软件开发工具包（Software Development Kit，SDK），并允许与第三方云的跨平台实现互操作性。Edge 堆栈还将支持 Edge 应用程序的开发，并助力创建应用程序与虚拟网络功能的生态系统。

2018 年 3 月，Linux 基金会宣布扩大行业支持，英特尔公司将其 Titanium Cloud 和网络边缘虚拟化软件开发套件贡献给 Akraino Edge Stack，以支持针对边缘计算系统和应用程序优化的高可用性云服务。2018 年 8 月，随着项目的推进和生态系统的发展，Linux 基金会宣布 Akraino Edge Stack 从形成转变为"Execute（执行）"。

2023 年 10 月，Akraino 秋季峰会进行"MEC 服务联合开发运维和基础设施编排"的主题分享，报告中介绍了如何通过 Akraino 公有云边缘接口蓝图和 MEC 位置 API 进行 MEC 基础设施和服务的编排，涵盖了在裸机、MEC 以及公有云 IaaS/SaaS 虚拟路由等多个方面的应用与实践。通过基础设施和服务的编排实现跨 5G 运营商和 MEC 提供商的服务共享。

10. StarlingX

StarlingX 源自风河公司的 Titanium 产品，最初基于 OpenStack 构建和二次开发而成，满足高可用性、故障管理和性能管理等需求，适用于 NFV、边缘云和工业互联网等场景。2018 年 5 月，风河公司宣布将其开源，命名为 StarlingX，并将其提交给 OpenStack 基金会管理。2019 年 8 月，StarlingX 2.0 版本发布，增强对 Kubernetes 的容器化支持。2022 年 11 月，StarlingX 8.0 版本发布，优化了平台服务，在部署过程中仅占用一个 CPU 内核，其余内核资源均可运行工作负载。该版本还添加了对 O-RAN 兼容接口的支持，强化了对精确时间协议及加速设备的支持。

StarlingX 不仅集成了多个开源组件，如 OpenStack、Kubernetes、Ceph 和 OVS-DPDK 等，还开发和优化了故障管理、服务管理、主机管理和软件管理等功能。StarlingX 架构如图 7.6 所示。

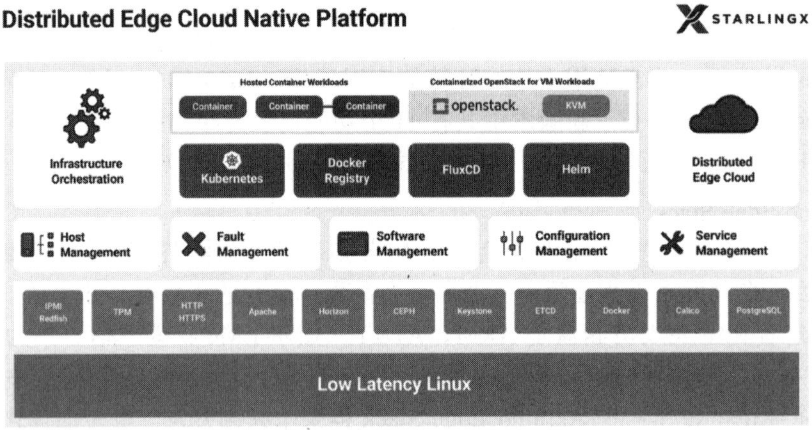

图 7.6　StarlingX 架构

StarlingX 作为一个边缘计算项目，还提供了对时间敏感网络的支持，使其特别适用于需要低延迟、高带宽和实时分析的应用场景。例如，工业互联网、智能电网和智能城市等领域，对于数据传输的低延迟和高带宽有着严格的要求，以确保系统的实时性和稳定性。同时，在无人驾驶、智慧医疗和远程安装等应用中，实时分析则显得尤为重要，它能够帮助这些领域做出快速、准确的决策。

7.3　本章小结

本章首先介绍了未来网络领域的各大标准机构，如 ITU-T、IETF 和 CCSA 等，并梳理了它们在推动网络标准化方面的发展。随后，又对未来网络领域的开源开放生态与主流开源项目进行了介绍，包括未来网络领域的开源开放基金会与项目组，如 Linux Foundation、ONF 等。此外又介绍了 DPDK、SONiC、ONAP、CORD 和 StarlingX 等开源项目，这些项目在推动未来网络技术的发展中扮演着重要角色。通过本章，读者可以对未来网络领域的标准与开源项目有一定程度的认识。

7.4　本章练习

1. 未来网络主流的标准机构有哪些？请列举 3 个。
2. Linux 基金会主要致力于哪些领域的项目？请简要描述。
3. ONF 基金会的代表项目有哪些？请任选一个进行介绍。
4. 请选择一个控制编排领域的项目进行介绍。

课件　　　　答案　　　　实验平台

## 第 8 章

综 合 实 践

8.1 Open vSwitch QoS 设置

8.1.1 实验任务与目的

① 深入学习 Open vSwitch，学会利用 Open vSwitch 调控网络性能；

② 通过简单实验，对网络性能有更立体的认识。

8.1.2 实验原理

QoS（Quality of Service）即服务质量。指一个网络能够利用各种基础技术，为指定的网络通信提供更好的服务能力。在正常情况下，如果网络只用于特定的无时间限制的应用系统，并不需要 QoS，比如 Web 应用或 E-mail 设置等。但是对关键应用和多媒体应用就十分必要。当网络过载或拥塞时，QoS 能确保重要业务量不受延迟或丢弃，同时保证网络的高效运行。对于网络业务，服务质量包括传输的带宽、传送的时延、数据的丢包率等。在网络中可以通过保证传输的带宽、降低传送的时延、降低数据的丢包率以及时延抖动等措施来提高服务质量。本次实验通过设置 Open vSwitch 接口速率进行报文流量监管（Commit Access Rate，简称 CAR）。CAR 利用令牌桶（Token Bucket，简称 TB）进行流量控制。利用 CAR 进行流量控制的基本处理过程如图 8.1 所示：

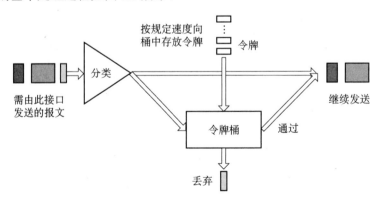

图 8.1 基于 CAR 流量控制处理过程

首先，根据预先设置的匹配规则来对报文进行分类，如果是没有规定流量特性的报文，就直接继续发送,并不需要经过令牌桶的处理;如果是需要进行流量控制的报文,则会进入令牌桶中进行处理。如果令牌桶中有足够的令牌可以用来发送报文,则允许报文通过,报文可以被继续发送下去。如果令牌桶中的令牌不满足报文的发送条件,则报文被丢弃。这样,就可以对某类报文的流量进行控制。

Open vSwitch 本身并不具备 QoS 功能,是基于 Linux 的 TC(流量控制器)功能实现的,是已经在 Linux 内核中存在的功能。而 Open vSwitch 所做的是对其部分支持的 TC 功能进行配置。在 Linux 的 QoS 中,接收数据包使用的方法叫策略(policing),当速率超过了配置速率,就简单地把数据包丢弃。不通过 OpenFlow 设置,直接在 interface 上设置。例如:

```
ovs-vsctl set interface vif1.0 ingress_policing_rate=10000
ovs-vsctl set interface vif1.0 ingress_policing_burst=8000
```

上面两行命令,把虚拟端口 vif1.0 的最大接收速率设置为 10000kbps,桶大小设置为 8000kb。策略使用了简单的令牌桶(token bucket)算法。以一定的速度不断生成令牌,除非令牌桶装满。每接收一个包,需要消耗一个令牌;如果没有令牌了,就会把新到达的包丢弃。如果到达包的速度大于令牌的生成速度,那么令牌很快消耗干净,新到达的包只能丢弃,那么接收包的速度很快就降下来,和令牌的生成速度一致。所以接收包的速度依赖于令牌的生成速度,换句话说,不能大于令牌的生成速度,也就是最大接收速率,即: ingree_policing_rate 的值,单位是 kbps。如果到达包的速度小于令牌的生成速度,那么令牌很快堆满令牌桶,这时到达包的速度突然增大,令牌桶中有足够的令牌。这一瞬间可供消耗的令牌有桶中的令牌,也有不断生成的令牌,导致接收包的速度也会突然增大,大于令牌的生成速度,也就是大于设置的最大接收速率,称为突发接收速率。这时虽然突发接收速率大于最大接受速率,但是也是有限制的,最多增加的速率(最大突发接收速率减去最大接收速率)依赖于桶的大小,换句话说,增加的吞吐量不能大于桶的大小,即 ingress_policing_burst 的值,单位是 kb。在上面的例子中,如果所有包的大小都是 1kb,那么最多增加的速率达到 8000kbps,最大突发接收速率达到 18000kbps。

注:接口和端口是两个比较容易混淆的概念。一般是物理上的概念,主机后面的就是接口,有 KVM 接口、以太网接口、同步串口等,也可以是逻辑上的概念比如 VLAN 的 interface。端口是 TCP/UDP 协议的一个概念,用来区分某种应用,例如 telnet 的端口是 23、而 www 的端口是 80 等。Open vSwitch 既可以针对网络接口,也可以针对端口设置 QoS,本实验中的 QoS 设置就是一个针对接口设置 QoS 的用例。

8.1.3　实验步骤

1. 实验环境检查

步骤 1:以 root 用户登录主机 1,执行如下命令初始化 OVS。

```
#cd /home/fnic
#./ovs_init
#cd
```

步骤 2:执行 ifconfig 命令查看其 IP,如图 8.2 所示。

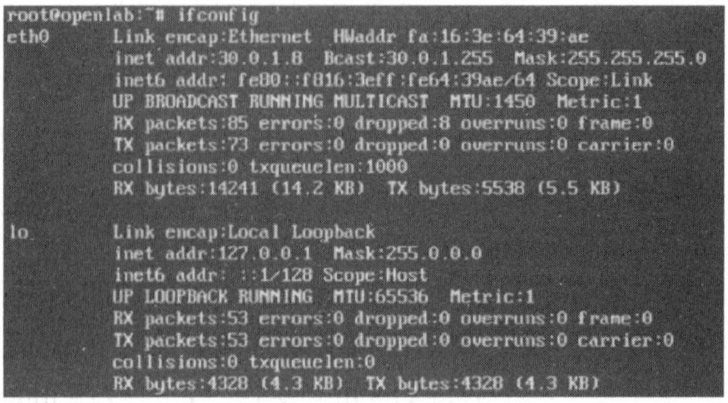

图 8.2　ifconfig 命令

步骤 3：执行以下命令查看镜像中原有的网桥，如图 8.3 所示。

```
# ovs-vsctl show
```

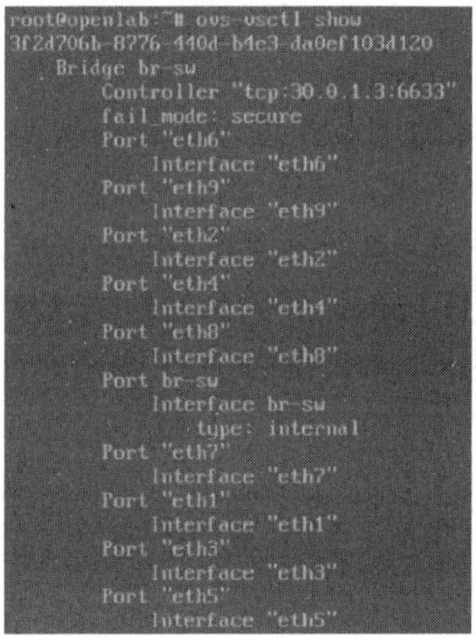

图 8.3　网桥查询命令

步骤 4：执行以下命令删除当前网桥，并进行确认，如图 8.4 所示。

```
# ovs-vsctl del-br br-sw
# ovs-vsctl show
```

图 8.4　网桥删除及查询

步骤 5：以 root 用户登录主机 2，执行以下命令查看其 IP，并测试其与主机 1 的连通性，如图 8.5 所示。

```
# ifconfig
# ping 30.0.1.8
```

2. 测试主机间的吞吐量

步骤 1：在主机 1 上执行以下命令，确认 Open vSwitch 进程，如图 8.6 所示。

```
# ps -ef|grep ovs
```

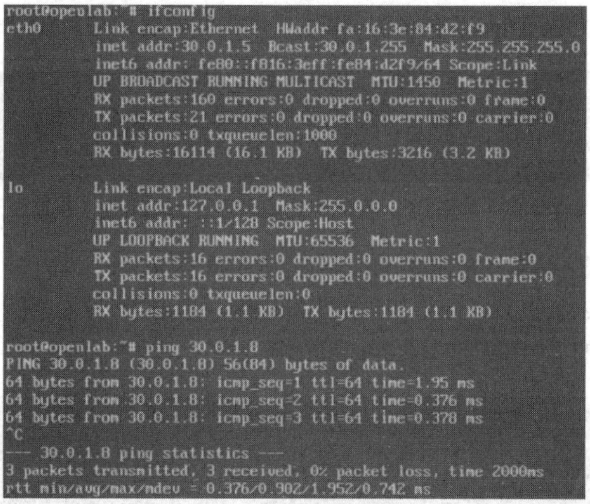

```
root@openlab:~# ifconfig
eth0      Link encap:Ethernet  HWaddr fa:16:3e:84:d2:f9
          inet addr:30.0.1.5  Bcast:30.0.1.255  Mask:255.255.255.0
          inet6 addr: fe80::f816:3eff:fe84:d2f9/64 Scope:Link
          UP BROADCAST RUNNING MULTICAST  MTU:1450  Metric:1
          RX packets:160 errors:0 dropped:0 overruns:0 frame:0
          TX packets:21 errors:0 dropped:0 overruns:0 carrier:0
          collisions:0 txqueuelen:1000
          RX bytes:16114 (16.1 KB)  TX bytes:3216 (3.2 KB)

lo        Link encap:Local Loopback
          inet addr:127.0.0.1  Mask:255.0.0.0
          inet6 addr: ::1/128 Scope:Host
          UP LOOPBACK RUNNING  MTU:65536  Metric:1
          RX packets:16 errors:0 dropped:0 overruns:0 frame:0
          TX packets:16 errors:0 dropped:0 overruns:0 carrier:0
          collisions:0 txqueuelen:0
          RX bytes:1184 (1.1 KB)  TX bytes:1184 (1.1 KB)

root@openlab:~# ping 30.0.1.8
PING 30.0.1.8 (30.0.1.8) 56(84) bytes of data.
64 bytes from 30.0.1.8: icmp_seq=1 ttl=64 time=1.95 ms
64 bytes from 30.0.1.8: icmp_seq=2 ttl=64 time=0.376 ms
64 bytes from 30.0.1.8: icmp_seq=3 ttl=64 time=0.378 ms
^C
--- 30.0.1.8 ping statistics ---
3 packets transmitted, 3 received, 0% packet loss, time 2000ms
rtt min/avg/max/mdev = 0.376/0.902/1.952/0.742 ms
```

图 8.5　主机 2 连通性测试

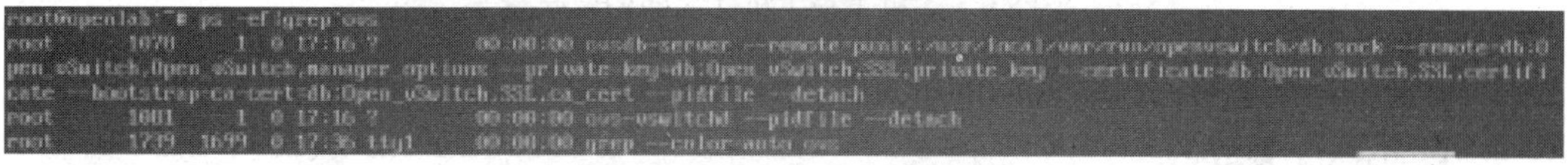

```
root@openlab:~# ps -ef|grep ovs
root      1070     1  0 17:16 ?        00:00:00 ovsdb-server --remote=punix:/usr/local/var/run/openvswitch/db.sock --remote=db:O
pen_vSwitch,Open_vSwitch,manager_options --private-key=db:Open_vSwitch,SSL,private_key --certificate=db:Open_vSwitch,SSL,certifi
cate --bootstrap-ca-cert=db:Open_vSwitch,SSL,ca_cert --pidfile --detach
root      1081     1  0 17:16 ?        00:00:00 ovs-vswitchd --pidfile --detach
root      1739  1699  0 17:36 tty1     00:00:00 grep --color=auto ovs
```

图 8.6　开启 Open Switch 进程

步骤 2：执行以下命令，创建网桥 br0，并将 eth0 网卡挂接到 br0。

```
# ovs-vsctl add-br br0
# ovs-vsctl add-port br0 eth0
```

步骤 3：将 eth0 挂接到 br0 后，OVS 云主机无法与其他主机通信，执行以下命令将 eth0 的 IP 赋给 br0，如图 8.7 所示。

```
# ifconfig eth0 0 up
# ifconfig br0 30.0.1.8/24 up
# ifconfig
```

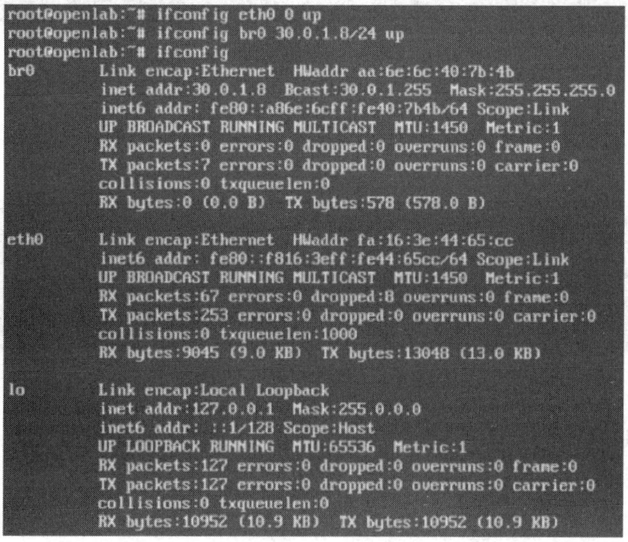

```
root@openlab:~# ifconfig eth0 0 up
root@openlab:~# ifconfig br0 30.0.1.8/24 up
root@openlab:~# ifconfig
br0       Link encap:Ethernet  HWaddr aa:6e:6c:40:7b:4b
          inet addr:30.0.1.8  Bcast:30.0.1.255  Mask:255.255.255.0
          inet6 addr: fe80::a86e:6cff:fe40:7b4b/64 Scope:Link
          UP BROADCAST RUNNING MULTICAST  MTU:1450  Metric:1
          RX packets:0 errors:0 dropped:0 overruns:0 frame:0
          TX packets:7 errors:0 dropped:0 overruns:0 carrier:0
          collisions:0 txqueuelen:0
          RX bytes:0 (0.0 B)  TX bytes:578 (578.0 B)

eth0      Link encap:Ethernet  HWaddr fa:16:3e:44:65:cc
          inet6 addr: fe80::f816:3eff:fe44:65cc/64 Scope:Link
          UP BROADCAST RUNNING MULTICAST  MTU:1450  Metric:1
          RX packets:67 errors:0 dropped:8 overruns:0 frame:0
          TX packets:253 errors:0 dropped:0 overruns:0 carrier:0
          collisions:0 txqueuelen:1000
          RX bytes:9045 (9.0 KB)  TX bytes:13048 (13.0 KB)

lo        Link encap:Local Loopback
          inet addr:127.0.0.1  Mask:255.0.0.0
          inet6 addr: ::1/128 Scope:Host
          UP LOOPBACK RUNNING  MTU:65536  Metric:1
          RX packets:127 errors:0 dropped:0 overruns:0 frame:0
          TX packets:127 errors:0 dropped:0 overruns:0 carrier:0
          collisions:0 txqueuelen:0
          RX bytes:10952 (10.9 KB)  TX bytes:10952 (10.9 KB)
```

图 8.7　br0 设置 IP

步骤 4：在主机 1 上执行 iperf -s 命令，以主机 1 为服务器端进行 TCP 测试，如图 8.8 所示。

图 8.8　主机 1 到服务器 TCP 测试

说明：服务器端默认端口为 5001，默认测试时间为 10s。

步骤 5：在主机 2 上执行 iperf -c 30.0.1.8 命令，以主机 2 为客户端去连接主机 1，测试主机 1 与主机 2 之间的吞吐量，如图 8.9 所示。

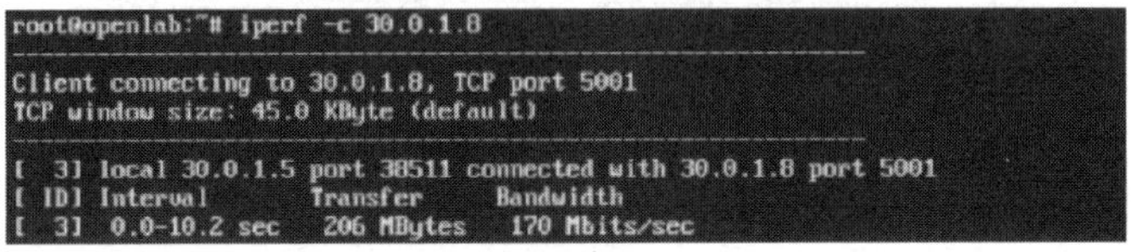

图 8.9　主机 1 与主机 2 之间的吞吐量

结果表明主机 1 与主机 2 之间的带宽是 170Mbits/sec。

3. 设置 QoS 参数

步骤 1：在主机 1 上执行 Ctrl+C 退出 iperf 服务进程。

步骤 2：执行以下命令设置 eth0 吞吐量为 100±20Mbps。

```
# ovs-vsctl set interface eth0 ingress_policing_rate=100000
# ovs-vsctl set interface eth0 ingress_policing_burst=20000
```

说明：利用 ingress_policing_rate 设置 eth0 端口最大速率（kbps），ingress_policing_burst 设置最大浮动速率（kbps）。

步骤 3：执行 iperf -s 命令，以主机 1 为服务器端进行 TCP 测试，如图 8.10 所示。

图 8.10　主机 1 到服务器 TCP 测试

步骤 4：在主机 2 上执行 iperf -c 30.0.1.8 命令，再次测试主机 1 与主机 2 之间的吞吐量，如图 8.11 所示。

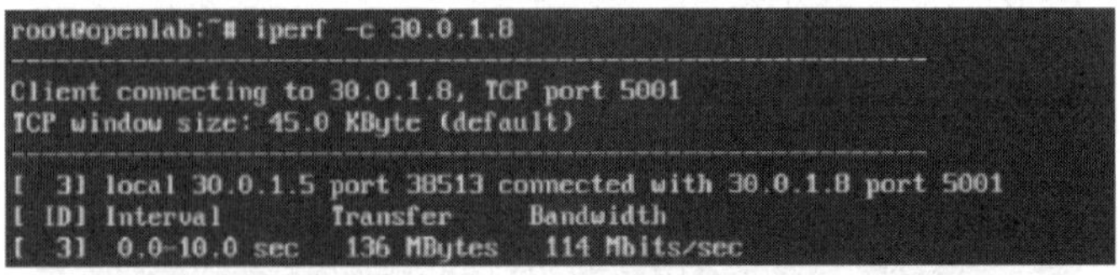

图 8.11　主机间吞吐量测试

结果表明主机 1 与主机 2 之间的带宽是 114Mbits/sec，远端接收速率明显降低。

8.2　Mininet 的可视化应用

8.2.1　实验任务与目的

① 熟悉 Mininet 可视化界面；

② 掌握自定义拓扑及拓扑设备设置的方法，实现自定义脚本；

③ 通过可视化界面生成拓扑脚本方便后续使用。

8.2.2　实验原理

Mininet 2.2.0 版本中内置了一个 Mininet 可视化工具 Miniedit，使用 Mininet 可视化界面方便了用户自定义拓扑创建，为不熟悉 Python 脚本的使用者创造了更简单的环境。该工具界面直观，可操作性强。Mininet 在"/home/openlab/openlab/mininet/mininet/examples"目录下提供 miniedit.py 脚本，执行脚本后即可显示 Mininet 的可视化界面，在界面上可进行自定义拓扑和自定义设置。通过可视化界面创建拓扑后会生成一个 Python 文件，创建的拓扑可以直接运行，也可以通过 Python 文件启动。Miniedit 的界面如图 8.12 所示，左侧控件依次是 Select、Host、Switch、Legacy switch、Legacy router、Netlink、Controller。

图 8.12　Miniedit 界面

8.2.3　实验步骤

1. 实验环境检查

步骤 1：选择控制器，单击终端图标，打开终端，执行 ifconfig 命令查看控制器 IP，如图 8.13 所示。

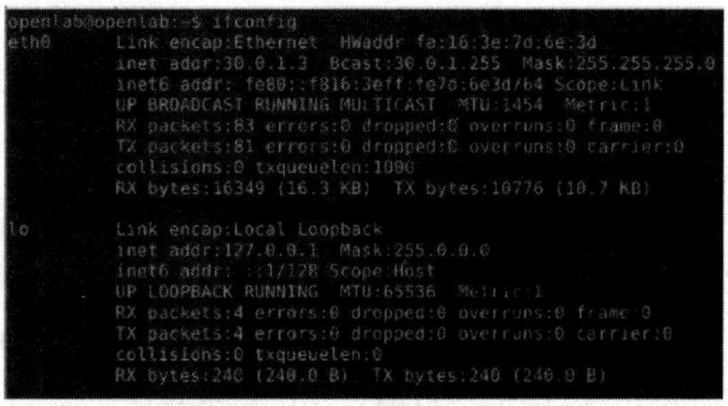

图 8.13　控制器 IP 查询

步骤 2：登录主机 1，执行 ifconfig 命令查看 Mininet 的 IP 地址，如图 8.14 所示。

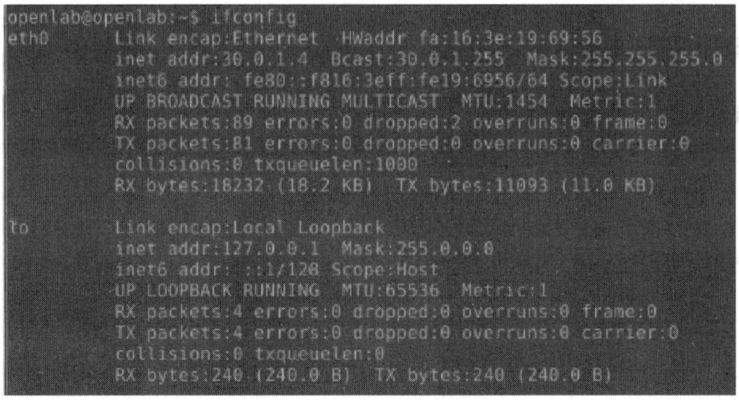

openlab@openlab:~$ ifconfig
eth0   Link encap:Ethernet HWaddr fa:16:3e:19:69:56
          inet addr:30.0.1.4 Bcast:30.0.1.255 Mask:255.255.255.0
          inet6 addr: fe80::f816:3eff:fe19:6956/64 Scope:Link
          UP BROADCAST RUNNING MULTICAST MTU:1454 Metric:1
          RX packets:89 errors:0 dropped:2 overruns:0 frame:0
          TX packets:81 errors:0 dropped:0 overruns:0 carrier:0
          collisions:0 txqueuelen:1000
          RX bytes:18232 (18.2 KB) TX bytes:11093 (11.0 KB)
lo   Link encap:Local Loopback
          inet addr:127.0.0.1 Mask:255.0.0.0
          inet6 addr: ::1/128 Scope:Host
          UP LOOPBACK RUNNING MTU:65536 Metric:1
          RX packets:4 errors:0 dropped:0 overruns:0 frame:0
          TX packets:4 errors:0 dropped:0 overruns:0 carrier:0
          collisions:0 txqueuelen:0
          RX bytes:240 (240.0 B) TX bytes:240 (240.0 B)

图 8.14 主机 IP 地址查询

2. 通过可视化界面构建拓扑

步骤 1：选择主机 1，执行如下命令启动 Mininet 可视化界面，如图 8.15 所示。

```
$ cd openlab/mininet/mininet/examples
$ sudo ./miniedit.py
```

openlab@openlab:~$ cd openlab/mininet/mininet/examples
openlab@openlab:~/openlab/mininet/mininet/examples$ sudo ./miniedit.py
[sudo] password for openlab:
MiniEdit running against Mininet 2.2.0
topo=none

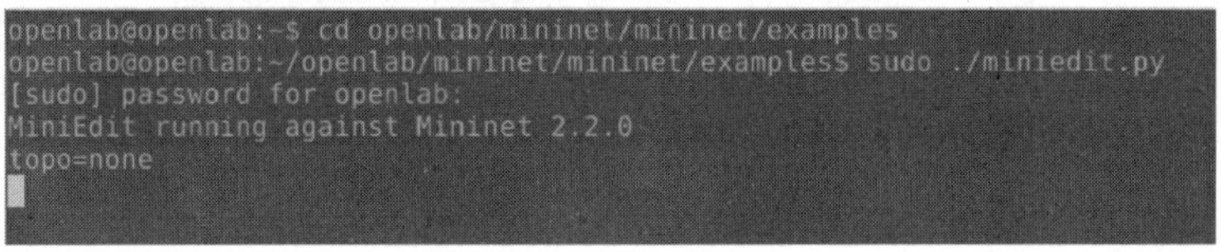

图 8.15 启动主机 1Mininet 可视化界面

Mininet 可视化界面如图 8.16 所示。

MiniEdit
File Edit Run Help
Run
Stop

图 8.16 主机 1Mininet 可视化界面

步骤 2：添加如图 8.17 所示的网络组件，左击鼠标选择左侧的“线”，拖动鼠标连接网络组件。

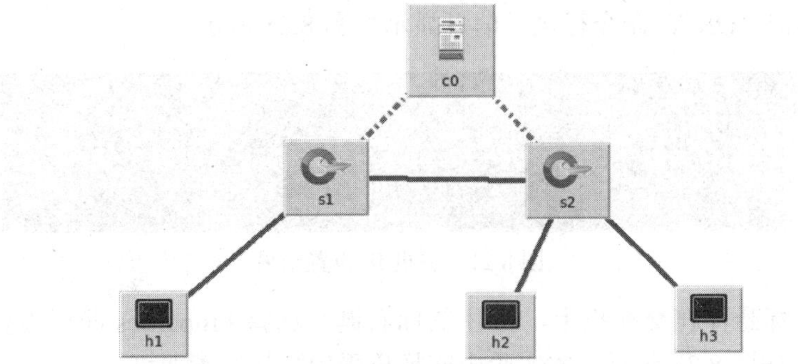

图 8.17　虚拟网络模型

说明：用鼠标选择左侧的对应的网络组件，然后在空白区域单击鼠标左键即可添加网络组件。

步骤 3：鼠标悬停在控制器上，按住鼠标右键，选择 Properties 即可设置其属性。设置 Controller Type 为 "Remote Controller"，并填写控制器的端口和 IP 地址，如图 8.18 所示。

图 8.18　控制器 IP、端口

步骤 4：单击 "OK"，命令行执行信息显示如图 8.19 所示。

图 8.19　配置结果

步骤 5：鼠标悬停在主机上，按住鼠标右键，选择 Properties 即可设置其属性。在主机属性中自行设置主机的 IP 地址等，如图 8.20 所示。

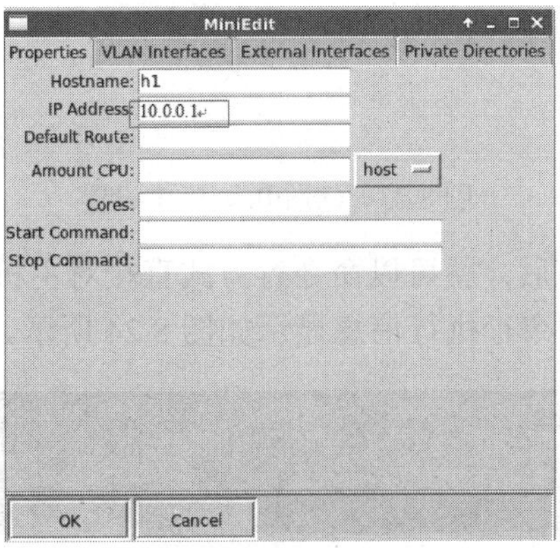

图 8.20　主机 IP 设置

步骤 6：单击"OK"，命令行执行信息显示如图 8.21 所示。

New host details for h1 = {'ip': '10.0.0.1', 'nodeNum': 1, 'sched': 'host', 'hostname': 'h1'}
New host details for h2 = {'ip': '10.0.0.2', 'nodeNum': 2, 'sched': 'host', 'tname': 'h2'}
New host details for h3 = {'ip': '10.0.0.3', 'nodeNum': 3, 'sched': 'host', 'hostname': 'h3'}

图 8.21　主机 IP 设置结果

步骤 7：鼠标悬停在交换机上，按住鼠标右键，选择 Properties 即可设置其属性。交换机属性配置页面如图 8.22 所示，本实验中交换机采用默认配置即可。

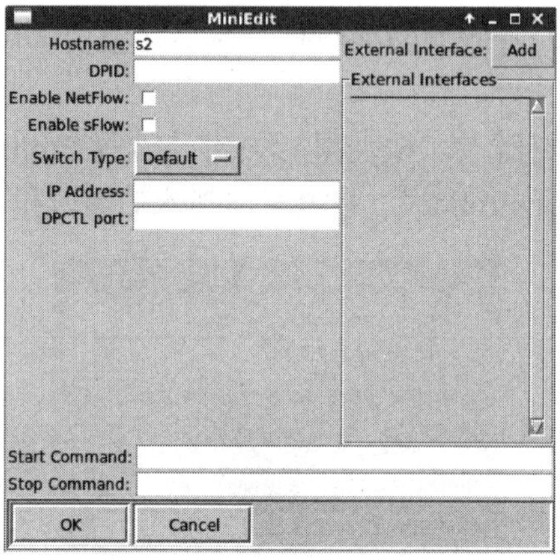

图 8.22　交换机属性设置

步骤 8：单击菜单栏中的"Edit"，选择"Preferences"，进入 Preferences 界面，勾选"Start CLI"和 OpenFlow 协议版本，如图 8.23 所示。

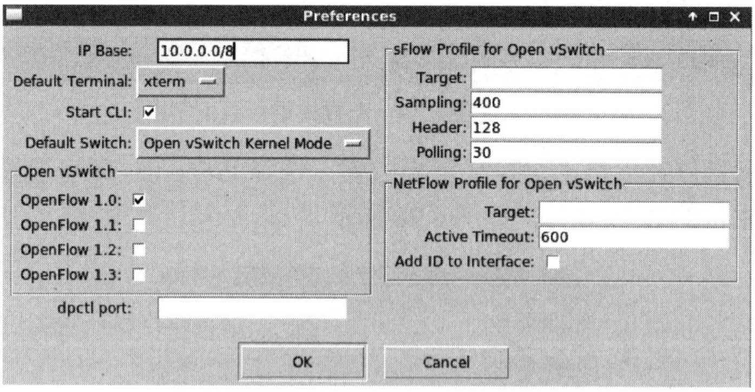

图 8.23　Openflow 版本设置

说明：勾选"Start CLI"后，就可以命令行方式直接对主机等进行命令操作。

步骤 9：单击"OK"，命令行执行信息显示如图 8.24 所示。

New Prefs = {'ipBase': '10.0.0.0/8', 'sflow': {'sflowPolling': '30', 'sflowSampling': '400', 'sflowHeader': '128', 'sflowTarget': ''}, 'terminalType': 'xterm', 'startCLI': '1', 'switchType': 'ovs', 'netflow': {'nflowAddId': '0', 'nflowTarget': '', 'nflowTimeout': '600'}, 'dpctl': '', 'openFlowVersions': {'ovsOf11': '0', 'ovsOf10': '1', 'ovsOf13': '0', 'ovsOf12': '0'}}

图 8.24　交换机参数配置结果

步骤 10：单击左下角“Run”按钮，即可启动 Mininet，运行设置好的网络拓扑，如图 8.25 所示。

File Edit Run Help
c0
s1
s2
h1
h2
h3
Run
Stop

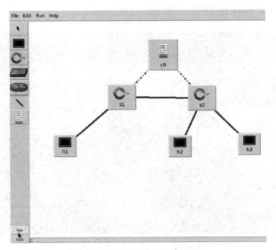

图 8.25　Mininet 运行界面

步骤 11：查看终端页面显示的运行的拓扑信息，如图 8.26 所示。

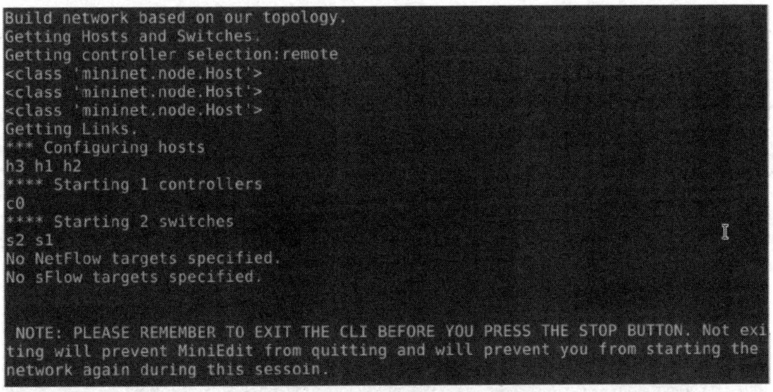

Build network based on our topology.
Getting Hosts and Switches.
Getting controller selection:remote
<class 'mininet.node.Host'>
<class 'mininet.node.Host'>
<class 'mininet.node.Host'>
Getting Links.
*** Configuring hosts
h3 h1 h2
**** Starting 1 controllers
c0
**** Starting 2 switches
s2 s1
No NetFlow targets specified.
No sFlow targets specified.
NOTE: PLEASE REMEMBER TO EXIT THE CLI BEFORE YOU PRESS THE STOP BUTTON. Not exiting will prevent MiniEdit from quitting and will prevent you from starting the network again during this sessoin.

图 8.26　运行的拓扑信息

步骤 12：选择“File Export Level 2 Script”，将其保存为 Python 脚本，如图 8.27 所示。

Export the topology as...
Directory:
/home/openlab/openlab/mininet/examples
test
1.py
__init__.py
baresshd.py
bind.py
cluster.py
clustercli.py
clusterdemo.py
clusterSanity.py
consoles.py
controllers.py
controllers2.py
controlnet.py
cpu.py
emptynet.py
hwintf.py
intfoptions.py
limit.py
File name:
topo.py
Save
Files of type:
Mininet Custom Topology (*.py)
Cancel

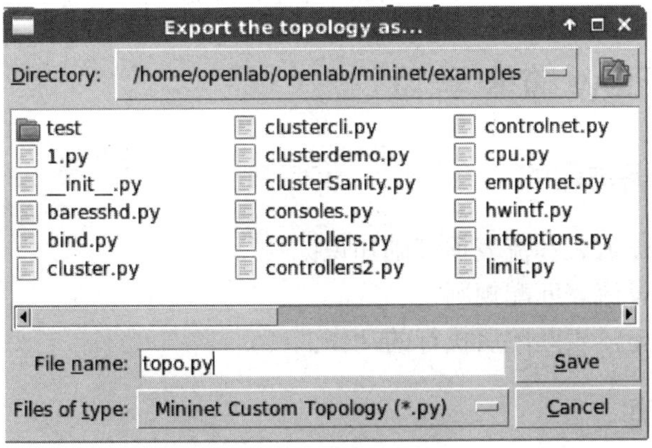

图 8.27　脚本配置保存

说明：后续直接运行 Python 脚本即可重现拓扑，重现拓扑后可在命令行直接操作。

步骤 13：在 Mininet CLI 中输入 Mininet 常用命令，查看拓扑中的节点和连接关系，并进行主机之间互 Ping 测试拓扑连通性，如图 8.28 所示。

```
mininet> nodes
available nodes are:
c0 h1 h2 h3 s1 s2
mininet> net
h2 h2-eth0:s2-eth2
h3 h3-eth0:s2-eth3
h1 h1-eth0:s1-eth2
s1 lo:  s1-eth1:s2-eth1 s1-eth2:h1-eth0
s2 lo:  s2-eth1:s1-eth1 s2-eth2:h2-eth0 s2-eth3:h3-eth0
c0
mininet> pingall
*** Ping: testing ping reachability
h2 -> h3 h1
h3 -> h2 h1
h1 -> h2 h3
*** Results: 0% dropped (6/6 received)
mininet>
```

图 8.28　主机间连通性测试

步骤 14：单击可视化界面的“X”图标，退出可视化。

说明：若无法退出，请切换到 Mininet CLI 中执行 exit 退出 Mininet，将自动关闭 Mininet 可视化界面。

步骤 15：在“/home/openlab/openlab/mininet/mininet/examples”目录下，执行如下命令，运行脚本，如图 8.29 所示。

```
$ sudo python topo.py
```

```
openlab@openlab:~/openlab/mininet/mininet/examples$ sudo python topo.py
*** Adding controller
*** Add switches
*** Add hosts
*** Add links
*** Starting network
*** Configuring hosts
h2 h3 h1
*** Starting controllers
*** Starting switches
*** Post configure switches and hosts
*** Starting CLI:
mininet>
```

图 8.29　python 环境中启动脚本

8.3　OpenFlow 流表学习

8.3.1　实验任务与目的

① 掌握 OpenFlow 流表和流表项基础知识；

② 掌握 OpenFlow 流表匹配规则；

③ 掌握 OpenFlow 流表匹配后执行的动作。

8.3.2　实验原理

OpenFlow 控制器通过部署流表来指导数据平面流量。OpenFlow v1.0 中每台 OF 交换机只有一张流表，这张流表中存储着许多的表项，每一个表项都表征了一个"流"及其对应的处理方法——动作表（Action），一个数据分组进入 OF 交换机后需要先匹配流表，若符合其中某条表项的特征，则按照相应的动作进行转发，否则封装为 Packet-in 消息通过安全通道交给控制器，再由控制器决定如何处理。另外，每条流表项都存在一个有效期，过期之后流表会自动删除。

一个流表中包含多个流表项，OpenFlow 1.0 中流表项主要由三部分组成，分别是用于数据分组匹配的分组头域（Head Field），用于保存与条目相关统计信息的计数器（Counter），还有匹配表项后需要对数据分组执行的动作表（Action），如图 8.30 所示。

分组头域	计数器	动作表

图 8.30　OpenFlow 1.0 流表项结构

分组头域是数据分组匹配流表项时参照的依据，作用上类似于传统交换机进行二层交换时匹配数据分组的 MAC 地址，路由器进行三层路由时匹配的 IP 地址。如图 8.31 所示，在 OpenFlow 1.0 中，流表项的分组头域包括了 12 个字段，协议称其为 12 元组（12-Tuple），它提供了 1～4 层的网络控制信息，详见表 8.1。

入口端	以太网源地址	以太网目的地址	以太网帧类型	VLAN 标识	VLAN 优先级	源 IP 地址	目的 IP 地址	IP 数据分组类型	服务类型 TOS	传输层源端口号	传输层目的端口号

图 8.31　OpenFlow 1.0 中的 12 元组

交换机入端口（Ingress Port）属于一层的标识；源 MAC 地址（Ether source）、目的 MAC 地址（Ether dst）、以太网类型（EtherType）、VLAN 标签（VLAN id）、VLAN 优先级（VLAN priority）属于二层标识；源 IP（IP src）、目的 IP（IP dst）、IP 协议字段（IP proto）、IP 服务类型（IP ToS bits）属于三层标识；TCP/UDP 源端口号（TCP/UDP src port）、TCP/UDP 目的端口号（TCP/UDP dst port）属于四层的标识。这些丰富的匹配字段为标识"流"提供了更为精细的粒度。

表 8.1　OpenFlow 1.0 中 12 元组详细信息

设 备 名 称	软件环境（镜像）	硬 件 环 境	设 备 名 称
入端口	未规定	所有数据分组	数据分组进入交换机的端口号，从 1 开始
以太网源地址	6	有效端口收到的数据分组	无
以太网目的地址	6	有效端口收到的数据分组	无
以太网帧类型	2	有效端口收到的数据分组	OF 交换机必须支持由 IEEE 802.2+SNAP 或 OUI 规定的类型。使用 IEEE 802.3 而非 SNAP 的帧类型为 0x05FF
VLAN 标识	12bit	帧类型为 0x8100 的数据分组	VLAN ID
VLAN 优先级	3bit	帧类型为 0x8100 的数据分组	VLAN PCP 字段

续表

设 备 名 称	软件环境（镜像）	硬 件 环 境	设 备 名 称
源 IP 地址	4	ARP 与 IP 数据分组	可划分子网
目的 IP 地址	4	ARP 与 IP 数据分组	可划分子网
服务类型 TOS	6bit	IP 数据分组	高 6bit 为 TOS
IP 数据分组类型	1	ARP 与 IP 数据分组	对应 ARP 中 opcode 字段的低字节
传输层源端口号/ICMP 类型	2	TCP/UDP/ICMP 分组	当数据分组类型是 ICMP 时，低 8bit 用于标识 ICMP 类型
传输层目的端口号/ICMP 码值	2	TCP/UDP/ICMP 分组	当数据分组类型是 ICMP 时，低 8bit 用于标识 ICMP 码值

流表项中的计数器用来统计相关“流”的一些信息，例如查找次数、收发分组数、生存时间等。另外，OpenFlow 针对每张表、每个流表项、每个端口、每个队列也都会维护它们相应的计数器。

动作表指定了 OF 交换机处理相应“流”的行为。动作可以分为两种类型：必选动作（Required Action）和可选动作（Optional Action）。必选动作是默认支持的，而交换机需要通知控制器它支持的可选动作。另外，当流表项中存在 OF 交换机不支持的动作时将向控制器返回错误消息。

OpenFlow v1.3 中流表项如图 8.32 所示，主要由 6 部分组成，分别是：匹配字段（match fields）、优先级（priority）、计数器（counters）、指令（instructions）、超时（timeouts）、cookie。从 OpenFlow1.0 发展至 OpenFlow1.3，匹配字段已经从 12 元组扩展成 39 个字段。

Match Fields	Priority	Counters	Instructions	Timeouts	Cookies

图 8.32　OpenFlow v1.3 流表项结构

与 OpenFlow 1.0 不同的是，OpenFlow 1.3 协议中一台 OF 交换机会有多张流表。具体匹配流程如图 8.33 所示，首先交换机解析进入设备的数据分组，然后从 table 0 开始匹配，按照优先级高低依次匹配该流表中的流表项，一个数据分组在一个流表中只会匹配上一条流表项。通常根据数据分组的类型，分组头的字段例如源 MAC 地址、目的 MAC 地址、源 IP 地址、目的 IP 地址等进行匹配，大部分匹配还支持掩码进行更精确、灵活的匹配。也可以通过数据分组的入端口或元数据信息来进行数据分组的匹配，一个流表项中可以同时存在多个匹配项，一个数据分组需要同时匹配流表项中所有匹配项才能匹配该流表项。数据分组匹配按照现有的数据分组字段进行，比如前一个流表通过 apply actions 改变了该数据分组的某个字段，则下一个表项按修改后的字段进行匹配。如果匹配成功，则按照指令集里的动作更新动作集，或更新数据分组/匹配集字段，或更新元数据和计数器。根据指令是否继续前往下一个流表，不继续则终止匹配流程执行动作集，如果指令要求继续前往下一个流表则继续匹配，下一个流表的 ID 需要比当前流表 ID 大。当数据分组匹配失败了，如果存在无匹配流表项（table miss）就按照该表项执行指令，一般是将数据分组转发给控制器、丢弃或转发给其他流表。如果没有 table miss 表项则默认丢弃该数据分组。

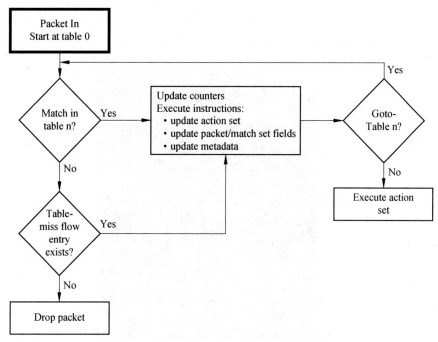

图 8.33　OpenFlow v1.3 中流表的匹配流程

8.3.3　实验步骤

1. 实验环境检查

步骤 1：查看操作实验拓扑，如图 8.34 所示。

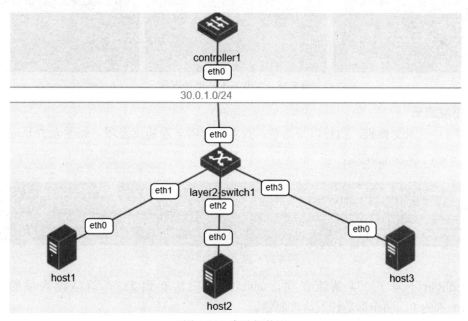

图 8.34　实验拓扑图

步骤 2：以 root 用户登录交换机，执行如下命令初始化 OVS。

#cd /home/fnic

```
#./ovs_init
```

步骤 3：查看网络连通性。如下图所示，is_connected 为 true 表明控制器与交换机连接成功，如图 8.35 所示。

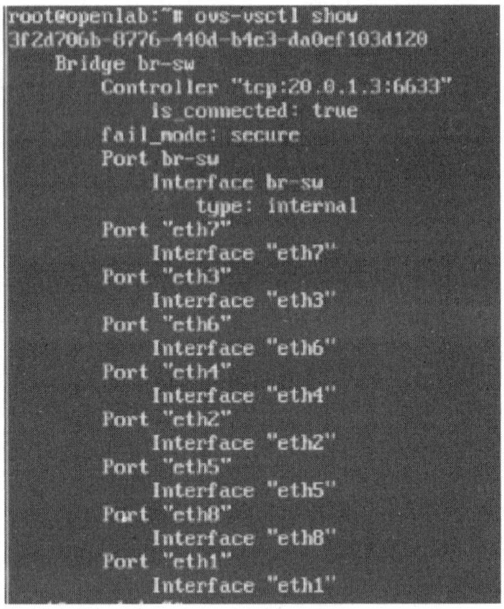

图 8.35　网络连通性测试

步骤 4：登录主机，查看主机 IP 地址，如图 8.36 所示。

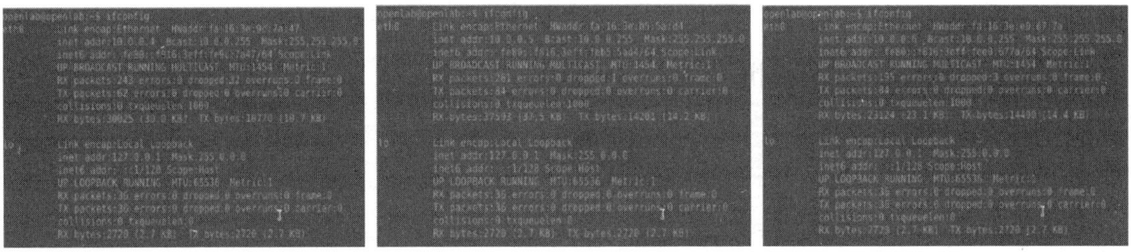

图 8.36　主机 1~3 IP 地址查看

2. 下发流表

步骤 1：登录交换机，执行以下命令，查看控制器下发的流表项。如图 8.37 所示。

```
# ovs-ofctl dump-flows br-sw
```

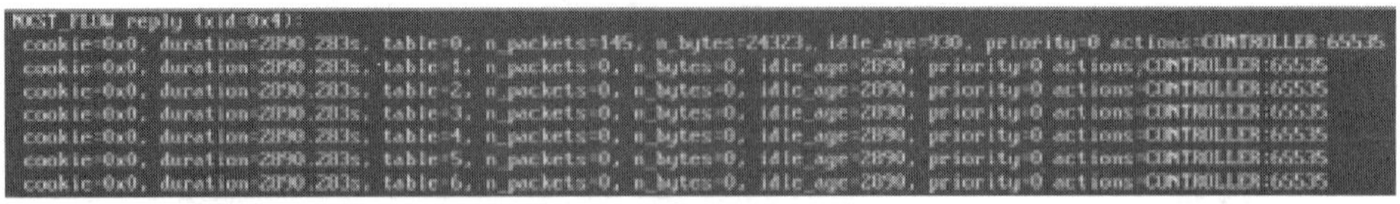

图 8.37　流表下发项查看

Floodlight 下发了 254 条流表项，table id 依次从 0 到 253，这些流表项的优先级（priority）都为 0，动作都是转发给控制器。

步骤 2：登录主机 1，ping 主机 2，交换机收到数据包后匹配当前的流表项，将数据包转发给控制器，触发 packet_in 消息。控制器发送 flow_mod 消息作为响应，并下发与该数据包相关的流表项，指导交换机进行转发。不过这些流表项的生命周期都比较短，如图 8.38

所示。

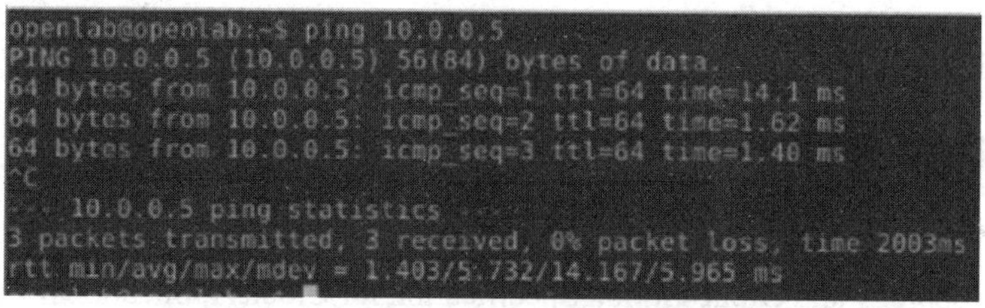

图 8.38 控制器与交换机间流表数据交换

步骤 3：登录交换机，执行命令 ovs-ofctl dump-flows br-sw |grep -v 65535 查看控制器下发的流表项。接收端口为 port1，从主机 1 发往主机 2 的数据包从 port2 转发出去。接收端口为 port2，从主机 2 发往主机 1 的数据包从 port1 转发出去，如图 8.39 所示。

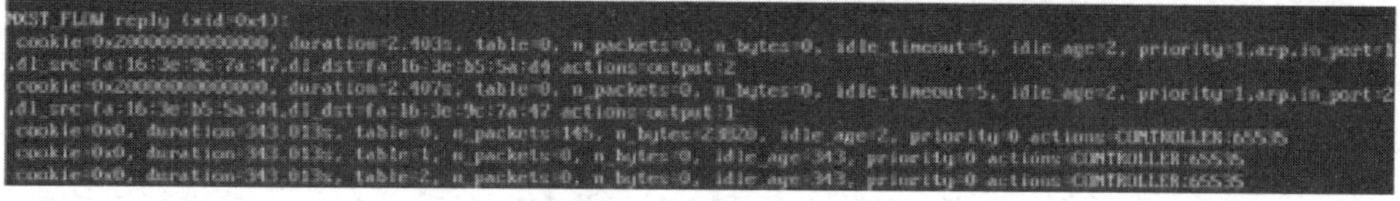

图 8.39 控制器流表项

步骤 4：执行如下命令，下发一条流表项，将主机 1 发给主机 2 的数据包丢弃。匹配字段包括：dl_type、nw_src、nw_dst，优先级 priority 设为 27，table id 为 0，即将该流表项下发到table 0 中。

```
# ovs-ofctl add-flow br-sw
# dl_type=0x0800,nw_src=10.0.0.4,nw_dst=10.0.0.5,priority=27,table=0,actions=drop
```

步骤 5：执行如下命令，查看流表，可以看见新添加的流表项，以及之前控制器下发的流表项，如图 8.40 所示。

```
# ovs-ofctl dump-flows br-sw |more
```

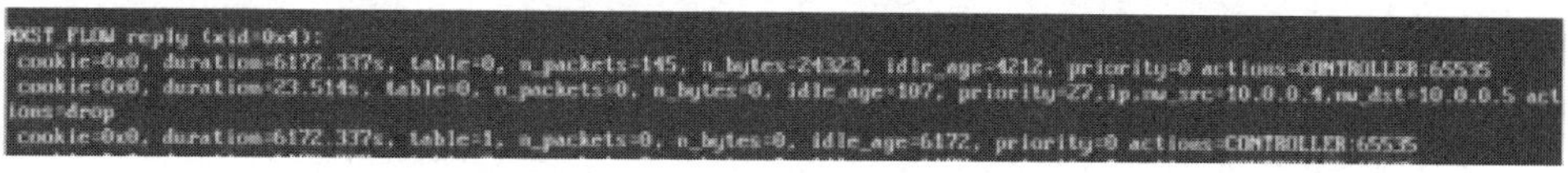

图 8.40 已下发流表查看

步骤 6：登录主机 1，ping 主机 2，发现新增的流表项生效，主机 1 与主机 2 不通，如图 8.41 所示。

图 8.41 连通性测试

8.4 NFV 模板的编写实践

8.4.1 实验任务与目的

① 熟悉 YAML 的基本语法；

② 通过 YAML 基本语法的学习掌握 NFV 模板的编写基础，然后通过编写 NFV 模板熟悉模板编写技能；

③ 在 OpenStack 界面上，完成 VNFD 的创建。

8.4.2 实验原理

1. TOSCA

TOSCA（Topology and Orchestration Specification for Cloud Applications，云应用拓扑编排标准）是由 OASIS 组织制定的，用来描述云平台上应用的拓扑结构。目前支持 XML 和 YAML。

TOSCA 的基本概念有两个：节点（node）和关系（relationship）。节点有许多类型，可以是一台服务器、一个网络、一个计算节点等。关系描述了节点之间是如何连接的。目前它的开源实现有 OpenStack (Heat-Translator，Tacker，Senlin)，Alien4Cloud，Cloudify 等。VNFD（VNF Descriptor）即虚拟网络功能描述，描述 VNF 部署配置与特性的文件，描述内容包括 VDU（Virtual Deployment Unit 包含虚拟机基础创建信息，如 flavor、image），CP（Connection Point 包含该 CP 连接的 node 和 VL）及 VL（Virtual Link 描述其连接的网络）。

2. YAML 基本语法学习

YAML 是 YAML Ain't Markup Language 的首字母的递归缩写，是一种简洁的非标记语言。YAML 以数据为中心，使用空白、缩进、分行组织数据，从而使得表示更加简洁易读。

3. 基本规则

YAML 的基本规则包括：大小写敏感；使用缩进表示层级关系；禁止使用 tab 缩进，只能使用空格键；缩进长度没有限制，只要元素对齐就表示这些元素属于一个层级；使用#表示注释；字符串可以不用引号标注。

4. 散列表（map）

使用冒号（:）表示键值对，同一缩进的所有键值对属于一个 map，也可以将一个 map 写在一行，示例如图 8.42、图 8.43 所示。

```
1  #YAML表示
2  age : 12
3  name : huang
4
5  #对应的Json表示
6  {'age':12,'name':'huang'}
```

图 8.42　YAML 中的散列表

```
1  #YAML表示
2  {age:12,name:huang}
3
4  #对应的Json表示
5  {'age':12,'name':'huang'}
```

图 8.43　map 表示

5. 数组（list）

使用连字符（—）表示，也可以写在一行，示例如图 8.44、图 8.45 所示。

6. 数据结构嵌套

map 和 list 的元素可以是另一个 map 或者 list 或者是纯量。由此出现 4 种常见的数据嵌套。几种嵌套如图 8.46—8.49 所示。

```
1  # YAML表示
2  - a
3  - b
4  - 12
5
6  # 对应Json表示
7  ['a','b',12]
```

图 8.44　list 连字符（一）表示

```
1  # YAML表示
2  [a,b,c]
3
4  # 对应Json表示
5  [ 'a', 'b', 'c' ]
```

图 8.45　list 同一行表示

```
1  # YAML表示
2  websites:
3   YAML: yaml.org
4   Ruby: ruby-lang.org
5   Python: python.org
6   Perl: use.perl.org
7
8  # 对应Json表示
9  {websites:
10   { YAML: 'yaml.org',
11   Ruby: 'ruby-lang.org',
12   Python: 'python.org',
13   Perl: 'use.perl.org' } }
```

图 8.46　map 嵌套 map

```
1  # YAML表示
2  languages:
3   - Ruby
4   - Perl
5   - Python
6   - c
7
8  # 对应Json表示
9  { languages: [ 'Ruby', 'Perl', 'Python', 'c' ] }
```

图 8.47　map 嵌套 list

```
1  # YAML表示
2  languages:
3   - Ruby
4   - Perl
5   - Python
6   - c
7
8  # 对应Json表示
9  { languages: [ 'Ruby', 'Perl', 'Python', 'c' ] }
```

图 8.48　list 嵌套 map

```
1  # YAML表示
2  -
3   id: 1
4   name: huang
5  -
6   id: 2
7   name: liao
8
9  # 对应Json表示
10 [ { id: 1, name: 'huang' }, { id: 2, name: 'liao' } ]
```

图 8.49　list 嵌套 list

8.4.3　实验步骤

1. VNFD 编写

以创建一个防火墙 VNFD 为例编写 YAML 文件，执行 vim /home/firewall_vnfd.yaml 创建文件，内容如下所示。

```
tosca_definitions_version: tosca_simple_profile_for_nfv_1_0_0
description: firewall vnfd
metadata:
```

```
template_name: firewall-tosca-vnfd
topology_template:
node_templates:
VDU1:
Type: tosca.nodes.nfv.VDU.Tacker
Capabilities:
nfv_compute:
properties:
num_cpus: 2
mem_size: 4096 MB
disk_size: 20 GB
properties:
image: pfsense
name: pfsense_vnf
CP1:
Type: tosca.nodes.nfv.CP.Tacker
Properties:
Management: true
Order: 0
Requirements:
virtualLink:
node: VL1
virtualBinding:
node: VDU1
VL1:
Type: tosca.nodes.nfv.VL
Properties:
network_name: net_mgmt
vendor: Tacker
```

　　一个 VNF 由 VDU/s、CP(connection point)/s、VL(virtual link)/s 这 3 个部分组成。每个组成部分可包含 type，capabilities，properties，attributes 和 requirements。这 3 个组成部分位于 node_templates 内部。node_templates 包含于 topology_template 内部。

　　示例文件中 VDU1 主要信息包含：image 指定为 pfsense（开源防火墙镜像）；flavor 本示例中指定为具体 num_cpus、mem_size、disk_size，也可以指定为 OpenStack 平台已有的 flavor 名称。CP1 包含该连接的 node（VDU1 和 VL1）。VL1 描述其连接的网络为 net_mgmt。

2. VNFD 创建环境准备

　　上文以 VNFD 为例编写的 YAML 文件中指定了具体的镜像（pfsense）、网络（net_mgmt），因此在创建 VNFD 之前需要创建这两项资源。

　　步骤 1：在应用菜单页面，单击终端图标打开终端。执行如下命令启动 memcached 和 rabbitmq-server 服务。

```
# service memcached start
# service rabbitmq-server start
```

步骤 2：执行以下命令启动 Tacker 服务。

```
#sudo python /usr/local/bin/tacker-server --config-file /usr/local/etc/tacker/tacker.conf --log-file /var/log/tacker/tacker.log
```

步骤 3：打开浏览器，输入地址"http：//controller/horizon"进入 OpenStack 平台访问页面，并参照图 8.50 输入"domain""User Name""Password"登录 OpenStack 实验平台。

图 8.50　启动 OpenStack

步骤 4：选择"Admin > Images"。可看到系统已预置 cirros、pfsense、ubuntu_desktop 镜像，如图 8.51 所示。

图 8.51　查看 OpenStack 预配置

说明：若指定其他镜像需自行上传创建镜像。

步骤 5：选择"Admin > Networks"，进入 Network 管理页面，如图 8.52 所示。

图 8.52　Network 管理页面

步骤 6：单击"Create Network"，进入 Network 创建页面，如图 8.53 所示。

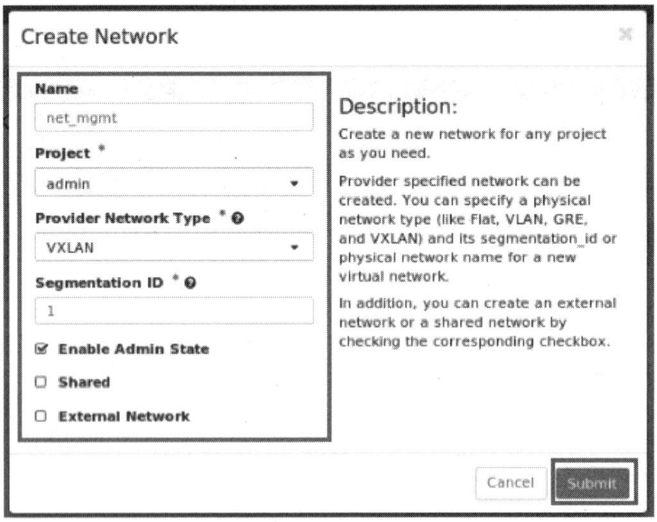

图 8.53　Network 创建

说明："Name"限定为 net_mgmt；"Project"下拉选择 admin；"Provider Network Type"下拉选择 VXLAN；"Segmentation ID"可为任意数字，确保不重复即可；默认勾选"Enable Admin State"。

步骤 7：单击"Submit"，提交创建请求，成功创建状态为 Active，如图 8.54 所示。

图 8.54　Network 创建结果

步骤 8：单击"net_mgmt"进入网络详情页，如图 8.55 所示。

图 8.55　网络详情

步骤 9：选择"Subnets > Create Subnet"弹出子网创建弹框，如图 8.56 所示。

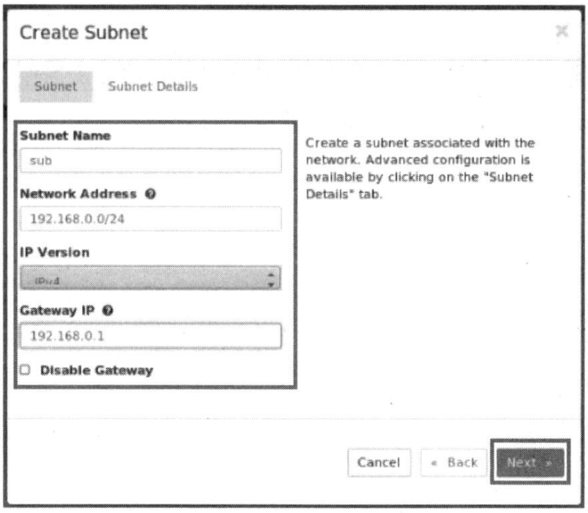

图 8.56　子网创建

说明："Subnet Name"可任意取；"Network Address"可任意取，只要符合 IP 地址规范即可；"IP Version"下拉选择 IPv4；"Gateway IP"根据"Network Address"填写值而定。

步骤 10：单击"Next"进入下一步操作页。

说明：默认勾选"Enable DHCP"；"Allocation Pools"可分配的地址池根据"Network Address"值而定，起始地址与末尾地址用逗号（,）隔开。

步骤 11：单击"Create"完成子网创建，如图 8.57 所示。

图 8.57　子网创建结果

3. VNFD 创建

步骤 1：选择"NFV > VNF Management> VNF Catalog"，进入 VNFD 管理页面，如图 8.58 所示。

图 8.58　VNFD 管理页面

步骤 2：单击"ONboard VNF"弹出 VNFD 创建框，如图 8.59 所示。

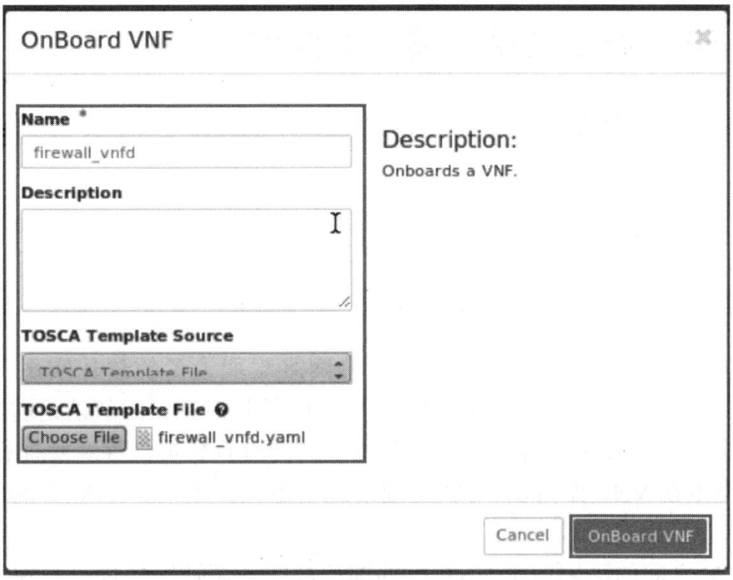

图 8.59　VNFD 创建

说明："Name"可任意取；"TOSCA Template Source"下拉选择"TOSCA Template File"；"TOSCA Template File"，在下方单击"Choose File"选择上传文件 firewall_vnfd.yaml。

步骤 3：单击弹窗中的"ONboard VNF"，提交 VNFD 创建请求，完成创建显示如图 8.60 所示。

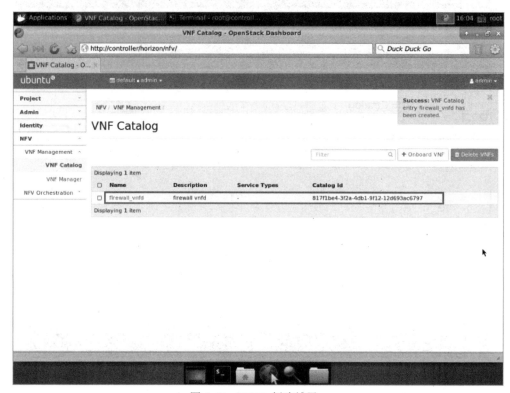

图 8.60　VNFD 创建结果

8.5　基于 VNFD 的防火墙功能实践

8.5.1　实验任务与目的

① 通过简单实践来创建 VIM；
② 熟悉并掌握通过 VNFD 实例化 VFW（虚拟防火墙）。

8.5.2　实验原理

虚拟网络功能（VNF）是虚拟机中封装的网络功能设备的软件实现，位于商用硬件 NFV 基础设施之上。VNF 是 NFV 的核心部分，众所周知 NFV 的基础是虚拟网络功能和软件，能够降低成本并获得对网络运营的全面控制，同时具备灵活性和敏捷性优势。NFV 的大部分运营都集中在 VNF 如何在 NFV 基础设施中服务，未来，NFV 中的重大进展将仅与 VNF 有关。

VNF 和 NFV 之间的区别在于 VNF 由外部厂商或开源社区提供给正在将其基础设施转换为 NFV 的服务提供商，可能有多个 VNF 结合起来形成 NFV 的单一服务。这给 NFV 的整体敏捷性带来了复杂性，其中来自不同厂商的 VNF 需要在具有不同运营模式的 NFV 基础设施中部署。

虚拟化基础设施管理器（Virtualized Infrastructure Manager，VIM）负责管理 VNFI（虚拟网络功能基础设施）的虚拟资源分配，包括虚拟计算、虚拟存储和虚拟网络。常见的 VIM 解决方案包括开源的 OpenStack 和商业的 VMware。

虚拟网络功能描述符（VNF Descriptor，VNFD）是用于描述虚拟网络功能（VNF）部署配置与特性的文件。其内容包括虚拟部署单元（Virtual Deployment Unit，VDU，包含虚拟机的基础创建信息，如 flavor 和 image）、连接点（Connection Point，CP，描述该连接点所连接的节点和虚拟链路）以及虚拟链路（Virtual Link，VL，描述其连接的网络）。

虚拟网络功能（Virtual Network Function，VNF）是通过 VNFD 文件进行描述的，并由 VNF Manager 负责实例化。

VNF 包括虚拟路由器、虚拟机交换机、虚拟网桥和虚拟防火墙等，本实验以虚拟防火墙（VFW）为例通过 YAML 描述文件创建 VNFD 并实例化 VFW。

实例化 VFW 需要防火墙模板 VNFD 以及 VIM。本实验首先创建防火墙模板 VNFD，然后创建 VIM，最后完成 VFW 的实例化。

8.5.3　实验步骤

1. 环境准备

步骤 1：在应用菜单页面，单击终端图标，打开终端。

步骤 2：执行如下命令启动 memcached 和 rabbitmq-server 服务。

```
# service memcached start
# service rabbitmq-server start
```

步骤 3：创建防火墙 YAML 文件，执行 vim /home/firewall_vnfd.yaml 创建文件。

```
tosca_definitions_version: tosca_simple_profile_for_nfv_1_0_0
description: firewall vnfd
metadata:
  template_name: firewall-tosca-vnfd
topology_template:
  node_templates:
    VDU1:
      Type: tosca.nodes.nfv.VDU.Tacker
      Capabilities:
        nfv_compute:
          properties:
            num_cpus: 2
            mem_size: 4096 MB
            disk_size: 20 GB
      properties:
        image: pfsense
        name: pfsense_vnf
    CP1:
```

```
        Type: tosca.nodes.nfv.CP.Tacker
        Properties:
           Management: true
           Order: 0
        Requirements:
           - virtualLink:
                Node: VL1
           - virtualBinding:
                Node: VDU1
     VL1:
        Type: tosca.nodes.nfv.VL
        Properties:
           network_name: net_mgmt
           vendor: Tacker
```

步骤 4：执行以下命令启动 Tacker 服务。

```
#sudo python /usr/local/bin/tacker-server --config-file /usr/local/etc/tacker/tacker.conf --log-file /var/log/tacker/
tacker.log
```

步骤 5：打开浏览器，输入地址"http：//controller/horizon"进入 OpenStack 平台访问页面，并参照下图输入"domain""User Name""Password"登录 OpenStack 实验平台，如图 8.61 所示。

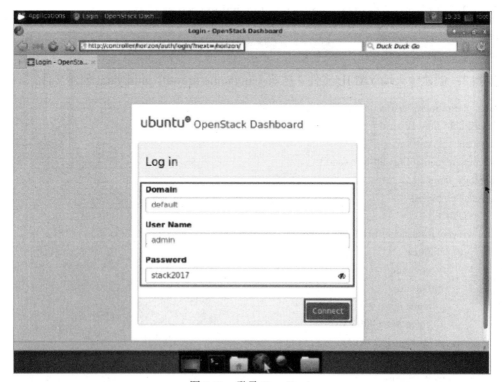

图 8.61　登录 OpenStack

步骤 6：选择"Admin > Networks"，进入 Network 管理页面，如图 8.62 所示。

图 8.62　Network 管理界面

步骤 7：单击"Create Network"，进入 Network 创建页面，如图 8.63 所示。

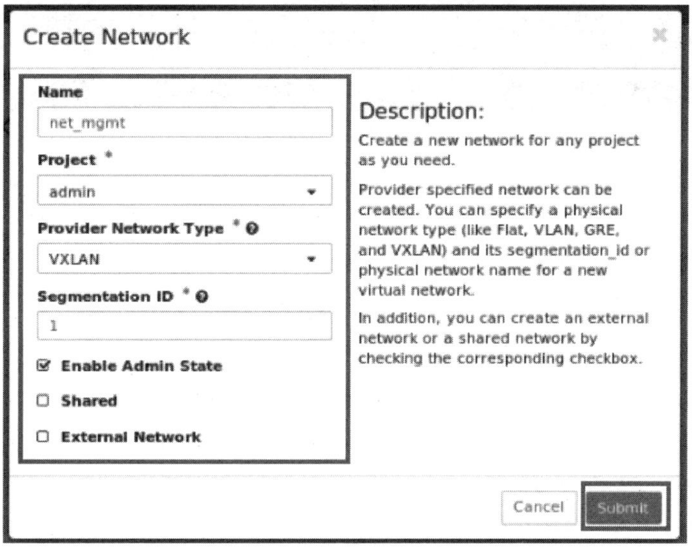

图 8.63　创建 Network

说明："Name"限定为 net_mgmt；"Project"下拉选择 admin；"Provider Network Type"下拉选择 VXLAN；"Segmentation ID"可为任意数字，确保不重复即可；默认勾选"Enable Admin State"。

步骤 8：单击"Submit"，提交创建请求，成功创建状态为 Active，如图 8.64 所示。

图 8.64　创建 Network 并激活

步骤 9：单击"net_mgmt"进入网络详情页，如图 8.65 所示。

图 8.65　网络管理页面

步骤 10：选择"Subnets > Create Subnet"弹出子网创建弹框，如图 8.66 所示。

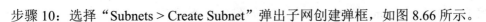

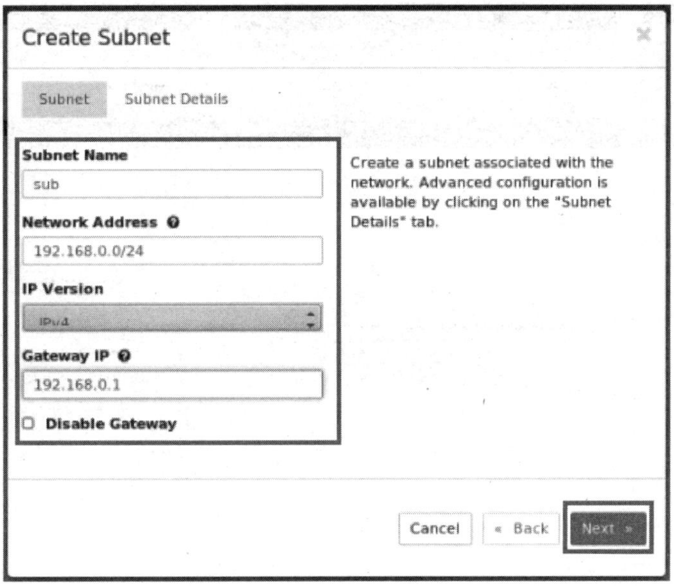

图 8.66　子网创建

说明："Subnet Name"可任意取；"Network Address"可任意取，只要符合 IP 地址规范即可；"IP Version"下拉选择 IPv4；"Gateway IP"根据"Network Address"填写值而定。

步骤 11：单击"Next"进入下一步操作页设置子网参数，如图 8.67 所示。

图 8.67　子网参数设置

说明：默认勾选"Enable DHCP"；"Allocation Pools"可分配的地址池根据"Network Address"值而定，起始地址与末尾地址用逗号（,）隔开。

步骤 12：单击"Create"完成子网创建，如图 8.68 所示。

图 8.68　子网创建结果

步骤 13：选择"NFV > VNF Management> VNF Catalog"，进入 VNFD 管理页面，如图 8.69 所示。

图 8.69　VNF 管理-ONbroad

步骤 14：单击"ONboard VNF"弹出 VNFD 创建框，如图 8.70 所示。

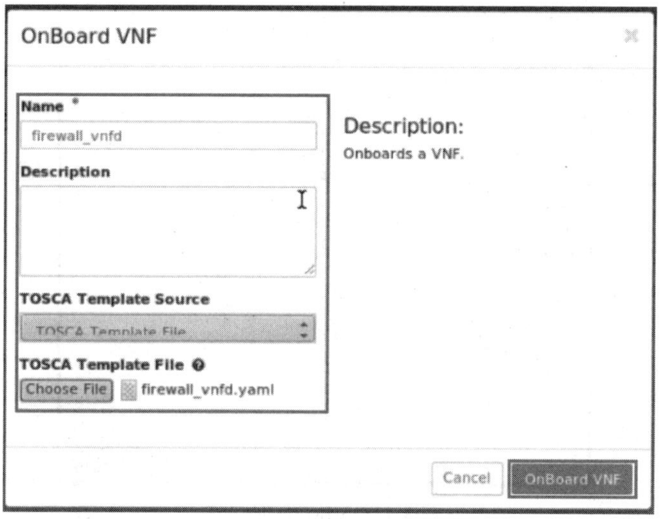

图 8.70　ONbroad 创建

说明："Name"可任意取；"TOSCA Template Source"下拉选择"TOSCA Template File"；"TOSCA Template File"下方单击"Choose File"选择上传文件 firewall_vnfd.yaml。

步骤 15：单击弹窗中的"ONboard VNF"，提交 VNFD 创建请求，完成创建。

步骤 16：以同样的方式，创建 VIM 创建。选择"NFV > NFV Orchestration > VIM Management"，进入 VIM 管理页面，单击"Register VIM"进入 VIM 创建页面完成创建，分别如图 8.71 和图 8.72 所示。

图 8.71　VIM 管理页面

图 8.72　VIM 管理创建

说明："Name"可任意取；"Auth URL"IP 地址替换为环境实际地址即可；"Username"为 Tacker 安装步骤 3 中所创建的用户名；"Password"为 Tacker 安装步骤 3 中创建用户名设定的密码；"Project name"为 Tacker 安装步骤 3 中创建用户名指定的项目名；"Domain name"为 Tacker 安装步骤 3 中创建用户名指定的域名。

步骤 18：单击弹框中"Register VIM"，成功创建的状态为 REACHABLE，如图 8.73 所示。

图 8.73　VIM 创建结果

2. VFW 实例化实践

步骤 1：选择"NFV > VNF Management> VNF Manager"，进入 VNF 管理页面，如

图 8.74 所示。

图 8.74　VNF 管理页面

步骤 2：单击"Deploy VNF"出现 VNF 创建弹框，如图 8.75 所示。

图 8.75　VNF 参数设置

说明："VNF Name"可任意取；"VNF Catalog Name"下拉选择新建好的"firewall_vnfd"（另外也可以通过"VNF template Source"下拉选择"File"，然后单击"TOSCA Template File"下方"Choose File"选择编写好的 VNFD yaml 文件来直接创建 VNF）；"VIM Name"下拉选择新建好的"test_vim"。

步骤 3：单击弹框中"Deploy VNF"，等待两分钟左右，成功创建的状态为 ACTIVE，如图 8.76 所示。

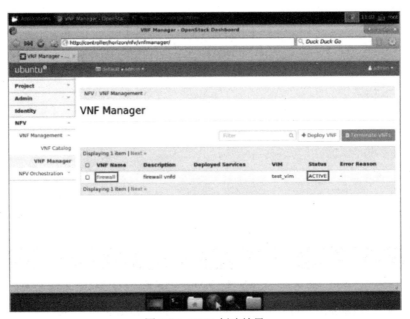

图 8.76　VNF 创建结果

步骤 4：单击 VNF 名"firewall"可查看 VNF 详情，页面信息包含 ID 以及根据 VL（virtual link）指定的网络分配的 IP，如图 8.77 所示。

图 8.77　VNF 信息查看

步骤 5：单击"Events Tab"可查看 VNF 创建过程中的具体事件及状态，如图 8.78 所示。

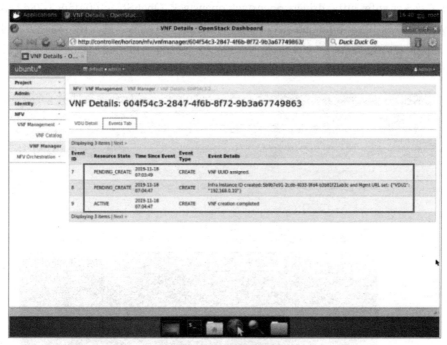

图 8.78 VNF 创建事件记录

步骤 6：选择"Admin> Instances"，进入实例列表页面。根据实例名称（pfsense_vnf）可以筛选出实例化的防火墙虚拟机，如图 8.79 所示。

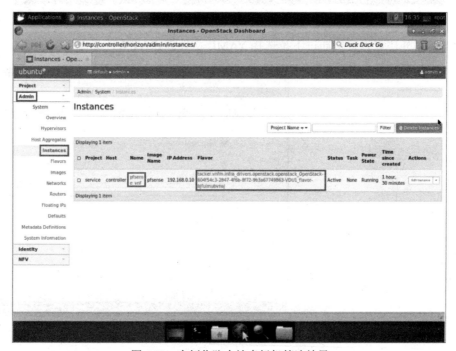

图 8.79 实例化防火墙虚拟机筛选结果

说明：由于在编辑 VNFD 的 VDU1 时，指定的 flavor 并非 Openstack 存在的，而是具体的 num_cpus、mem_size、disk_size，因此可以看到在实例化防火墙过程中，Openstack 新建了 Flavor："tacker.vnfm.infra_drivers.openstack.openstack_OpenStack-604f54c3-2847-4f6b-8f72-9b3a67749863-VDU1_flavor-bjfulmubvnaj"（选择 "Admin > Flavors" 进入规格列表页面可查看）。

步骤 7：单击该 Instance 的 Name 进入 VFW 概览页面，再单击 "Console" 可打开 VFW 终端，如图 8.80 所示。

图 8.80　在实例中运行终端

步骤 8：另外还可以直接通过下拉选择 YAML 文件创建 VFW，如图 8.81 所示。

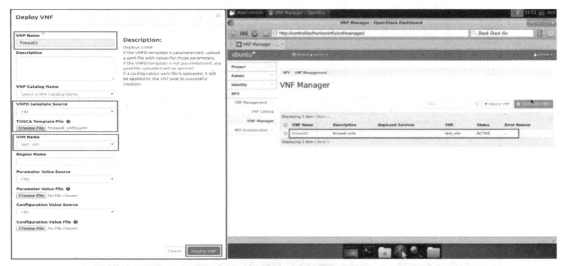

图 8.81　通过 yaml 文件创建 VNF

说明："VNF Name" 可任意取；"VNF Catalog Name" 此时不选；"VNF template

Source"下拉选择"File",然后单击"TOSCA Template File"下方"Choose File"选择编写好的 firewall_vnfd.yaml 文件;"VIM Name"下拉选择新建好的"test_vim"。

步骤 9:单击弹框中"Deploy VNF"创建状态为 ACTIVE 的 VNF,如图 8.81 所示。

8.6　VFW 应用

8.6.1　实验任务与目的

① 通过 VFW 的实际使用,掌握开源防火墙软件的应用技能,学习网桥模式下的 pfsense 开源防火墙的设备初始化配置;

② 学习防火墙规则配置;

③ 学习查看防火墙日志,验证规则。

8.6.2　实验原理

pfSense 是一个免费开源的、经过改造的基于 FreeBSD 架构的防火墙软件,它主要用作防火墙和路由器。通常会被安装在台式机、服务器上作为路由器或者防火墙去使用。pfSense 具有商业防火墙的大部分功能,管理上非常简单,可以支持通过 Web 页面进行配置,升级和管理而不需要使用者具备 FreeBSD 底层知识。

pfSense 的特点如下。

(1)基于稳定可靠的 FreeBSD 操作系统,能够适应全天候运行的要求。

(2)具有用户认证功能,使用 Web 网页的认证方式,配合 RADIUS 可以实现计费功能。

(3)完善的防火墙、流量控制和数据包功能,保证了网络的安全、稳定和高速运行。

(4)支持多条 WAN 线路和负载均衡功能,可大幅度提高网络出口带宽,在带宽拥塞时自动分配负载。

(5)内置了 IPsec 和 PPTP VPN 功能,实现不同分支机构的远程互联或远程用户安全地访问内网。

(6)支持 802.1Q VLAN 标准,可以通过软件模拟的方式使得普通网卡能识别 802.1Q 的标记,同时为多个 VLAN 的用户提供服务。

(7)支持使用额外的软件包来扩展 pfSense 功能,为用户提供更多的功能(例如 FTP)。

(8)详细的日志功能,方便用户对网络出现的事件分析、统计和处理。

(9)使用 Web 管理界面进行配置,支持远程管理和软件版本自动在线升级。

随着虚拟化平台的发展,软件防火墙也可以通过虚拟机的方式进行部署(比如 Vmware ESXi、OpenStack、Cloudstack 等),将软件防火墙部署在云资源池中也会起到中流砥柱的作用,和硬件相比最大的优势可以按需调整配置。

通过实例化一个 VFW,使之与普通 VNF(Ubuntu 系统)同属一个网络,配置防火墙规则对 Ubuntu 虚拟机进行访问控制。通过该实验熟悉 pfsense 开源防火墙的使用,特别是防火墙规则的配置与效果验证。

8.6.3　实验步骤

1. VFW 创建

步骤 1：在应用菜单页面，单击终端图标，打开终端执行如下命令启动 memcached 和 rabbitmq-server 服务。

```
# service memcached start
# service rabbitmq-server start
```

步骤 2：创建防火墙 YAML 文件，执行 vim /home/firewall_vnfd.yaml 创建文件，内容如下所示。

```
tosca_definitions_version: tosca_simple_profile_for_nfv_1_0_0
description: firewall vnfd
metadata:
  template_name: firewall-tosca-vnfd
topology_template:
  node_templates:
    VDU1:
      Type: tosca.nodes.nfv.VDU.Tacker
      Capabilities:
        nfv_compute:
          properties:
            num_cpus: 2
            mem_size: 4096 MB
            disk_size: 20 GB
      properties:
        image: pfsense
        name: pfsense_vnf
    CP1:
      Type: tosca.nodes.nfv.CP.Tacker
      properties:
        management: true
        order: 0
      requirements:
        - virtualLink:
            node： VL1
        - virtualBinding：
            node: VDU1
    VL1:
      type: tosca.nodes.nfv.VL
      properties:
        network_name: net_mgmt
        vendor: Tacker
```

说明：为方便用户输入可参考镜像中预置的脚本文件/home/ftp/firewall_vnfd.yaml。

步骤 3：执行以下命令启动 Tacker 服务。

sudo python /usr/local/bin/tacker-server --config-file /usr/local/etc/tacker/tacker.conf --log-file /var/log/tacker/tacker.log

步骤 4：打开浏览器，输入地址"http://controller/horizon"进入 OpenStack 平台访问页面，并输入"Domain""User Name""Password"登录 OpenStack 实验平台。

步骤 5：选择"Admin > Networks"，进入 Networks 管理页面。

步骤 6：单击"Create Network"，进入 Network 创建页面。

说明："Name"限定为 net_mgmt；"Project"下拉选择 admin；"Provider Network Type"下拉选择 VXLAN；"Segmentation ID"可为任意数字，确保不重复；默认勾选"Enable Admin State"。

步骤 7：单击"Submit"，提交创建请求，成功创建状态为 Active。

步骤 8：单击"net_mgmt"进入网络详情页，如图 8.82 所示。

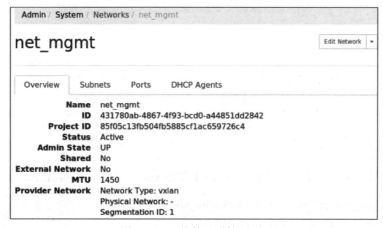

图 8.82　网络管理详情页面

步骤 9：选择"Subnets > Create Subnet"弹出子网创建，按照给定参数创建子网。

说明："Subnet Name"可任意取；"Network Address"可任意取，只要符合 IP 地址规范即可；"IP Version"下拉选择 IPv4；"Gateway IP"根据"Network Address"填写值而定。默认勾选"Enable DHCP"；"Allocation Pools"可分配的地址池根据"Network Address"值而定，起始地址与末尾地址用逗号（,）隔开。

步骤 10：单击"Create"完成子网创建，如图 8.83 所示。

步骤 11：创建 VNFD。参数设置："Name"可任意取；"TOSCA Template Source"下拉选择"TOSCA Template File"；"TOSCA Template File"下方单击"Choose File"选择上传文件 firewall_vnfd.yaml。创建步骤见实验 5 中 VNFD 创建过程。

步骤 12：创建 VIM 管理。参数设置："Name"可任意取；"Auth URL"ip 地址替换为环境实际地址即可；"Username"为 Tacker 安装步骤 3 中所创建的用户名；"Password"为 Tacker 安装步骤 3 中创建用户名设定的密码；"Project name"为 Tacker 安装步骤 3 中创建用户名指定项目名；"Domain name"为 Tacker 安装步骤 3 中创建用户名指定的域名。创建步骤见实验 5。

步骤 13：创建 VNF 管理。选择"NFV > VNF Management> VNF Manager"，进入 VNF 管理页面。参数设置："VNF Name"可任意取；"VNF Catalog Name"下拉选择新建好的

"firewall_vnfd"（另外也可以通过"VNF template Source"下拉选择"File"，然后单击"TOSCA Template File"下方"Choose File"选择编写好的 VNFD yaml 文件来直接创建 VNF）；"VIM Name"下拉选择新建好的"test_vim"。

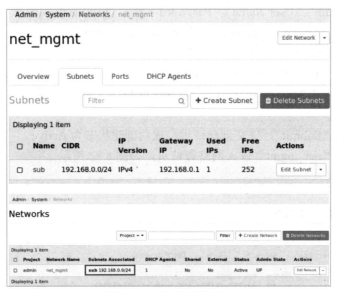

图 8.83　子网创建结果

2. VNF 创建

步骤 1：执行 vim /home/ubuntu_vnfd.yaml 创建 vnfd1 文件，内容如下。

```
tosca_definitions_version: tosca_simple_profile_for_nfv_1_0_0
description: ubuntu vnfd
metadata:
    template_name: sample-tosca-vnfd
topology_template:
    node_templates:
        CP2:
            properties:
                management: true
                order: 0
            requirements:
            - virtualLink:
                    node: VL2
            - virtualBinding:
                    node: VDU2
            type: tosca.nodes.nfv.CP.Tacker
        VDU2:
            capabilities:
                nfv_compute:
                    properties:
                        disk_size: 20 GB
                        mem_size: 2048 MB
```

```
            num_cpus: 1
        properties:
          image: ubuntu_desktop
          name: ubuntu_vnf
          type: tosca.nodes.nfv.VDU.Tacker
      VL2:
        properties:
          network_name: net_mgmt
          vendor: Tacker
        type: tosca.nodes.nfv.VL
```

说明：为方便用户输入可参考镜像中预置的脚本文件/home/ftp/ubuntu_vnfd.yaml。

选择 "NFV > VNF Management> VNF Catalog"，在 VNFD 管理界面单击 "OnBoard VNF"创建 ubuntu_vnfd，参数设置（未列出参数按照默认设置）如下：

Name: ubuntu_vnfd
TOSCA Template Source: 选择 TOSCA Template File

步骤 2：单击弹框中 "OnBoard VNF"，创建 ubuntu_vnfd。

步骤 3：选择 "NFV > VNF Management> VNF Manager"在 VNF 管理界面单击 "Deploy VNF"创建 vnf（ubuntu），参数设置（未列出参数按照默认设置）如下：

VNF Name: ubuntu
VNF Catalog Name: ubuntu vnfd
VNFD templae Source: 选择 File
VIM Name: test-vim
Parameter Value Source: 选择 File

步骤 4：单击弹框中 "Deploy VNF"创建 VNF 成功。

3. VFW 初始化配置

步骤 1：选择 "Admin> Instances"，进入实例列表页面。根据实例名称（pfsense_vnf）筛选出实例化的防火墙虚拟机，如图 8.84 所示。

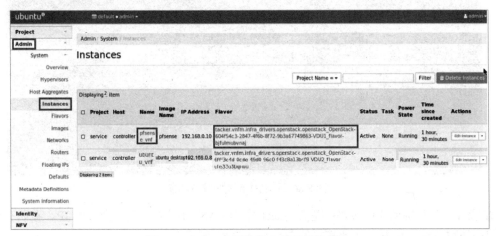

图 8.84 VFW 实例化防火墙虚拟机筛选

步骤 2：单击 instance name "pfsense_vnf" 进入详情页，再单击"Console"来到 VFW 终端界面，如图 8.85 所示。

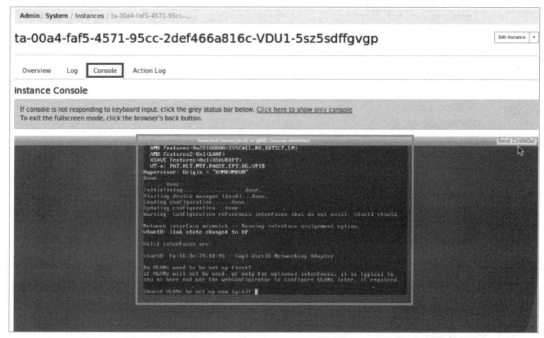

图 8.85   在实例窗口中开启终端

步骤 3：在网桥模式中 VFW 提供三块网卡，将其中的 vtnet0 配置为 WAN 口，操作如图 8.86 所示。

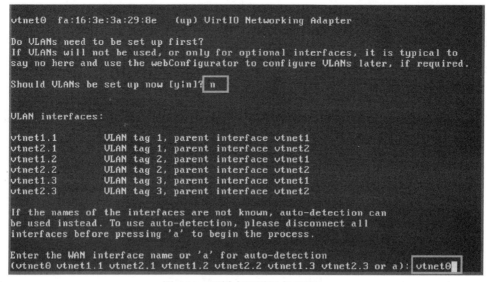

图 8.86   网桥中配置网卡 WAN

步骤 4：在网桥模式中 VFW 提供 vtnet1 作为 LAN 口网卡，但不会分配 IP。在防火墙启动前先不做 LAN 口配置，在此直接回车，如图 8.87 所示。

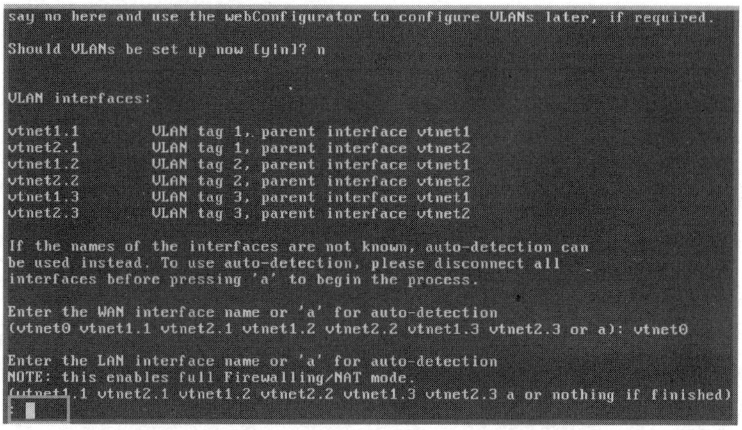

```
say no here and use the webConfigurator to configure VLANs later, if required.

Should VLANs be set up now [y|n]? n

VLAN interfaces:

vtnet1.1        VLAN tag 1, parent interface vtnet1
vtnet2.1        VLAN tag 1, parent interface vtnet2
vtnet1.2        VLAN tag 2, parent interface vtnet1
vtnet2.2        VLAN tag 2, parent interface vtnet2
vtnet1.3        VLAN tag 3, parent interface vtnet1
vtnet2.3        VLAN tag 3, parent interface vtnet2

If the names of the interfaces are not known, auto-detection can
be used instead. To use auto-detection, please disconnect all
interfaces before pressing 'a' to begin the process.

Enter the WAN interface name or 'a' for auto-detection
(vtnet0 vtnet1.1 vtnet2.1 vtnet1.2 vtnet2.2 vtnet1.3 vtnet2.3 or a): vtnet0

Enter the LAN interface name or 'a' for auto-detection
NOTE: this enables full Firewalling/NAT mode.
(vtnet1.1 vtnet2.1 vtnet1.2 vtnet2.2 vtnet1.3 vtnet2.3 a or nothing if finished)
```

图 8.87　默认 LAN（直接回车）

步骤 5：配置完成后，启动防火墙，结果如图 8.88 所示。

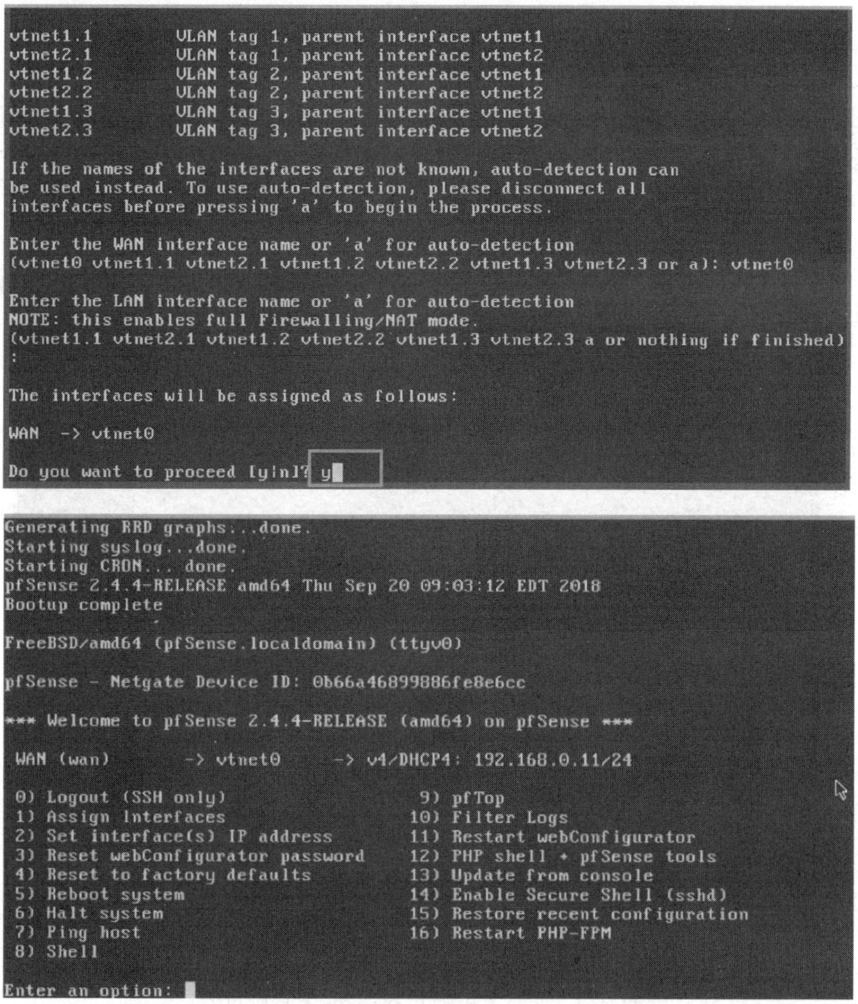

```
vtnet1.1        VLAN tag 1, parent interface vtnet1
vtnet2.1        VLAN tag 1, parent interface vtnet2
vtnet1.2        VLAN tag 2, parent interface vtnet1
vtnet2.2        VLAN tag 2, parent interface vtnet2
vtnet1.3        VLAN tag 3, parent interface vtnet1
vtnet2.3        VLAN tag 3, parent interface vtnet2

If the names of the interfaces are not known, auto-detection can
be used instead. To use auto-detection, please disconnect all
interfaces before pressing 'a' to begin the process.

Enter the WAN interface name or 'a' for auto-detection
(vtnet0 vtnet1.1 vtnet2.1 vtnet1.2 vtnet2.2 vtnet1.3 vtnet2.3 or a): vtnet0

Enter the LAN interface name or 'a' for auto-detection
NOTE: this enables full Firewalling/NAT mode.
(vtnet1.1 vtnet2.1 vtnet1.2 vtnet2.2 vtnet1.3 vtnet2.3 a or nothing if finished)
:

The interfaces will be assigned as follows:

WAN  -> vtnet0

Do you want to proceed [y|n]? y
```

```
Generating RRD graphs...done.
Starting syslog...done.
Starting CRON... done.
pfSense 2.4.4-RELEASE amd64 Thu Sep 20 09:03:12 EDT 2018
Bootup complete

FreeBSD/amd64 (pfSense.localdomain) (ttyv0)

pfSense - Netgate Device ID: 0b66a46899886fe8e6cc

*** Welcome to pfSense 2.4.4-RELEASE (amd64) on pfSense ***

 WAN (wan)       -> vtnet0       -> v4/DHCP4: 192.168.0.11/24

 0) Logout (SSH only)            9) pfTop
 1) Assign Interfaces           10) Filter Logs
 2) Set interface(s) IP address 11) Restart webConfigurator
 3) Reset webConfigurator password  12) PHP shell + pfSense tools
 4) Reset to factory defaults   13) Update from console
 5) Reboot system               14) Enable Secure Shell (sshd)
 6) Halt system                 15) Restore recent configuration
 7) Ping host                   16) Restart PHP-FPM
 8) Shell

Enter an option:
```

图 8.88　启动防火墙

4. VFW 防火墙系统操作

步骤 1：进入 ubuntu_vnf 终端界面。

说明：由于在课程实验中无法界面操作虚拟机中的虚拟机，该步骤需要打开本地浏览器输入"http://+实验虚机的浮动 ip+/horizon"访问实验虚机内的 OpenStack 系统。

步骤 2：单击页面右上角"实验环境"中的"实验设备"，查询主机的浮动 IP 地址，本实验中主机的浮动 IP 是 172.171.8.133，如图 8.89 所示。

图 8.89　IP 地址查询

步骤 3：打开用户本地浏览器，输入 URL 地址 http://172.171.8.133/horizon/auth/login/?next=/horizon/admin/instances/访问 OpenStack Horizon 平台，并输入用户名 admin、密码 stack2017 登录系统。

步骤 4：在 Admin> Instances 进入 ubuntu_vnf 终端界面，右击"Click here to show only console"，选择"在新标签页中打开链接"。

步骤 5：将 URL 中的"controller"替换成浮动 IP 地址 172.171.8.133，再次访问如图 8.90 所示。

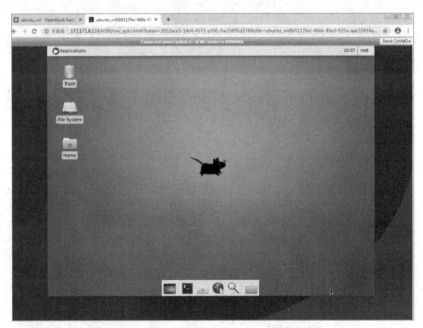

图 8.90　在 web 中打开 OpenStack 控制界面

步骤 6：打开浏览器输入" https：//+VFW 的 IP （192.168.0.10）"，访问后单击

"Advanced" 和 "Accept the Risk and Continue"，如图 8.91 所示。

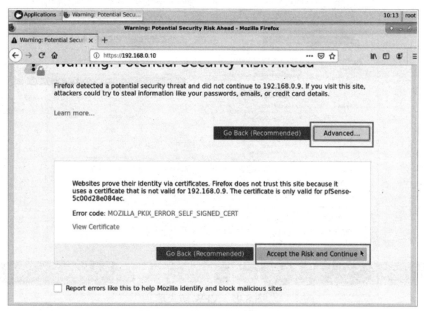

图 8.91　在 web 中打开 VFW

说明：VFW 的 IP 在 instances 页面可查看获得。

步骤 7：在图 8.92 中输入用户名 admin、密码 pfsense，单击 "SIGN IN" 登录防火墙，如图 8.93 所示。

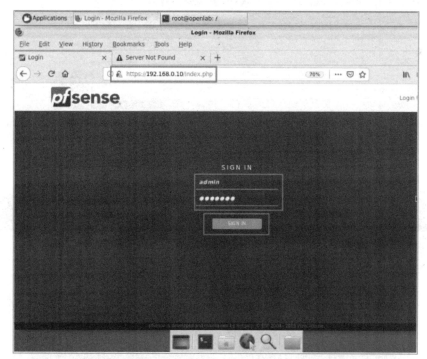

图 8.92　web 中的 VFW 登录界面

图 8.93　VFW 防火墙

步骤 8：选择"Firewall > Rules"，进入 Rules 管理页面，如图 8.94 所示。

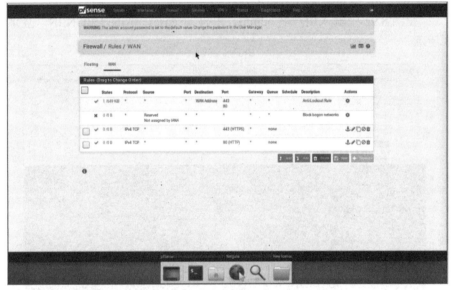

图 8.94　防火墙规则管理页面

步骤 9：打开 Ubuntu 系统命令行终端并 ping VFW 地址，如图 8.95 所示。

```
root@openlab:/#
root@openlab:/# ping 192.168.0.10
PING 192.168.0.10 (192.168.0.10) 56(84) bytes of data.
^C
--- 192.168.0.10 ping statistics ---
7 packets transmitted, 0 received, 100% packet loss, time 6133ms
```

图 8.95　在命令行中 ping VFW

可以看到这个时候是 ping 不通 VFW 的，这主要由于防火墙系统默认规则的限制。可以通过系统日志查看防火墙对 ICMP 包的限制。

步骤 10：选择"Status > System Logs"，进入系统日志管理页面，如图 8.96 所示。

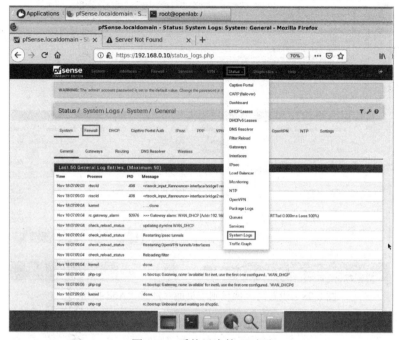

图 8.96　系统日志管理页面

步骤 11：单击"Firewall"查看防火墙日志，页面显示被丢弃的 ICMP 包，如图 8.97 所示。

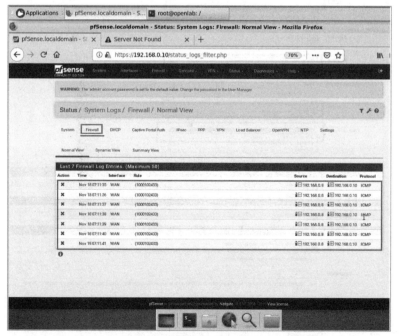

图 8.97　查看丢弃 ICMP 包

步骤 12：回到防火墙规则界面添加规则使得 Ubuntu 虚机、VFW 网络相通，如图 8.98 所示。

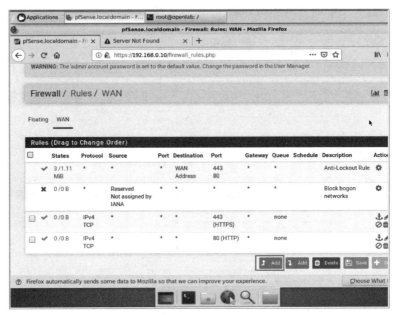

图 8.98　设置防火墙规则主页面（注意"Add 按钮"）

步骤 13：单击"Add"进入 Rule 新增页面，如图 8.99 所示。

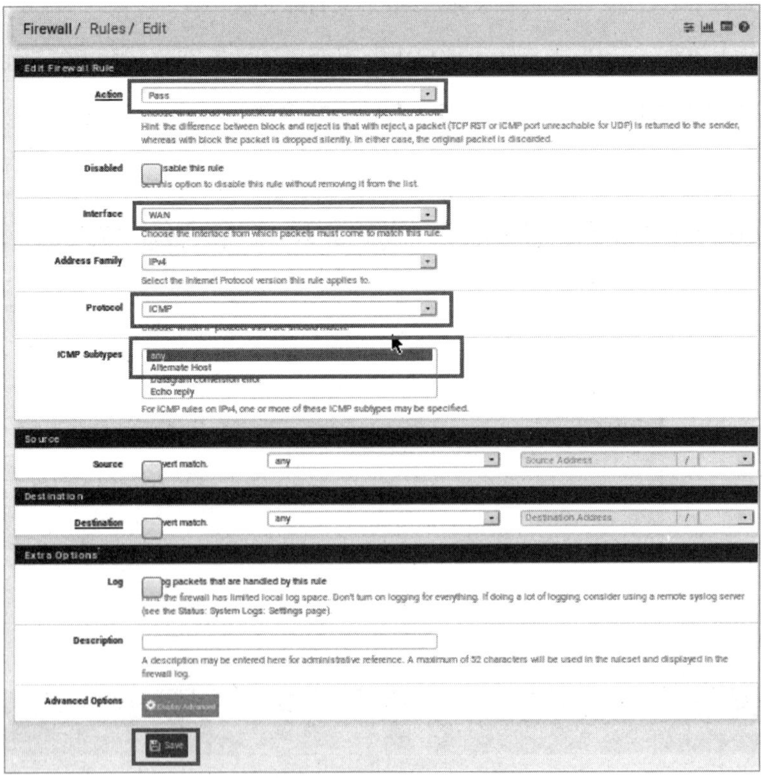

图 8.99　防火墙新规则设置

说明："Action"下拉选择"Pass"（允许指定协议可通过防火墙的规则类型）；"Interface"默认选择"WAN"口；"Protocol"下拉选择"ICMP"；"ICMP Subtypes"默认选择"any"。

步骤 14：依照图 8.99 选项，单击"Save"回到规则界面，如图 8.100 所示。

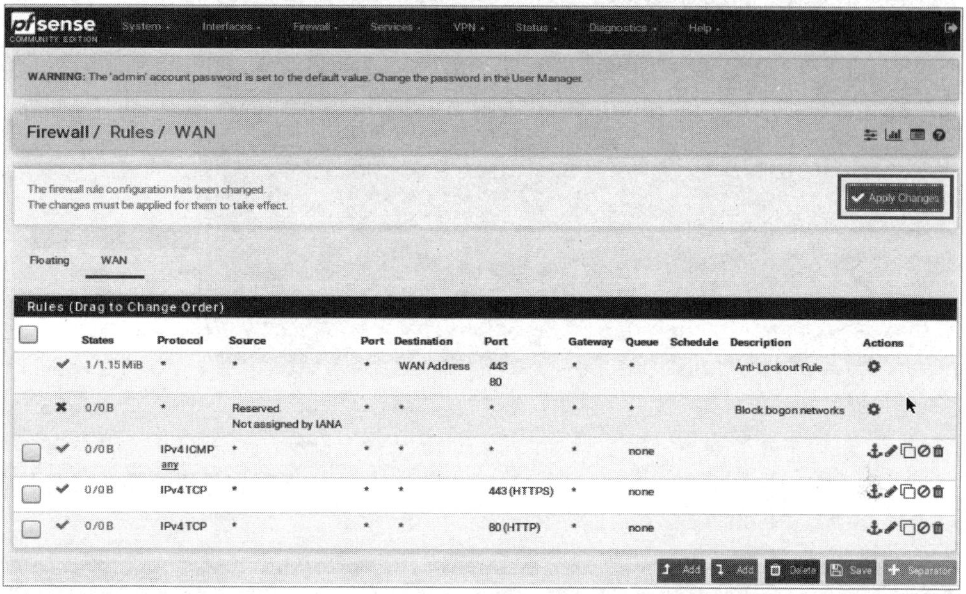

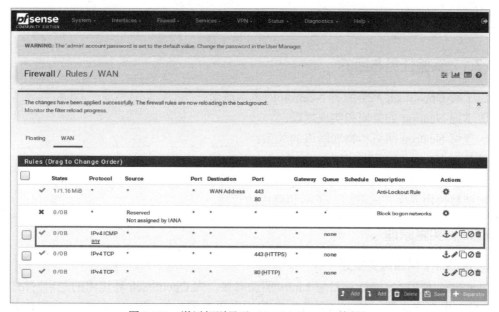

图 8.100　规则添加结果

步骤 15：单击页面上方"Apply Changes"按钮应用新添加规则，如图 8.101 所示。

图 8.101　激活规则显示（Apply Changes 按钮）

页面显示新添加的规则已生效，回到命令行界面再次 ping VFW 地址，可以看到已经能够 ping 通防火墙，如图 8.102 所示。

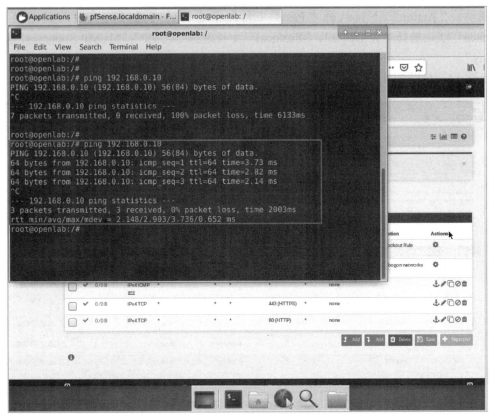

图 8.102　控制台重新 ping VFW 结果

8.7　OpenStack 的网络管理

8.7.1　实验任务与目的

① 了解 OpenStack 网络服务 Neutron 的基本概念；
② 掌握 Neutron 的架构和实现原理；
③ 理解 Neutron 网络和物理网络的关系；
④ 掌握 Neutron 的管理方法；
⑤ 能够使用命令行完成网络、子网和路由的管理；
⑥ 能够使用界面完成网络、子网和路由的管理。

8.7.2　实验原理

1. OpenStack 网络服务概述

OpenStack 使用 Neutron 项目与 Linux 驱动对接，为 OpenStack 环境内的逻辑网络提供虚拟交换机、虚拟路由器、防火墙服务、负载均衡服务等功能，Neutron 本质上是 OpenStack 网络管理器。为了实现上述的诸多功能，Nuetron 定义了一些网络相关的概念。

● 网络（Network）：OpenStack 中二层网络的概念，支持 Local 网络（本节点通信网络）、Flat 网络（跨节点通信网络）、VLAN 网络（跨节点广播域隔离网络）、VxLAN 网络

（跨节点隧道网络）等。

● 子网（Subnet）：OpenStack 中三层网络的概念，包括 IP 网段、网关、DHCP 服务器、DNS 信息和主机路由等。

● 端口（Port）：OpenStack 中网卡的概念，包含 IP 地址和 MAC 地址信息。

● 路由（Router）：OpenStack 中虚拟路由器的概念，用于实现跨网段转发。

2. Neutron 组件架构

Neutron 基于插件架构实现网络管理功能，包含 Neutron 服务（Neutron-Server）和各种代理（Agent），如图 8.103 所示。

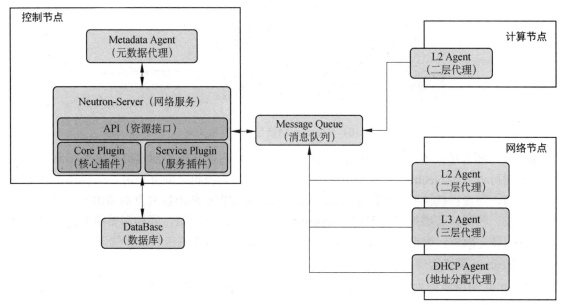

图 8.103　Neutron 组件架构

● Neutron 服务（Neutron-Server）：负责与用户对接，接收用户的 API 请求并调用插件（Plugin）。Plugin 分为提供二层网络驱动的核心插件（Core Plugin）和提供三层及三层以上网络驱动的扩展服务插件（Service Plugin）。

● 代理（Agent）：根据 Plugin 请求消息实现各种网络功能，包括实现二层网络功能的二层代理（L2 Agent）、实现三层路由功能的三层代理（L3 Agent）、实现地址分配功能的 DHCP 代理（DHCP Agent）和实现虚拟机信息记录的元数据代理（Metadata Agent）。

● 消息队列（Message Queue）：Neutron-Server 和 Agent 信息交互的媒介。

● 数据库（DataBase）：对 Neutron 而言，负责存储网络资源相关的信息。

3. Neutron 网络与物理网络

Neutron 网络专注于管理 OpenStack 内部的虚拟网络，确保内部同网段与跨网段的顺畅通信。然而，对于 OpenStack 所在的物理网络，Neutron 网络则无法直接干预。实现 Neutron 网络与物理网络的互联互通，关键在于 OpenStack 中的虚拟路由器。通过配置虚拟路由器，将物理网络中的特定接口设定为网关，便可实现对外部物理网络的访问。若 OpenStack 采用单机部署方式（所有服务部署在同一台物理服务器上），则 Neutron 网络与物理网络关系如图 8.104 所示。

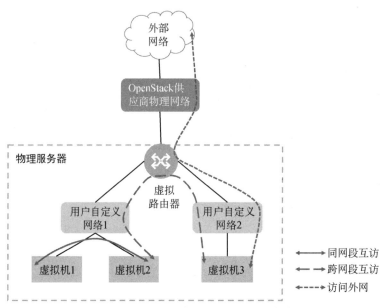

图 8.104　Neutron 网络与物理网络关系

单节点部署场景下，Neutron 网络的管理范围是物理服务器内部虚拟出来的网络资源。根据上图可以看出 Neutron 的流量转发模型，当同网段虚拟机之间互访时，无需路由器的介入；然而，当虚拟机需要跨网段进行通信时，则需借助虚拟路由器来查询路由表并进行数据包的转发。另外，若虚拟机意图访问 OpenStack 以外的网络资源，同样需要将数据包发送至虚拟路由器。随后，虚拟路由器会根据自身的缺省路由，将数据包转发至物理网络。

4. Neutron 网络管理

Neutron 网络服务为 OpenStack 用户提供了命令行 CLI 和图形界面 Horizon 两种交互界面，用于完成网络、子网以及路由的创建、修改、删除等管理操作。

在控制节点上执行 openstack 命令语法格式和参数解释如下。

命令格式：

```
openstack [network|subnet|router] [options]
```

参数配置如表 8.2 所示。

表 8.2　配置参数

参　　数	作　　用
network agent delete	删除网络代理
network agent list	查看网络代理列表
network agent set	设置网络代理
network agent show	查看网络代理信息
network create	创建网络
network delete	删除网络
network list	查看网络列表
network meter create	创建网络监控计量

续表

参　数	作　用
network meter delete	删除网络监控计量
network meter list	查看网络监控计量
network meter rule create	创建网络监控计量规则
network meter rule delete	删除网络监控计量规则
network meter rule list	查看网络监控计量规则列表
network meter rule show	查看网络监控计量规则信息
network meter show	查看网络监控计量信息
network qos policy create	创建网络 qos 策略
network qos policy delete	删除网络 qos 策略
network qos policy list	查看网络 qos 策略列表
network qos policy set	设置网络 qos 策略
network qos policy show	查看网络 qos 策略信息
network qos rule create	创建网络 qos 规则
network qos rule delete	删除网络 qos 规则
network qos rule list	查看网络 qos 规则列表
network qos rule set	设置网络 qos 规则
network qos rule show	查看网络 qos 规则信息
network qos rule type list	查看网络 qos 规则类型
network rbac create	创建网络 rbac
network rbac list	查看网络 rbac 列表
network rbac set	设置网络 rbac
network rbac show	查看网络 rbac 信息
network segment create	创建网络 segment
network segment delete	删除网络 segment
network segment list	查看网络 segment 列表
network segment set	设置网络 segment
network segment show	查看网络 segment 信息
network service provider list	查看网络服务提供商列表
network set	设置网络
network show	查看网络信息
network subnet list	查看子网列表
network trunk create	创建网络 trunk
network trunk delete	删除网络 trunk
network trunk list	查看网络 trunk 列表
network trunk set	设置网络 trunk
network trunk show	查看网络 trunk 信息
network trunk unset	取消网络 trunk 属性设置

续表

参　　数	作　　用
subnet create	创建子网
subnet delete	删除子网
subnet list	查看子网列表
subnet pool create	创建子网池
subnet pool delete	删除子网池
subnet pool list	查看子网池列表
subnet pool set	设置子网池
subnet pool show	查看子网池信息
subnet pool unset	恢复子网池属性
subnet set	设置子网
subnet show	查看子网
subnet unset	恢复子网属性
router add port	添加路由端口
router add subnet	添加路由子网
router create	创建路由
router delete	删除路由
router list	查看路由列表
router remove port	删除路由中的端口
router remove subnet	删除路由中的子网
router set	设置路由
router show	查看路由信息
router unset	恢复路由属性

在控制节点的浏览器中输入 URL 地址 http://127.0.0.1/horizon/project/networks，创建私有网络，页面如图 8.105 所示。

图 8.105　创建私有网络

在控制节点的浏览器中输入 URL 地址 http://127.0.0.1/horizon/admin/networks，创建外部网络，页面如图 8.106 所示。

图 8.106　创建外部网络

在控制节点的浏览器中输入 URL 地址 http://127.0.0.1/horizon/project/routers，创建路由，页面如图 8.107 所示。

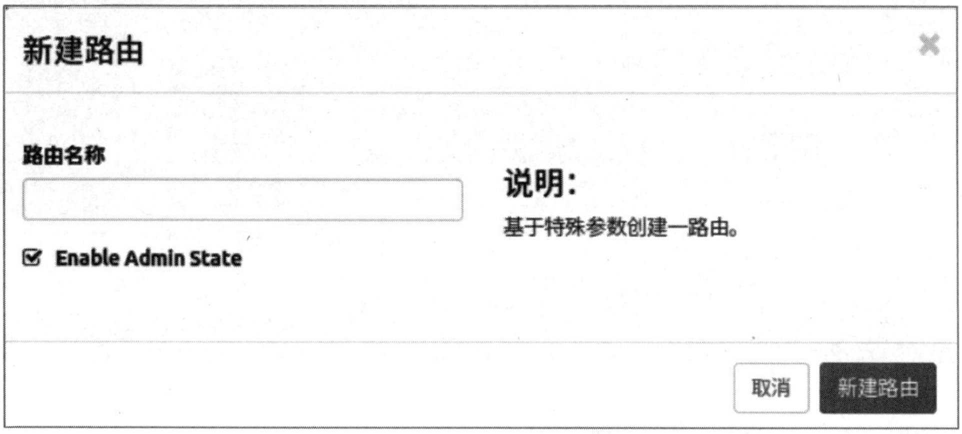

图 8.107　创建路由

8.7.3　实验步骤

1. 实验基础配置

步骤 1：使用 openlab 用户登录计算节点，打开命令行窗口，执行如下命令启动 neutron-openvswitch-agent 服务并查看服务启动情况。

```
$ su root
# cd
# service neutron-openvswitch-agent restart
# ps -ef|grep neutron-openvswitch-agent
```

步骤 2：登录控制节点的命令行终端，执行 su root 命令切换到 root 用户，进入 root 的家目录，执行以下命令加载环境变量，如下所示。

```
$ su root
# cd
# . admin-openrc
```

步骤 3：执行 openstack image list 命令查看可用镜像，如图 8.108 所示。

```
root@controller:~# openstack image list
Gkr-Message: couldn't connect to dbus session bus: Did not receive a reply. Poss
ible causes include: the remote application did not send a reply, the message bu
s security policy blocked the reply, the reply timeout expired, or the network c
onnection was broken.
+--------------------------------------+--------+--------+
| ID                                   | Name   | Status |
+--------------------------------------+--------+--------+
| 04bc490b-9ebb-4276-bec2-3d44fe88afe7 | cirros | active |
+--------------------------------------+--------+--------+
```

图 8.108　可用镜像列表

步骤 4：执行 openstack flavor create --vcpus 1 --ram 512 --disk 3 small 命令创建名称为 small，VCPU 数量为 1，内存为 512MB，根磁盘为 3G 的实例类型，如图 8.109 所示。

```
root@controller:~# openstack flavor create --vcpus 1 --ram 512 --disk 3 small
Gkr-Message: couldn't connect to dbus session bus: Did not receive a reply. Poss
ible causes include: the remote application did not send a reply, the message bu
s security policy blocked the reply, the reply timeout expired, or the network c
onnection was broken.
+----------------------------+--------------------------------------+
| Field                      | Value                                |
+----------------------------+--------------------------------------+
| OS-FLV-DISABLED:disabled   | False                                |
| OS-FLV-EXT-DATA:ephemeral  | 0                                    |
| disk                       | 3                                    |
| id                         | cbaada12-1d38-4adc-b4a9-a3739370ab7f |
| name                       | small                                |
| os-flavor-access:is_public | True                                 |
| properties                 |                                      |
| ram                        | 512                                  |
| rxtx_factor                | 1.0                                  |
| swap                       |                                      |
| vcpus                      | 1                                    |
+----------------------------+--------------------------------------+
```

图 8.109　创建实例类型

2. 使用命令行方式进行网络管理

步骤 1：执行命令 openstack network create inside1 创建内部网络，结果如图 8.110 所示。

步骤 2：执行如下命令给私有网络添加子网。

```
# openstack subnet create --subnet-rang 10.0.0.0/24 --network inside1 net1
```

该命令给私有网络 inside1 添加了一个名为 net1 的子网，网段范围为 10.0.0.0/24，网段范围可自行定义，结果如图 8.111 所示。

```
root@controller:~# openstack network create inside1
Gkr-Message: couldn't connect to dbus session bus: Did not receive a reply. Poss
ible causes include: the remote application did not send a reply, the message bu
s security policy blocked the reply, the reply timeout expired, or the network c
onnection was broken.
+---------------------------+--------------------------------------+
| Field                     | Value                                |
+---------------------------+--------------------------------------+
| admin_state_up            | UP                                   |
| availability_zone_hints   |                                      |
| availability_zones        |                                      |
| created_at                | 2023-04-26T08:50:43Z                 |
| description               |                                      |
| dns_domain                | None                                 |
| id                        | 363d3524-6f5a-4297-9ebd-d37694ccf03e |
| ipv4_address_scope        | None                                 |
| ipv6_address_scope        | None                                 |
| is_default                | None                                 |
| mtu                       | 1450                                 |
| name                      | inside1                              |
| port_security_enabled     | True                                 |
| project_id                | ab68ee10f53a410abf407e5eeac9b4d4     |
| provider:network_type     | vxlan                                |
| provider:physical_network | None                                 |
| provider:segmentation_id  | 45                                   |
| qos_policy_id             | None                                 |
| revision_number           | 3                                    |
| router:external           | Internal                             |
| segments                  | None                                 |
| shared                    | False                                |
| status                    | ACTIVE                               |
| subnets                   |                                      |
| updated_at                | 2023-04-26T08:50:43Z                 |
+---------------------------+--------------------------------------+
```

图 8.110　创建内部网络

```
root@controller:~# openstack subnet create --subnet-range 10.0.0.0/24 --network
inside1 net1
Gkr-Message: couldn't connect to dbus session bus: Did not receive a reply. Poss
ible causes include: the remote application did not send a reply, the message bu
s security policy blocked the reply, the reply timeout expired, or the network c
onnection was broken.
+-------------------+--------------------------------------+
| Field             | Value                                |
+-------------------+--------------------------------------+
| allocation_pools  | 10.0.0.2-10.0.0.254                  |
| cidr              | 10.0.0.0/24                           |
| created_at        | 2023-04-26T08:57:38Z                 |
| description       |                                      |
| dns_nameservers   |                                      |
| enable_dhcp       | True                                 |
| gateway_ip        | 10.0.0.1                             |
| host_routes       |                                      |
| id                | cbb3542e-c753-4851-b3e2-fd53c08b8005 |
| ip_version        | 4                                    |
| ipv6_address_mode | None                                 |
| ipv6_ra_mode      | None                                 |
| name              | net1                                 |
| network_id        | 363d3524-6f5a-4297-9ebd-d37694ccf03e |
| project_id        | ab68ee10f53a410abf407e5eeac9b4d4     |
| revision_number   | 2                                    |
| segment_id        | None                                 |
| service_types     |                                      |
| subnetpool_id     | None                                 |
| updated_at        | 2023-04-26T08:57:38Z                 |
+-------------------+--------------------------------------+
```

图 8.111　给私有网络添加子网

步骤 3：执行如下命令创建外部网络。

```
# openstack network create --external --provider-physical-network external --provider-network-type flat outside
```

该命令创建了一个名为 outside 的网络，--external 表示设置网络属性为外部网络，--provider-physical-network 指定通过虚拟网络实现的物理网络的名称，--provider-network-type 指定虚拟网络实现的物理机制，如 flat，geneve，gre，local，vlan，vxlan，结果如图 8.112 所示。

```
root@controller:~# openstack network create --external --provider-physical-netwo
rk external --provider-network-type flat outside
Gkr-Message: couldn't connect to dbus session bus: Did not receive a reply. Poss
ible causes include: the remote application did not send a reply, the message bu
s security policy blocked the reply, the reply timeout expired, or the network c
onnection was broken.
+---------------------------+--------------------------------------+
| Field                     | Value                                |
+---------------------------+--------------------------------------+
| admin_state_up            | UP                                   |
| availability_zone_hints   |                                      |
| availability_zones        |                                      |
| created_at                | 2023-04-26T09:02:01Z                 |
| description               |                                      |
| dns_domain                | None                                 |
| id                        | 832ec401-ad70-4d83-ab13-4998881b46d1 |
| ipv4_address_scope        | None                                 |
| ipv6_address_scope        | None                                 |
| is_default                | False                                |
| mtu                       | 1500                                 |
| name                      | outside                              |
| port_security_enabled     | True                                 |
| project_id                | ab68ee10f53a410abf407e5eeac9b4d4     |
| provider:network_type     | flat                                 |
| provider:physical_network | external                             |
| provider:segmentation_id  | None                                 |
| qos_policy_id             | None                                 |
| revision_number           | 4                                    |
| router:external           | External                             |
| segments                  | None                                 |
| shared                    | False                                |
| status                    | ACTIVE                               |
| subnets                   |                                      |
| updated_at                | 2023-04-26T09:02:01Z                 |
+---------------------------+--------------------------------------+
```

图 8.112　创建外部网络

步骤 4：执行如下命令给外部网络添加子网。

```
# openstack subnet create --subnet-rang 172.16.1.0/24 --network outside outnet
```

该命令给外部网络 outside 添加了一个名为 outnet 的子网，网段范围为 172.16.1.0/24，网段范围可自行定义，结果如图 8.113 所示。

步骤 5：执行 openstack router create R1 命令给外部网络和私有网络之间添加一个名为 R1 的路由器，结果如图 8.114 所示。

步骤 6：执行如下命令设置路由器外网网关，将路由器连接外网，并查看配置是否生效，结果如图 8.115、图 8.116 所示。

```
# openstack router set R1 --external-gateway outside
# openstack router show R1
```

```
root@controller:~# openstack subnet create --subnet-range 172.16.1.0/24 --networ
k outside outnet
Gkr-Message: couldn't connect to dbus session bus: Did not receive a reply. Poss
ible causes include: the remote application did not send a reply, the message bu
s security policy blocked the reply, the reply timeout expired, or the network c
onnection was broken.
+-----------------------+----------------------------------------------+
| Field                 | Value                                        |
+-----------------------+----------------------------------------------+
| allocation_pools      | 172.16.1.2-172.16.1.254                      |
| cidr                  | 172.16.1.0/24                                |
| created_at            | 2023-04-26T09:09:01Z                         |
| description           |                                              |
| dns_nameservers       |                                              |
| enable_dhcp           | True                                         |
| gateway_ip            | 172.16.1.1                                   |
| host_routes           |                                              |
| id                    | b9c1f527-28c0-40ab-af4e-827b07fa424e         |
| ip_version            | 4                                            |
| ipv6_address_mode     | None                                         |
| ipv6_ra_mode          | None                                         |
| name                  | outnet                                       |
| network_id            | 832ec401-ad70-4d83-ab13-4998881b46d1         |
| project_id            | ab68ee10f53a410abf407e5eeac9b4d4             |
| revision_number       | 2                                            |
| segment_id            | None                                         |
| service_types         |                                              |
| subnetpool_id         | None                                         |
| updated_at            | 2023-04-26T09:09:01Z                         |
+-----------------------+----------------------------------------------+
```

图 8.113　给外部网络添加子网

```
root@controller:~# openstack router create R1
Gkr-Message: couldn't connect to dbus session bus: Did not receive a reply. Poss
ible causes include: the remote application did not send a reply, the message bu
s security policy blocked the reply, the reply timeout expired, or the network c
onnection was broken.
+-----------------------+----------------------------------------------+
| Field                 | Value                                        |
+-----------------------+----------------------------------------------+
| admin_state_up        | UP                                           |
| availability_zone_hints |                                            |
| availability_zones    |                                              |
| created_at            | 2023-04-26T09:30:03Z                         |
| description           |                                              |
| distributed           | False                                        |
| external_gateway_info | None                                         |
| flavor_id             | None                                         |
| ha                    | False                                        |
| id                    | 50f09132-6123-41f9-aef9-312e483d1154         |
| name                  | R1                                           |
| project_id            | ab68ee10f53a410abf407e5eeac9b4d4             |
| revision_number       | None                                         |
| routes                |                                              |
| status                | ACTIVE                                       |
| updated_at            | 2023-04-26T09:30:03Z                         |
+-----------------------+----------------------------------------------+
```

图 8.114　添加路由器

```
root@controller:~# openstack router set R1 --external-gateway outside
Gkr-Message: couldn't connect to dbus session bus: Did not receive a reply. Poss
ible causes include: the remote application did not send a reply, the message bu
s security policy blocked the reply, the reply timeout expired, or the network c
onnection was broken.
```

图 8.115　设置路由器网关

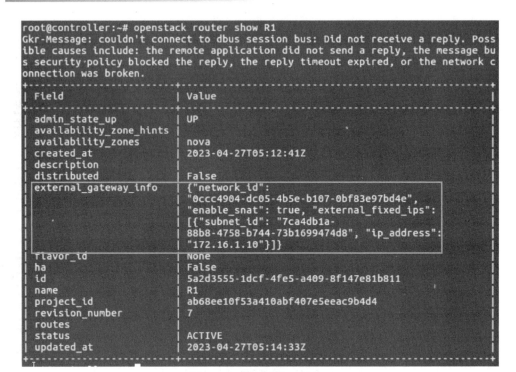

图 8.116　查看路由器网关

步骤 7：执行命令将路由器连接内部子网并查看路由器上接口信息，结果如图 8.117 所示。

```
# openstack router add subnet R1 net1
# openstack port list --router R1
```

图 8.117　查看路由器接口信息

步骤 8：执行 openstack network list 命令查看网络列表，获得内网的网络号，用于创建虚拟机，结果如图 8.118 所示。

```
root@controller:~# openstack network list
Gkr-Message: couldn't connect to dbus session bus: Did not receive a reply. Poss
ible causes include: the remote application did not send a reply, the message bu
s security policy blocked the reply, the reply timeout expired, or the network c
onnection was broken.
+--------------------------------------+---------+------------------------------+
| ID                                   | Name    | Subnets                      |
+--------------------------------------+---------+------------------------------+
| 363d3524-6f5a-4297-9ebd-             | inside1 | cbb3542e-c753-4851-b3e2-fd53c08b |
| d37694ccf03e                         |         | 8005                         |
| 832ec401-ad70-4d83-ab13-4998881      | outside | b9c1f527-28c0-40ab-af4e-     |
| b46d1                                |         | 827b07fa424e                 |
+--------------------------------------+---------+------------------------------+
```

图 8.118　查看网络列表

步骤 9：执行如下命令创建两台虚拟机，结果如图 8.119、图 8.120 所示。

openstack server create --flavor small --image cirros --nic net-id=363d3524-6f5a-4297-9ebd-d37694ccf03e vm1
openstack server create --flavor small --image cirros --nic net-id=363d3524-6f5a-4297-9ebd-d37694ccf03e vm2

```
root@controller:~# openstack server create --flavor small --image cirros --nic n
et-id=363d3524-6f5a-4297-9ebd-d37694ccf03e vm1
Gkr-Message: couldn't connect to dbus session bus: Did not receive a reply. Poss
ible causes include: the remote application did not send a reply, the message bu
s security policy blocked the reply, the reply timeout expired, or the network c
onnection was broken.
+-----------------------------+-----------------------------------------+
| Field                       | Value                                   |
+-----------------------------+-----------------------------------------+
| OS-DCF:diskConfig           | MANUAL                                  |
| OS-EXT-AZ:availability_zone |                                         |
| OS-EXT-SRV-ATTR:host        | None                                    |
| OS-EXT-SRV-ATTR:hypervisor_hostname | None                            |
| OS-EXT-SRV-ATTR:instance_name |                                       |
| OS-EXT-STS:power_state      | NOSTATE                                 |
| OS-EXT-STS:task_state       | scheduling                              |
| OS-EXT-STS:vm_state         | building                                |
| OS-SRV-USG:launched_at      | None                                    |
| OS-SRV-USG:terminated_at    | None                                    |
| accessIPv4                  |                                         |
| accessIPv6                  |                                         |
| addresses                   |                                         |
| adminPass                   | aBK4iszTkD7y                            |
| config_drive                |                                         |
| created                     | 2023-04-27T01:35:53Z                    |
| flavor                      | small (cbaada12-1d38-4adc-              |
|                             | b4a9-a3739370ab7f)                      |
| hostId                      |                                         |
| id                          | 457118ad-81ee-4d8f-8dda-f0c060dc9999    |
| image                       | cirros (04bc490b-                       |
|                             | 9ebb-4276-bec2-3d44fe88afe7)            |
| key_name                    | None                                    |
| name                        | vm1                                     |
| progress                    | 0                                       |
| project_id                  | ab68ee10f53a410abf407e5eeac9b4d4        |
| properties                  |                                         |
| security_groups             | name='default'                          |
| status                      | BUILD                                   |
| updated                     | 2023-04-27T01:35:53Z                    |
| user_id                     | feca9fb2678344b9b3b2261a55c03862        |
| volumes_attached            |                                         |
+-----------------------------+-----------------------------------------+
```

图 8.119　创建虚拟机 1

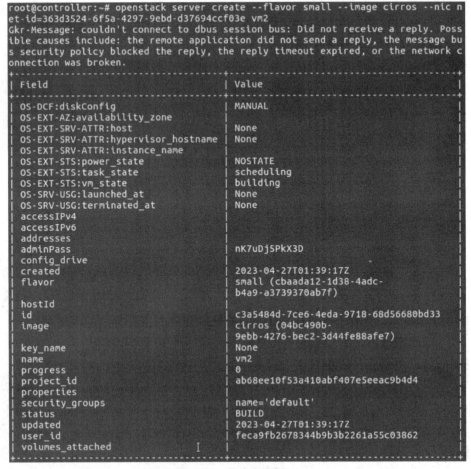

图 8.120   创建虚拟机 2

步骤 10：执行命令 openstack server list 查看虚拟机列表，结果如图 8.121 所示。

```
root@controller:~# openstack server list
Gkr-Message: couldn't connect to dbus session bus: Did not receive a reply. Poss
ible causes include: the remote application did not send a reply, the message bu
s security policy blocked the reply, the reply timeout expired, or the network c
onnection was broken.
+----------------------+------+--------+------------------+------------+
| ID                   | Name | Status | Networks         | Image Name |
+----------------------+------+--------+------------------+------------+
| c3a5484d-7ce6-4eda-971 | vm2  | ACTIVE | inside1=10.0.0.5 | cirros     |
| 8-68d56680bd33       |      |        |                  |            |
| 457118ad-81ee-4d8f-  | vm1  | ACTIVE | inside1=10.0.0.10 | cirros     |
| 8dda-f0c060dc9999    |      |        |                  |            |
+----------------------+------+--------+------------------+------------+
```

图 8.121   查看虚拟机列表

步骤 11：执行如下命令查看路由器列表，删除路由器 R1 上的子网后将路由器删除，并查看路由器列表验证是否删除成功，结果如图 8.122 所示。

```
# openstack router list
# openstack router remove subnet R1 net1
# openstack router delete R1
# openstack router list
```

```
root@controller:~# openstack router list
Gkr-Message: couldn't connect to dbus session bus: Did not receive a reply. Poss
ible causes include: the remote application did not send a reply, the message bu
s security policy blocked the reply, the reply timeout expired, or the network c
onnection was broken.
+--------------+--------+----------+-------+-------------+-------+----------------+
| ID           | Name   | Status   | State | Distributed | HA    | Project        |
+--------------+--------+----------+-------+-------------+-------+----------------+
| d900766d-    | R1     | ACTIVE   | UP    | False       | False | ab68ee10f53a41 |
| 5ebb-4dfc-8d |        |          |       |             |       | 0abf407e5eeac9 |
| 57-901aec94d |        |          |       |             |       | b4d4           |
| 97b          |        |          |       |             |       |                |
+--------------+--------+----------+-------+-------------+-------+----------------+
root@controller:~# openstack router remove subnet R1 net1
Gkr-Message: couldn't connect to dbus session bus: Did not receive a reply. Poss
ible causes include: the remote application did not send a reply, the message bu
s security policy blocked the reply, the reply timeout expired, or the network c
onnection was broken.
root@controller:~# openstack  router delete R1
Gkr-Message: couldn't connect to dbus session bus: Did not receive a reply. Poss
ible causes include: the remote application did not send a reply, the message bu
s security policy blocked the reply, the reply timeout expired, or the network c
onnection was broken.
root@controller:~# openstack router list
Gkr-Message: couldn't connect to dbus session bus: Did not receive a reply. Poss
ible causes include: the remote application did not send a reply, the message bu
s security policy blocked the reply, the reply timeout expired, or the network c
onnection was broken.
```

图 8.122　删除路由器

步骤 12：执行如下命令查看网络列表，删除网络后再次查看网络列表验证是否删除成功，结果如图 8.123 所示。

```
# openstack network list
# openstack network delete outside
# openstack network list
```

```
root@controller:~# openstack network list
Gkr-Message: couldn't connect to dbus session bus: Did not receive a reply. Poss
ible causes include: the remote application did not send a reply, the message bu
s security policy blocked the reply, the reply timeout expired, or the network c
onnection was broken.
+-----------------------------+----------+-----------------------------------+
| ID                          | Name     | Subnets                           |
+-----------------------------+----------+-----------------------------------+
| 363d3524-6f5a-4297-9ebd-    | inside1  | cbb3542e-c753-4851-b3e2-fd53c08b  |
| d37694ccf03e                |          | 8005                              |
| 832ec401-ad70-4d83-ab13-4998881 | outside | b9c1f527-28c0-40ab-af4e-          |
| b46d1                       |          | 827b07fa424e                      |
+-----------------------------+----------+-----------------------------------+
root@controller:~# openstack network delete outside
Gkr-Message: couldn't connect to dbus session bus: Did not receive a reply. Poss
ible causes include: the remote application did not send a reply, the message bu
s security policy blocked the reply, the reply timeout expired, or the network c
onnection was broken.
root@controller:~# openstack network list
Gkr-Message: couldn't connect to dbus session bus: Did not receive a reply. Poss
ible causes include: the remote application did not send a reply, the message bu
s security policy blocked the reply, the reply timeout expired, or the network c
onnection was broken.
+-----------------------------+----------+-----------------------------------+
| ID                          | Name     | Subnets                           |
+-----------------------------+----------+-----------------------------------+
| 363d3524-6f5a-4297-9ebd-    | inside1  | cbb3542e-c753-4851-b3e2-fd53c08b  |
| d37694ccf03e                |          | 8005                              |
+-----------------------------+----------+-----------------------------------+
```

图 8.123　删除网络

3. 使用图形界面方式进行网络管理

步骤 1：登录控制节点，打开浏览器，输入网址 http://127.0.0.1/horizon，登录 OpenStack Web 页面，Domain 字段填写 default，用户名/密码为 admin/stack2015，单击 Connect 登录按钮。如图 8.124 所示。

图 8.124　登录 OpenStack Web 页面

步骤 2：单击页面左侧栏中的"项目 > 网络 > 网络"标签，单击页面右上角的"创建网络"按钮，填写网络名称后单击"下一步"按钮，如图 8.125 所示。

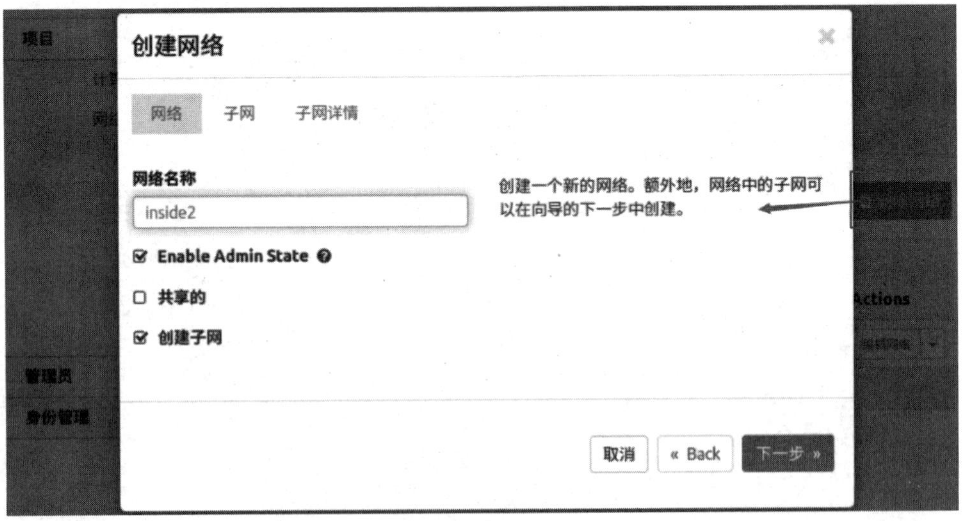

图 8.125　创建网络

其中，选择"Enable Admin State"表示管理员状态是自动网络，"创建子网"选择该项表示创建子网，如果不选择则虚拟机实例无法使用该网络。

步骤 3：在子网页填写子网名称和网络地址，单击"下一步"按钮，如图 8.126 所示。

图 8.126 填写子网信息

其中,"网络地址"为创建子网的 IP 地址范围,"IP 版本"选择 IPv4。

步骤 4:在子网详情页面单击"已创建"按钮,网络创建完成后如图 8.127 所示。

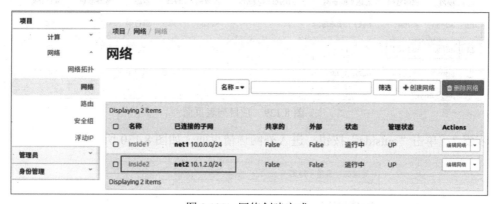

图 8.127 网络创建完成

步骤 5:配置外部网络,单击"管理员 > 网络"标签,单击"创建网络"按钮,创建外部网络,并填写信息,如图 8.128 所示。

名称为 outside;项目为 admin;供应商网络类型为 Flat;物理网络为 external;勾选 Enable Admin State、共享的和外部网络。

创建网络
名称
outside
项目 *
admin
供应商网络类型 *
Flat
物理网络 *
external
Enable Admin State
共享的
外部网络
说明：
根据需要创建新网络
可以创建供应商规定网络。您可以为新的虚拟网络指定物理网络类型(如Flat, VLAN, GRE, 和VXLAN)及其段ID（segmentation_id），或者物理网络名称。
此外，您可以勾选相应复选框来创建外部网络或者共享网络。
取消
提交

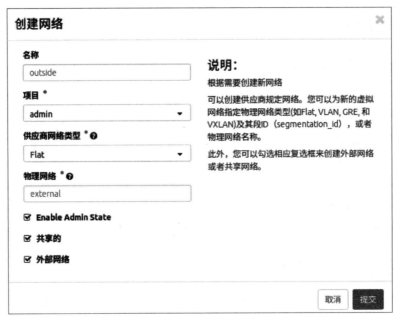

图 8.128　创建外部网络

步骤 6：单击“提交”按钮，如图 8.129 所示。

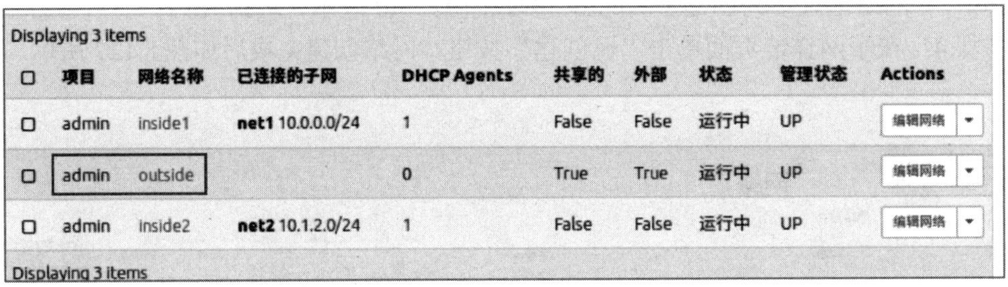
Displaying 3 items

项目	网络名称	已连接的子网	DHCP Agents	共享的	外部	状态	管理状态	Actions
admin	inside1	**net1** 10.0.0.0/24	1	False	False	运行中	UP	编辑网络
admin	outside		0	True	True	运行中	UP	编辑网络
admin	inside2	**net2** 10.1.2.0/24	1	False	False	运行中	UP	编辑网络

Displaying 3 items

图 8.129　项目列表页面

步骤 7：单击“outside”按钮，进入外网详情页面，如图 8.130 所示。

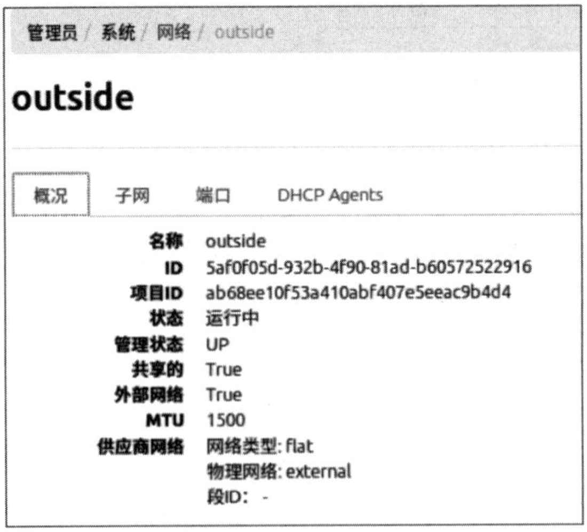
管理员 / 系统 / 网络 / outside
outside
概况
子网
端口
DHCP Agents
名称 outside
ID 5af0f05d-932b-4f90-81ad-b60572522916
项目ID ab68ee10f53a410abf407e5eeac9b4d4
状态 运行中
管理状态 UP
共享的 True
外部网络 True
MTU 1500
供应商网络 网络类型: flat
物理网络: external
段ID: -

图 8.130　外网详情页面

步骤 8：选择"子网"菜单，单击"创建子网"按钮，填写如下字段，如图 8.131 所示。
子网名称为 outnet；网络地址为 192.168.1.0/24；IP 版本为 IPv4；

图 8.131　创建子网

步骤 9：单击"下一步"按钮，进入子网详情页面，如图 8.132 所示。

图 8.132　子网详情页面

步骤 10：单击"已创建"按钮，外部网络创建完成后如图 8.133 所示。

图 8.133 外部网络创建成功

步骤 11：单击页面左侧栏中的"项目 > 网络 > 路由"标签，单击页面右上角的"创建路由"按钮，创建路由，名称设置为"R1""外部网络"选择"outside"，单击"新建路由"按钮，如图 8.134 所示。

图 8.134 创建路由

步骤 12：单击"R1"名称按钮，进入路由概况页面，单击"接口"按钮，如图 8.135 所示。

图 8.135 路由概况页面

步骤 13：单击页面右上角的"增加接口"按钮，分别添加之前创建的两个子网 net1 和

net2，单击"提交"按钮，如图 8.136 和图 8.137 所示。

图 8.136　添加子网 net1

图 8.137　添加子网 net2

接口添加成功后，列表显示如图 8.138 所示。

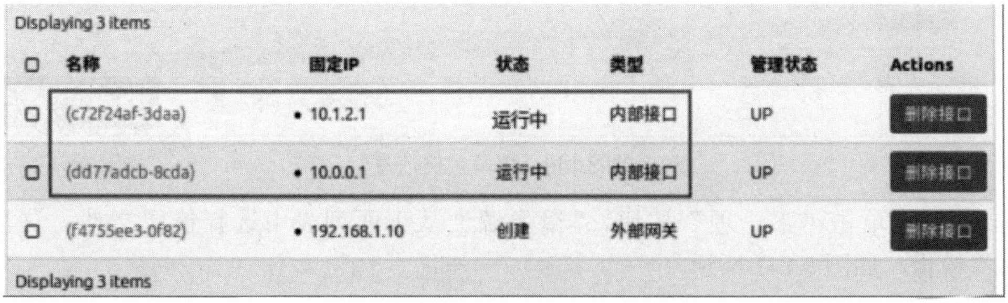

图 8.138　子网添加成功

步骤 14：单击页面左侧栏中的"项目 > 计算 > 实例"标签，单击页面右上角的"创建实例"按钮如图 8.139 所示。

图 8.139　创建实例

步骤 15：填写"实例名称"，如 vm3，如图 8.140 所示。

创建实例

详情	请提供实例的主机名，欲部署的可用区域和数量。增大数量以创建多个同样配置的实例。

实例名称 *

vm3

实例总计 (10 Max)

30%

可用域

nova

■ 2 Current Usage
■ 1 Added
□ 7 Remaining

数量 *

1

> 详情
> 源 *
> 实例类型 *
> 网络 *
> 网络接口
> 安全组
> 密钥对
> 配置
> 服务器组
> scheduler hint
> 元数据

✖ 取消　　　　　　‹ Back　　下一项 ›　　☁ 创建实例

图 8.140　填写实例信息

步骤 16：单击"下一项"按钮，"镜像源"从下面列表中选择镜像文件，这里选择"cirros"镜像，如图 8.141 所示。

图 8.141　设置镜像源

步骤 17：单击"下一项"按钮，"实例类型"从下面列表中选择类型模板，这里选择"small"的类型，如图 8.142 所示。

图 8.142　设置模板类型

步骤 18：单击"下一项"按钮，"网络"使用"inside2"网络，如图 8.143 所示。

图 8.143　选择网络

步骤 19：单击"创建实例"按钮，实例创建成功后如图 8.144 所示。

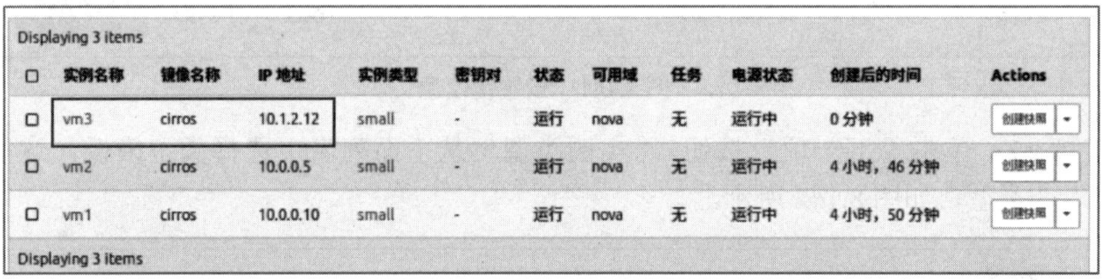

	实例名称	镜像名称	IP 地址	实例类型	密钥对	状态	可用域	任务	电源状态	创建后的时间	Actions
Displaying 3 items											
☐	vm3	cirros	10.1.2.12	small	-	运行	nova	无	运行中	0 分钟	创建快照 ▾
☐	vm2	cirros	10.0.0.5	small	-	运行	nova	无	运行中	4 小时，46 分钟	创建快照 ▾
☐	vm1	cirros	10.0.0.10	small	-	运行	nova	无	运行中	4 小时，50 分钟	创建快照 ▾
Displaying 3 items											

图 8.144　实例创建成功

步骤 20：单击页面左侧栏中的"项目 > 网络 > 网络拓扑"标签，查看构建的网络拓扑图，如图 8.145 所示。

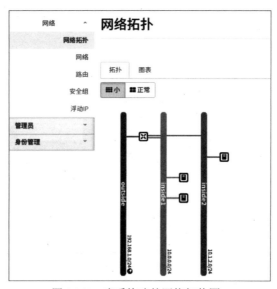

图 8.145　查看构建的网络拓扑图

步骤 21：单击页面左侧栏中的"项目 > 计算 > 实例"标签，选择需要操作的虚拟机，这里选择"vm2"虚拟机，单击下拉按钮，在下拉框中选择"控制台"按钮，如图 8.146 所示。

	实例名称	镜像名称	IP 地址	实例类型	密钥对	状态	可用域	任务	电源状态	创建后的时间	Actions
□	vm3	cirros	10.1.2.12	small	-	运行	nova	无	运行中	0 分钟	创建快照 ▾
□	vm2	cirros	10.0.0.5	small	-	运行	nova	无	运行中	4 小时, 46 分钟	创建快照 ▾
□	vm1	cirros	10.0.0.10	small	-	运行	nova	无	运行中	4 小时, 50 分钟	创建快照

Displaying 3 items

绑定浮动IP
连接接口
分离接口
编辑实例
连接卷
分离卷
更新元数据
编辑安全组
控制台
查看日志

图 8.146　选择控制台

步骤 22：单击"控制台"按钮，登录虚拟机的控制台。

步骤 23：根据提示输入 cirros/cubswin: 的用户名、密码，登录虚拟机。

说明：如果控制台无响应，请单击下面灰色状态栏。

步骤 24：执行命令 ping 10.0.0.10（其中 10.0.0.10 为 vm1 的 IP 地址）查看同网段的连通情况，如图 8.147 所示。

```
$ ping 10.0.0.10
PING 10.0.0.10 (10.0.0.10): 56 data bytes
64 bytes from 10.0.0.10: seq=0 ttl=49 time=47.064 ms
64 bytes from 10.0.0.10: seq=1 ttl=49 time=40.859 ms
64 bytes from 10.0.0.10: seq=2 ttl=49 time=40.363 ms
64 bytes from 10.0.0.10: seq=3 ttl=49 time=40.182 ms
64 bytes from 10.0.0.10: seq=4 ttl=49 time=40.526 ms

--- 10.0.0.10 ping statistics ---
5 packets transmitted, 5 packets received, 0% packet loss
round-trip min/avg/max = 40.182/41.798/47.064 ms
$
```

图 8.147　查看同网段的连通情况

步骤 25：执行命令 ping 10.1.2.12（其中 10.1.2.12 为 vm3 的 IP 地址）查看不同网段的连通情况，如下图 8.148 所示。

```
$ ping 10.1.2.12
PING 10.1.2.12 (10.1.2.12): 56 data bytes
64 bytes from 10.1.2.12: seq=0 ttl=49 time=47.064 ms
64 bytes from 10.1.2.12: seq=1 ttl=49 time=40.859 ms
64 bytes from 10.1.2.12: seq=2 ttl=49 time=40.363 ms
64 bytes from 10.1.2.12: seq=3 ttl=49 time=40.182 ms
64 bytes from 10.1.2.12: seq=4 ttl=49 time=40.526 ms

--- 10.1.2.12 ping statistics ---
5 packets transmitted, 5 packets received, 0% packet loss
round-trip min/avg/max = 40.182/41.798/47.064 ms
$
```

图 8.148　查看不同网段的连通情况

步骤 26：执行命令 ping 8.8.8.8 查看外网的连通情况，如下图 8.149 所示。

图 8.149　查看外网的连通情况

注意：如果计算节点本地无法连接外网，则虚拟实例也无法联网。

8.8　Docker 容器网络

8.8.1　实验任务与目的

① 学习 Docker 的容器网络相关知识；
② 学习自定义容器网络的配置和使用；
③ 学习 Docker 容器间的通信和容器服务访问。

8.8.2　实验原理

1. none 网络

none 网络不为 Docker 容器构造任何网络环境。一旦 Docker 容器采用了 none 网络模式，那么容器内部就只能使用 loopback 网络设备，不会再有其他的网络资源，如图 8.150 所示。none 网络模式意味着不给该容器创建任何网络环境，容器只能使用 127.0.0.1 的本机网络。容器创建时仅需要指定 --network 参数即可配置 none 网络，例如：docker run -it --network=none ubuntu。

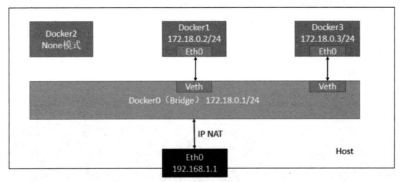

图 8.150　none 网络

在 Docker 使用过程中，none 网络使用较少，但封闭意味着隔离，一些对安全性要求高并且不需要联网的应用可以使用 none 网络。比如某个容器的唯一用途是生成随机密码，就可以放到 none 网络中避免密码被窃取。

2. host 网络

host 网络并没有为容器创建一个隔离的网络环境，之所以称之为 host 模式，是因为该模式下的 Docker 容器会和 host 宿主机共享同一个网络栈，故容器可以和宿主机一样，使用宿主机的 eth0，实现和外界的通信，如图 8.151 所示。换言之，Docker Container 的 IP 地址即为宿主机 eth0 的 IP 地址。同样，容器创建时仅需要指定--network 参数即可配置 host 网络，例如：docker run -it --network=host ubuntu。

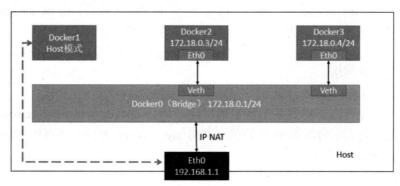

图 8.151　host 网络

直接使用 Docker host 的网络最大的好处就是性能，如果容器对网络传输效率有较高要求，则可以选择 host 网络，host 网络的具体特征如下：

- 这种模式下的容器没有隔离的 network namespace。
- 容器的 IP 地址同 Docker host 的 IP 地址。

需要注意容器中服务的端口号不能与 Docker host 上已经使用的端口号相冲突。

3. bridge 网络

bridge 网络是 Docker 用户最常用的网络，Docker 在安装时会默认创建名称为 "bridge" 的网络，默认网关为 docker0。如果在容器创建过程中未指定网络，新建的容器默认挂载到该 bridge 网络，如图 8.152 所示。

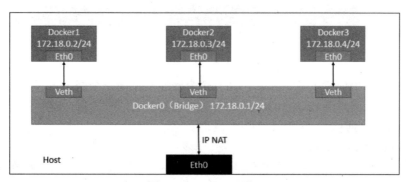

图 8.152　bridge 网络

图 8.152 中 eth0 和 veth 实际上是一对 veth pair。veth pair 是一种成对出现的特殊网络设备，可以把它们想象成由一根虚拟网线连接起来的一对网卡，网线的一头连接容器，另一头连接网桥 docker0，最终效果为将容器连接在网桥 docker0 上。位于同一网络（连接在相同网桥下）的容器间可以相互通信，但由于 Docker 默认的网段隔离，连接在不同网桥下的容器

是无法直接通信的，解决方法是利用 docker network 命令将容器纳入同一个网络。

docker network 命令语法为：docker network <COMMAND>，详细注解如下。

● docker network ls

该命令用于展示当前环境中所有的 docker 网络。

● docker network create [参数]〈网络名〉

该命令用于创建新的容器网络，例如 docker network create --driver=bridge --subnet=10.0.0.0/24 my_network。driver 指定网络驱动，Docker 提供 bridge、overlay 和 macvlan 三种网络驱动，默认为 bridge。subnet 指定容器网络的网段。

综上，该命令创建了一个网络类型为 bridge，网段地址为 10.0.0.0/24，名称为 my_network 的容器网络。

● docker network connect [参数]〈网络名〉〈容器名〉

该命令用于将容器连接到某个特定的网络，例如 docker network connnect --ip=10.0.0.2 my_network box1，表示将容器 box1 连接到网络 my_network 并分配该网段 IP 地址 10.0.0.2。

● docker network inspect〈网络名〉

该命令用于查看某个容器网络的详细配置信息，包括网段、默认网关、连接的容器等信息。例如，docker network inspect my_network。

4. Docker 网络通信

创建好的容器中承载着不同的服务，不同容器之间的服务调用以及资源共享涉及到容器间的通信。容器之间可通过 IP、Docker DNS Server 或 joined 容器三种方式通信。

（1）IP

IP 通信就是直接用 IP 地址来进行通信，这种通信方式需要保证两个容器处于同一个网络，如图 8.153 所示。

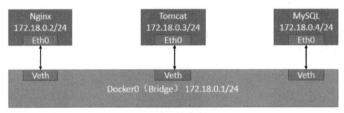

图 8.153　IP 通信方式

如上图，主机中创建了三个容器，当三个容器连接在同一个网桥上（容器创建过程中若不指定网段，默认网桥为 docker0）。此时，三个容器处于同一网段，这种情况下容器之间可以通过 IP 地址互相通信。

（2）Docker DNS Server

通过 IP 访问容器虽然满足了通信的需求，但还是不够灵活。因为我们在部署应用之前可能无法确定 IP，部署之后再指定要访问的 IP 会比较麻烦。对于这个问题，可以通过 Docker 自带的 DNS 服务解决。从 Docker1.10 版本开始，Docker 服务端实现了一个内嵌的 DNS server，容器可以直接通过"容器名"通信。方法很简单，只要在启动时用 --name 为容器命名就可以了，如 docker run -it --name=host1 ubuntu，其他容器可以通过容器名 host1 来访问该容器的服务。

（3）joined 容器

joined 容器是非常特别的一种容器间通信的方式，它可以使两个或多个容器共享一个网络栈，共享网卡和配置信息，joined 容器之间可以通过 127.0.0.1 直接通信。

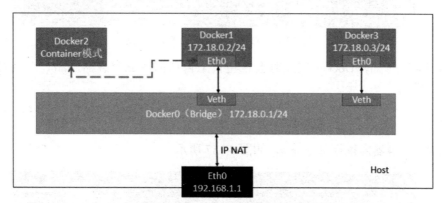

图 8.154　joined 容器通信方式

如图 8.154，主机中创建了两个容器 Docker1 和 Docker2，这两个容器共享同一块虚拟网卡，此时二者的 IP 地址、MAC 地址等网卡配置信息完全相同，这种情况下容器直接通过网卡 eth0 即可通信。joined 容器适用于既需要独立而又需要两个容器网络高度一致的场景，比如运行在独立容器中的网络监控程序希望监控其他容器的网络流量。

5. Docker 服务访问

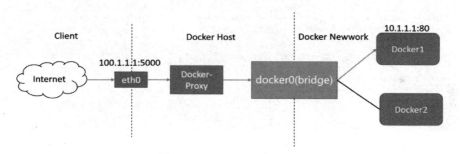

图 8.155　Docker 服务访问

利用 docker run 命令中的-p 参数，可以指定容器与物理主机之间的端口映射，进而实现外部流量访问容器相关服务，例如：docker run -it -p 5000:80 --name=container1 httpd。如图 8.155 所示，Docker Host（物理主机）的 IP 地址为 100.1.1.1:5000，通过命令创建的容器 container1 的 IP 地址为 10.1.1.1，来自 Internet 的流量要想访问容器 container1 中的 http 服务，其访问流程如下。

（1）Docker-proxy 实时监听 Docker Host 的 5000 端口。

（2）Internet 用户访问 100.1.1.1:5000 时，Docker-proxy 转发流量给容器 10.1.1.1:80。

（3）httpd 容器响应请求并返回结果。

8.8.3　实验步骤

1. Docker 容器网络模型

步骤 1：登录 Docker 主机，打开终端，执行命令 su root，切换到 root 用户。

步骤 2：执行命令 docker network list，查看当前环境内的容器网络，如图 8.156 所示。

图 8.156　查看当前环境内的容器网络

由图 8.156 可知，Docker 安装时会在主机上自动创建三个容器网络，分别是 bridge、host、none 网络。

步骤 3：执行命令 docker run -it --name=box1 --network=none busybox，用 busybox 镜像创建容器 box1，挂载在 none 网络上。

步骤 4：在容器内执行命令 ip a，如图 8.157 所示。

图 8.157　查看 IP 信息

由图 8.157 可知，挂载在 none 网络下的容器 box1 除了 lo 没有任何网卡。

步骤 5：执行命令 exit，退出容器 box1。

步骤 6：执行命令 ip a，查看当前主机的网卡相关信息，如图 8.158 所示。

图 8.158　查看主机网卡信息

步骤 7：执行如下命令，创建并运行容器 box2，该容器挂载在网络 host 上，如图 8.159 所示。

```
# docker run -it --network=host --name=box2 busybox
# ip a
```

图 8.159　容器挂载在网络 host

由图 8.159 可知，容器 box2 的网卡信息与主机的网卡信息完全相同，可以理解为容器 box2 与主机共享同一个网络栈。

步骤 8：执行命令 exit，退出容器 box2。

步骤 9：执行命令 docker network inspect bridge，查看容器网络 bridge 的配置信息，如图 8.160 所示。

```
root@openlab:~# docker network inspect bridge
[
    {
        "Name": "bridge",
        "Id": "e59eb76ac169ded4eabec8f0e9131160c3e303499d83105dc937e883dd25e062",
        "Created": "2023-04-21T10:13:23.150379874+08:00",
        "Scope": "local",
        "Driver": "bridge",
        "EnableIPv6": false,
        "IPAM": {
            "Driver": "default",
            "Options": null,
            "Config": [
                {
                    "Subnet": "172.17.0.0/16",
                    "Gateway": "172.17.0.1"
                }
            }
        }
```

图 8.160 查看容器网络 bridge 的配置信息

由图 8.160 可知，容器网络 bridge 的网络地址块为 172.17.0.0/16，连接在该网络下的容器的 IP 地址一定在该网段内。默认网关为 172.17.0.1，即网卡 docker0。

步骤 10：执行命令 ip addr | grep docker0，可验证 docker0 就是容器网络 bridge 的默认网关，如图 8.161 所示。

```
root@openlab:~# ip addr | grep docker0
12: docker0: <NO-CARRIER,BROADCAST,MULTICAST,UP> mtu 1500 qdisc noqueue state DOWN group default
    inet 172.17.0.1/16 brd 172.17.255.255 scope global docker0
```

图 8.161 查看容器网络 bridge 的默认网关

步骤 11：执行命令 docker run -it -d --name=box3 busybox，创建并运行容器 box3，如果 docker run 命令未指定网络，默认将创建的容器挂载在 bridge 网络上。

步骤 12：执行命令 docker network inspect bridge，查看容器网络 bridge 的配置信息，如图 8.162 所示。

```
"Containers": {
    "54dfb91f57a412c99ef957fdb59369eafcc6fade8308fcedc2e3d0da56464fe2": {
        "Name": "box3",
        "EndpointID": "8e5c7385fd4cde5bc978ca319f278c59bcb15393adcbf27d52cef654b7da3f85",
        "MacAddress": "02:42:ac:11:00:02",
        "IPv4Address": "172.17.0.2/16",
        "IPv6Address": ""
    }
```

图 8.162 查看容器网络 bridge 的配置信息

由图 8.162 可知，新建的容器 box3 已经挂载到了网络 bridge 中，网络为容器分配的 IP 地址为 172.171.0.2，属于 172.17.0.0/16 网段。

步骤 13：执行如下命令，创建自定义网络 my_network，网络类型 bridge，网段 20.0.0.0/24，如图 8.163 所示。

```
# docker network create --driver=bridge --subnet=20.0.0.0/24 my_network
# docker network list
```

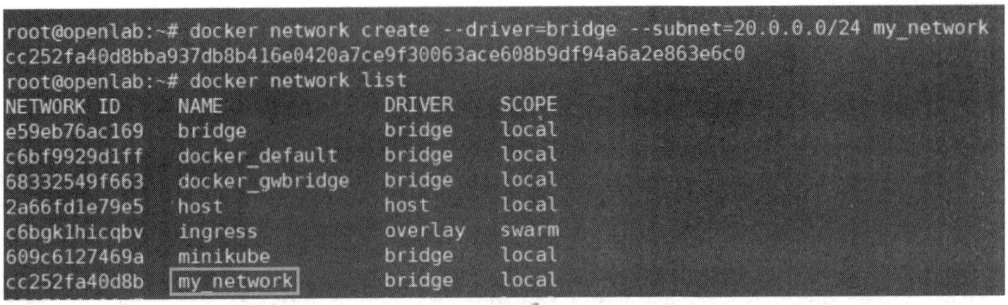

```
root@openlab:~# docker network create --driver=bridge --subnet=20.0.0.0/24 my_network
cc252fa40d8bba937db8b416e0420a7ce9f30063ace608b9df94a6a2e863e6c0
root@openlab:~# docker network list
NETWORK ID     NAME              DRIVER     SCOPE
e59eb76ac169   bridge            bridge     local
c6bf9929d1ff   docker_default    bridge     local
68332549f663   docker_gwbridge   bridge     local
2a66fd1e79e5   host              host       local
c6bgklhicqbv   ingress           overlay    swarm
609c6127469a   minikube          bridge     local
cc252fa40d8b   my_network        bridge     local
```

图 8.163　创建自定义网络 my_network

由图 8.163 可知，自定义网络 my_network 已经创建成功。

步骤 14：执行命令 docker run -it -d --network=my_network --name=box4 busybox，在网络 my_network 中创建容器 box4。

步骤 15：执行命令 docker network inspect my_network，查看容器网络 my_network 的网络信息，如图 8.164 所示。

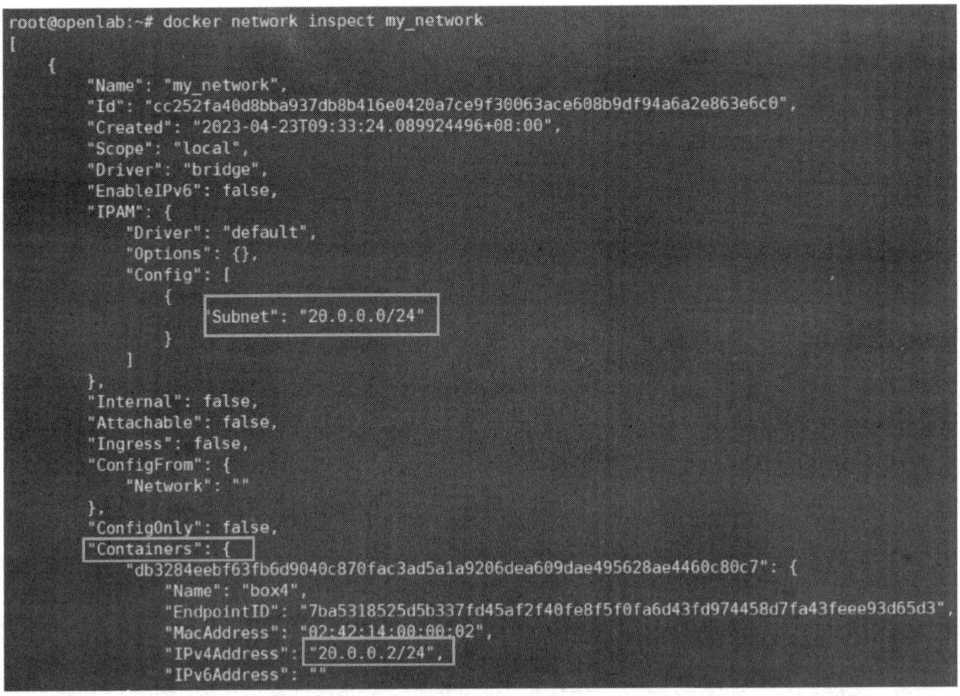

```
root@openlab:~# docker network inspect my_network
[
    {
        "Name": "my_network",
        "Id": "cc252fa40d8bba937db8b416e0420a7ce9f30063ace608b9df94a6a2e863e6c0",
        "Created": "2023-04-23T09:33:24.089924496+08:00",
        "Scope": "local",
        "Driver": "bridge",
        "EnableIPv6": false,
        "IPAM": {
            "Driver": "default",
            "Options": {},
            "Config": [
                {
                    "Subnet": "20.0.0.0/24"
                }
            ]
        },
        "Internal": false,
        "Attachable": false,
        "Ingress": false,
        "ConfigFrom": {
            "Network": ""
        },
        "ConfigOnly": false,
        "Containers": {
            "db3284eebf63fb6d9040c870fac3ad5a1a9206dea609dae495628ae4460c80c7": {
                "Name": "box4",
                "EndpointID": "7ba5318525d5b337fd45af2f40fe8f5f0fa6d43fd974458d7fa43feee93d65d3",
                "MacAddress": "02:42:14:00:00:02",
                "IPv4Address": "20.0.0.2/24",
                "IPv6Address": ""
```

图 8.164　查看容器网络 my_network 的网络信息

由图 8.164 可知，处于网络 my_network 的容器被分配网段内地址 20.0.0.2。

步骤 16：执行以下命令，创建容器 box5 并为其分配静态 IP 地址，如图 8.165 所示。

```
# docker run -dit --network=my_network --name=box5 --ip=20.0.0.66 busybox
# docker exec box5 ip addr
```

```
root@openlab:~# docker run -dit --network=my_network --name=box5 --ip=20.0.0.66 busybox
d32e1b0e6ef1601df695e0d5d85fbc204306d3c08a70e6dc273dbd51a0402a9b
root@openlab:~# docker exec box5 ip addr
1: lo: <LOOPBACK,UP,LOWER_UP> mtu 65536 qdisc noqueue qlen 1000
    link/loopback 00:00:00:00:00:00 brd 00:00:00:00:00:00
    inet 127.0.0.1/8 scope host lo
       valid_lft forever preferred_lft forever
11: eth0@if12: <BROADCAST,MULTICAST,UP,LOWER_UP,M-DOWN> mtu 1500 qdisc noqueue
    link/ether 02:42:14:00:00:42 brd ff:ff:ff:ff:ff:ff
    inet 20.0.0.66/24 brd 20.0.0.255 scope global eth0
       valid_lft forever preferred_lft forever
```

图 8.165　创建容器 box5 并为其分配静态 IP 地址

由图 8.165 可知，该容器的静态 IP 地址被设为 20.0.0.66。到目前为止，由容器 box3、box4 和 box5 组成的网络结构如图 8.166 所示。

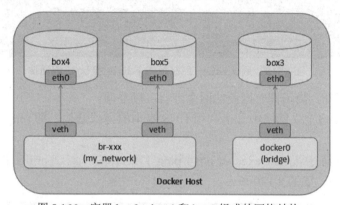

图 8.166　容器 box3、box4 和 box5 组成的网络结构

步骤 17：执行如下命令，创建 container 网络模式的 joined 容器 box6，并查看该容器的网卡信息，如图 8.167 所示。

```
# docker run -dit --network=container:box5 --name=box6 busybox
# docker exec -it box6 ip addr
```

```
root@openlab:~# docker run -dit --network=container:box5 --name=box6 busybox
9b97546be680ef14a930d0402130cc8b264517055a6198da35795a4737b7a5cb
root@openlab:~# docker exec -it box6 ip addr
1: lo: <LOOPBACK,UP,LOWER_UP> mtu 65536 qdisc noqueue qlen 1000
    link/loopback 00:00:00:00:00:00 brd 00:00:00:00:00:00
    inet 127.0.0.1/8 scope host lo
       valid_lft forever preferred_lft forever
29: eth0@if30: <BROADCAST,MULTICAST,UP,LOWER_UP,M-DOWN> mtu 1500 qdisc noqueue
    link/ether 02:42:14:00:00:42 brd ff:ff:ff:ff:ff:ff
    inet 20.0.0.66/24 brd 20.0.0.255 scope global eth0
       valid_lft forever preferred_lft forever
```

图 8.167　创建 container 网络模式的 joined 容器 box6

由图 8.167 可知，该容器的 IP 地址为 20.0.0.66，MAC 地址为 02:42:14:00:00:42，与容器 box5 的网卡信息完全相同。事实上这两个容器共享一个网络栈，共享网卡和配置信息，这也是 joined 容器最重要的特征。

2. 容器网络通信

步骤 1：打开一个新的调试终端，执行命令 docker ps | grep box，查看当前运行的容器服务，如图 8.168 所示。

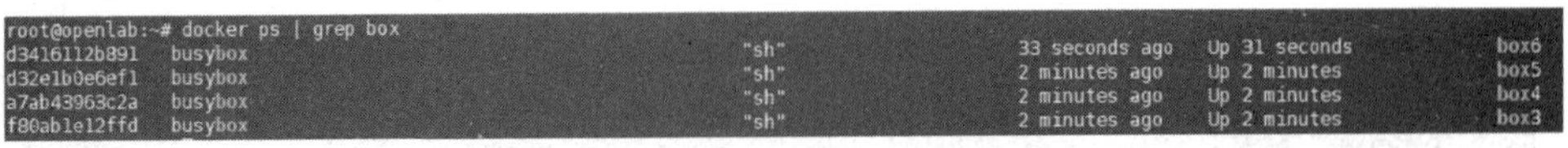

图 8.168　查看当前运行的容器服务

步骤 2：执行命令 docker exec -it box4 ping box5，测试 bridge 网络模式下 box4 和 box5 连通性，如图 8.169 所示。

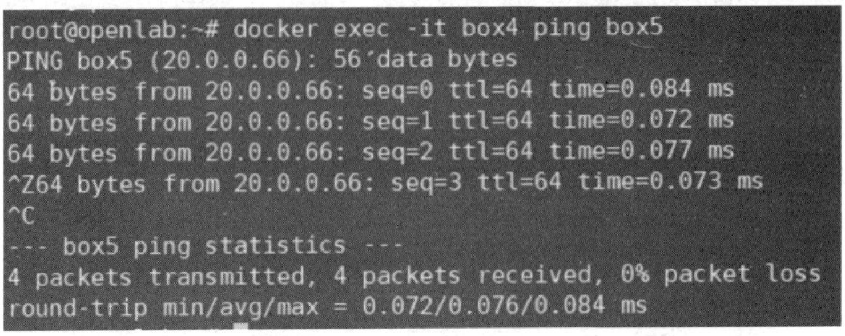

图 8.169　测试 Bridge 网络模式下 box4 和 box5 连通性

由图 8.169 可知，属于同一网段的两个容器可以互通。

说明：只有在自定义网络中才能利用 DNS 查询的方式通信，即 ping 测试时可以使用主机名。

步骤 3：执行命令 docker exec -it box4 ping 172.17.0.2，测试 bridge 网络模式下 box4 与 box3 容器的连通性，如图 8.170 所示。

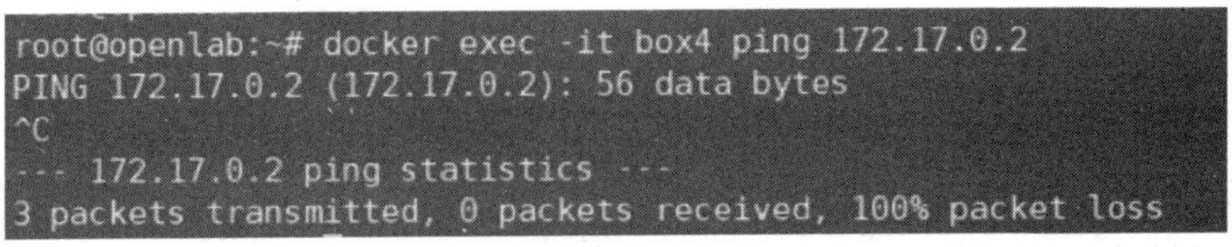

图 8.170　测试 Bridge 网络模式下 box4 与 box3 容器的连通性

由图 8.170 可知，容器 box4 与容器 box3（IP 地址 172.17.0.2）无法正常通信，因为二者处于不同网段，docker 默认不同网段相互隔离。

步骤 4：执行以下命令，将容器 box3 连接到网络 my_network，并查看该容器的网卡信息，如图 8.171 所示。

```
# docker network connect my_network box3
# docker exec -it box3 ip addr
```

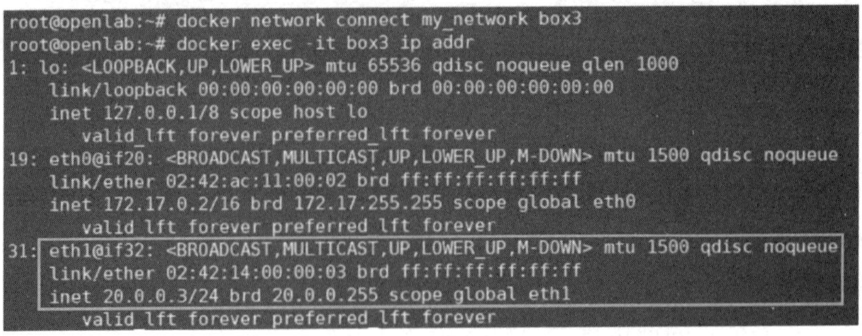

图 8.171　将容器 box3 连接到网络 my_network

由图 8.171 可知，容器 box3 连接到网络 my_network 后，通过 ip addr 命令，可以发现容器 box3 中增加了一个新的网卡 eth1，IP 地址为 20.0.0.3，属于 20.0.0.0/24 网段。目前，容器 box3，box4，box5 组成的网络结构如图 8.172 所示。

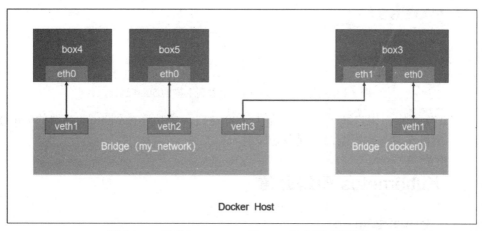

图 8.172　容器 box3、box4 和 box5 组成的网络结构

步骤 5：执行命令 docker exec -it box4 ping box3，验证 bridge 网络模式下容器 box3 与 box4 之间的连通性，如图 8.173 所示。

```
root@openlab:~# docker exec -it box4 ping box3
PING box3 (20.0.0.3): 56 data bytes
64 bytes from 20.0.0.3: seq=0 ttl=64 time=0.181 ms
64 bytes from 20.0.0.3: seq=1 ttl=64 time=0.072 ms
64 bytes from 20.0.0.3: seq=2 ttl=64 time=0.075 ms
^C
--- box3 ping statistics ---
3 packets transmitted, 3 packets received, 0% packet loss
round-trip min/avg/max = 0.072/0.109/0.181 ms
```

图 8.173　Bridge 网络模式下容器 box3 与 box4 之间的连通性

由图 8.173 可知，位于网络 bridge 的容器 box3 在加入网络 my_network 后，与网络 my_network 内的容器 box4 可以互相通信。docker connect 命令解决了不同网络内容器无法通信的问题。

说明：只有在自定义网络中才能利用 DNS 查询的方式通信。

步骤 6：执行命令 docker run -d -it -p 5000:80 httpd，启动 httpd 容器，将容器的 80 端口映射到主机的 5000 端口，如图 8.174 所示。

```
root@openlab:~# docker run -d -it -p 5000:80 httpd
Unable to find image 'httpd:latest' locally
latest: Pulling from library/httpd
a2abf6c4d29d: Pull complete
dcc4698797c8: Pull complete
41c22baa66ec: Pull complete
67283bbdd4a0: Pull complete
d982c879c57e: Pull complete
Digest: sha256:0954cc1af252d824860b2c5dc0a10720af2b7a3d3435581ca788dff8480c7b32
Status: Downloaded newer image for httpd:latest
49370b4cea17b3b5b21dea02c02b2c6807ae7795f89bc0f6f7e431aa5dd702d6
```

图 8.174　主机端口与容器端口映射成功

步骤 7：登录浏览器，在地址栏输入 http://127.0.0.1:5000，效果如图 8.175 所示。

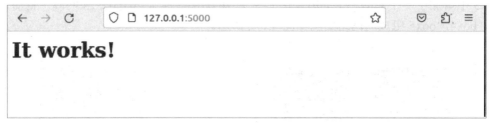

图 8.175　将容器的 80 端口映射到主机的 5000 端口

由图 8.175 可知，用户通过访问主机的 5000 端口，成功连接到 httpd 容器的 http 服务，可以证明：主机端口与容器端口实现成功映射。

8.9　Kubernetes 网络通信

8.9.1　实验任务与目的

① 学习 CNI 模型；
② 学习 Kubernetes 网络 Flannel 方案；
③ 分析 Flannel 网络的数据流。

8.9.2　实验原理

1. CNI 模型

CNI（Container Network Interface，容器网络接口）是 Kubernetes 标准的 API 接口，Kubelet 通过该接口调用不同的 CNI 插件以实现不同的网络配置方式，常见的 CNI 插件包括 Calico、Flannel 等。也就是说 CNI 主要用于 Kubernetes 网络部署和配置，例如创建网络接口、连接 pod，IP 地址管理和分配等，其使用 Flannel 插件的工作机制如图 8.176 所示。

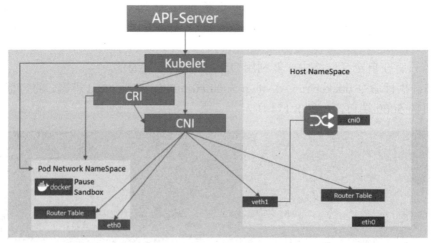

图 8.176　Flannel 插件的工作机制

① 用户通过 API Server 向集群发起创建 pod 的指令。

② API Server 调用 Kubelet，指定 pod 信息，创建 pod。

③ Kubelet 调用 CRI 创建容器，CRI（Container Runtime Interface，容器运行接口）主要用于容器的部署和管理，例如容器的启停、镜像的拉取、查看和移除。

④ Kubelet 和 CRI 调用 CNI 插件完成容器网络和 pod 网络的部署。

2. CNI 插件-Flannel

Flannel 是 CNI 插件的一种，它可以为不同 Node 节点分配不同的子网，保证每个 pod 的 IP 地址都是唯一的，并将这些子网信息存储在 etcd 中，并且 Flannel 在 Node 上会运行一个守护进程，用于维护本地的路由规则和 etcd 中的信息。在 Kubernetes 集群中，Flannel 主要解决的是 Kubernetes 节点之间容器网络的通信问题。Flannel 有 UDP、VxLAN 和 Host-gw 三种模式实现不同节点间 pod 的通信，目前主要采用 VxLAN 方式实现，如图 8.177 所示。

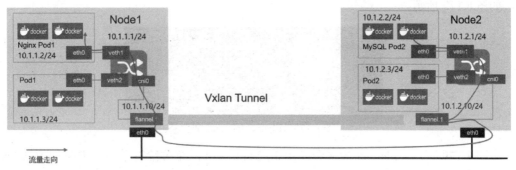

图 8.177 VxLAN 实现方式

● 每个节点分配一个子网，该节点的所有 pod 从子网中分配 IP 地址。

● 同一节点内的 pod 进行二层通信，通过 cni0 交换机实现。

● 不同 Node 间使用 Flannel 技术，支持的隧道类型为 VxLAN 和 IPIP（UDP 方式）。

● 节点间流量通过隧道进行转发。

当 Node1 的 Nginx 服务访问 Node2 的 MySQL 时，流量转发过程如下：

① Nginx pod 的 IP 地址是 10.1.1.2，该 pod 中的服务都是用这个地址进行通信，该地址属于 Flannel 分配给 Node1 的子网，Nginx 服务发出的数据包源地址为 10.1.1.2，目的地指向 MySQL 服务的 pod 地址 10.1.2.2。

② Nginx 的网关是 cni0 交换机地址为 10.1.1.1，发出的报文会转发到 pod 的 eth0 接口，该接口与 cni0 交换机中的 veth1 接口属于 veth-pair 设备。

③ cni0 交换机收到报文后会查看 Flannel 插件下发的路由表信息，去往其他节点 pod 的路由下一跳指向 Flannel.1 接口，该接口由 Flannel 插件部署，作为 VxLAN 的隧道接口。

④ 数据包发向 Flannel.1 隧道接口，而 VxLAN 作为 overlay 技术，其 underlay 网络是由物理网络进行承载，所以数据包会由 Flannel.1 接口发向节点的网卡接口 eth0，并再次封装一层 eth0 的接口 IP 地址，目的地指向 Node2 的 eth0 网卡地址。

⑤ Node1 节点查看路由信息，找到去往 Node2 节点的路由并转发数据包。

⑥ Node2 节点收到数据包后会解析第一层 IP 数据首部，看到隧道信息，将数据转发到本地 Flannel.1 接口，并解封装 VxLAN 首部信息，查看内部 IP 地址信息。

⑦ 看到内部 IP 地址信息是 10.1.2.2，查找路由表将数据通过本地 cni0 交换机转发到该 pod，并通过端口号找到 MySQL 服务。

8.9.3 实验步骤

步骤 1：登录 master 节点，打开调试终端，执行如下命令，查看当前节点信息，如图 8.178 所示。

```
# su root
# kubectl get nodes -o wide
```

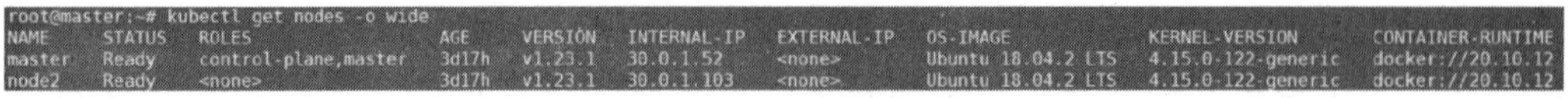

```
root@master:~# kubectl get nodes -o wide
NAME     STATUS   ROLES                  AGE    VERSION   INTERNAL-IP   EXTERNAL-IP   OS-IMAGE             KERNEL-VERSION       CONTAINER-RUNTIME
master   Ready    control-plane,master   3d17h  v1.23.1   30.0.1.52     <none>        Ubuntu 18.04.2 LTS   4.15.0-122-generic   docker://20.10.12
node2    Ready    <none>                 3d17h  v1.23.1   30.0.1.103    <none>        Ubuntu 18.04.2 LTS   4.15.0-122-generic   docker://20.10.12
```

图 8.178 当前节点信息

步骤 2：执行命令 cat /home/openlab/resource/kube-flannel.yml 查看 Flannel 的 yaml 文件，如图 8.179 所示。

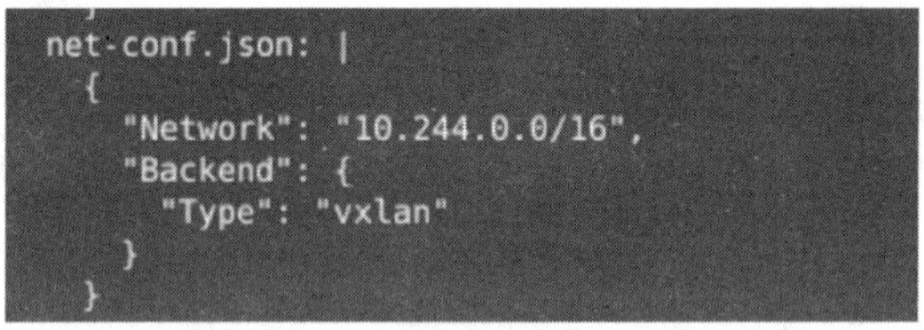

```
net-conf.json: |
  {
    "Network": "10.244.0.0/16",
    "Backend": {
      "Type": "vxlan"
    }
  }
```

图 8.179 Flannel 的 yaml 文件

由图 8.179 可知，Flannel 插件会使用 10.244.0.0/16 网络分给各节点，并采用 VxLAN 方式实现节点间 pod 的互通。

步骤 3：执行命令 cd /home/openlab/resource 进入 resource 文件夹。

步骤 4：执行命令 kubectl apply -f kube-flannel.yml 部署 Flannel 插件。

步骤 5：执行命令 kubectl get pod -A，查看 Flannel 插件部署情况，如图 8.180 所示。

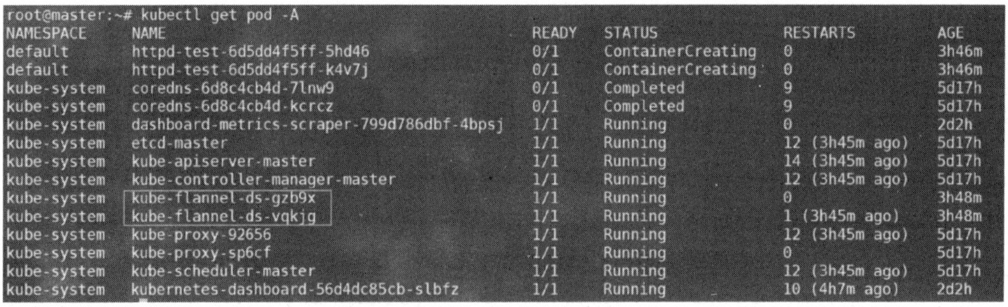

```
root@master:~# kubectl get pod -A
NAMESPACE     NAME                                         READY   STATUS              RESTARTS         AGE
default       httpd-test-6d5dd4f5ff-5hd46                  0/1     ContainerCreating   0                3h46m
default       httpd-test-6d5dd4f5ff-k4v7j                  0/1     ContainerCreating   0                3h46m
kube-system   coredns-6d8c4cb4d-7lnw9                      0/1     Completed           9                5d17h
kube-system   coredns-6d8c4cb4d-kcrcz                      0/1     Completed           9                5d17h
kube-system   dashboard-metrics-scraper-799d786dbf-4bpsj   1/1     Running             0                2d2h
kube-system   etcd-master                                  1/1     Running             12 (3h45m ago)   5d17h
kube-system   kube-apiserver-master                        1/1     Running             14 (3h45m ago)   5d17h
kube-system   kube-controller-manager-master               1/1     Running             12 (3h45m ago)   5d17h
kube-system   kube-flannel-ds-gzb9x                        1/1     Running             0                3h48m
kube-system   kube-flannel-ds-vqkjg                        1/1     Running             1 (3h45m ago)    3h48m
kube-system   kube-proxy-92656                             1/1     Running             12 (3h45m ago)   5d17h
kube-system   kube-proxy-sp6cf                             1/1     Running             0                5d17h
kube-system   kube-scheduler-master                        1/1     Running             12 (3h45m ago)   5d17h
kube-system   kubernetes-dashboard-56d4dc85cb-slbfz        1/1     Running             10 (4h7m ago)    2d2h
```

图 8.180 Flannel 插件部署情况

步骤 6：执行命令 cat /etc/cni/net.d/10-flannel.conflist，查看 Flannel 的配置文件，如图 8.181 所示。

kubelet 创建一个 pod 时，先会创建一个 pause 容器并调用/etc/cni/net.d/目录下的配置文件指定的 cni 插件。图 8.181 中可以看到，cni 插件类型是 Flannel，于是 kubelet 就调用了 Flannel 的二进制可执行文件。

步骤 7：执行命令 ls /opt/cni/bin/ -lrt，查看 Flannel 二进制可执行文件，如图 8.182 所示。

```
root@master:~# cat /etc/cni/net.d/10-flannel.conflist
{
  "name": "cbr0",
  "cniVersion": "0.3.1",
  "plugins": [
    {
      "type": "flannel",
      "delegate": {
        "hairpinMode": true,
        "isDefaultGateway": true
      }
    },
    {
      "type": "portmap",
      "capabilities": {
        "portMappings": true
      }
    }
  ]
}
```

图 8.181　Flannel 的配置文件

```
root@master:~# ls /opt/cni/bin/ -lrt
total 70836
-rwxr-xr-x 1 root root  4159518 May 14  2020 bandwidth
-rwxr-xr-x 1 root root  5945760 May 14  2020 firewall
-rwxr-xr-x 1 root root  3392826 May 14  2020 sbr
-rwxr-xr-x 1 root root  3939867 May 14  2020 portmap
-rwxr-xr-x 1 root root  3356587 May 14  2020 tuning
-rwxr-xr-x 1 root root  4671647 May 14  2020 bridge
-rwxr-xr-x 1 root root  4174394 May 14  2020 host-device
-rwxr-xr-x 1 root root  4314598 May 14  2020 ipvlan
-rwxr-xr-x 1 root root  3209463 May 14  2020 loopback
-rwxr-xr-x 1 root root  4389622 May 14  2020 macvlan
-rwxr-xr-x 1 root root  4590277 May 14  2020 ptp
-rwxr-xr-x 1 root root  4314446 May 14  2020 vlan
-rwxr-xr-x 1 root root 12124326 May 14  2020 dhcp
-rwxr-xr-x 1 root root  2885430 May 14  2020 static
-rwxr-xr-x 1 root root  3614480 May 14  2020 host-local
-rwxr-xr-x 1 root root  3418259 Apr 25 13:49 flannel
```

图 8.182　Flannel 二进制可执行文件

步骤 8：登录 node2 节点，执行命令 cat /run/flannel/subnet.env，查看节点分配的子网信息，如图 8.183 所示。

```
root@node2:~# cat /run/flannel/subnet.env
FLANNEL_NETWORK=10.244.0.0/16
FLANNEL_SUBNET=10.244.1.1/24
FLANNEL_MTU=1400
FLANNEL_IPMASQ=true
```

图 8.183　节点分配的子网信息

kubelet 调用的 Flannel 二进制可执行文件会先读取/run/flannel/subnet.env 文件，里面主要包含当前节点的子网信息，由图 8.183 可知，该节点下所有 pod 都在 10.244.1.0 子网下。然后 kubelet 会调用另一个 cni 插件 bridge，后续流程如下。

① 在节点上创建一个名为 cni0 的 linux bridge，然后把子网的第一个地址（例如 10.244.1.1）绑到 cni0 上，这样 cni0 同时也是该节点上所有 pod 的默认网关。

② 在节点上创建一条主机路由：ip route add 10.244.1.0/24 dev cni0 scope link src 10.244.1.1，这样一来，其他节点到本节点所有 pod 的流量就都会走 cni0 了。

③ 创建 veth 网卡对，把一端插到新创建的 pod 的 ns 中，另一端插到 cni0 网桥上。

④ 设置 pod 中 veth 网卡 IP，IP 为 host-local 分配的值，默认网关设置为 cni0 的 IP

地址。

⑤ 设置网卡的 mtu，这个很关键，跟使用哪种跨节点通信方案相关，如果使用 VxLAN，一般就是 1460。

步骤 9：执行命令 ip link，查看当前接口信息，如图 8.184 所示。

```
root@node2:~# ip link
1: lo: <LOOPBACK,UP,LOWER_UP> mtu 65536 qdisc noqueue state UNKNOWN mode DEFAULT group default qlen 1000
    link/loopback 00:00:00:00:00:00 brd 00:00:00:00:00:00
2: ens3: <BROADCAST,MULTICAST,UP,LOWER_UP> mtu 1450 qdisc fq_codel state UP mode DEFAULT group default qlen 1000
    link/ether fa:16:3e:11:b1:f5 brd ff:ff:ff:ff:ff:ff
3: docker0: <NO-CARRIER,BROADCAST,MULTICAST,UP> mtu 1500 qdisc noqueue state DOWN mode DEFAULT group default
    link/ether 02:42:d9:ba:59:75 brd ff:ff:ff:ff:ff:ff
4: flannel.1: <BROADCAST,MULTICAST,UP,LOWER_UP> mtu 1400 qdisc noqueue state UNKNOWN mode DEFAULT group default
    link/ether ee:01:ea:59:f6:f6 brd ff:ff:ff:ff:ff:ff
5: cni0: <BROADCAST,MULTICAST,UP,LOWER_UP> mtu 1400 qdisc noqueue state UP mode DEFAULT group default qlen 1000
    link/ether b2:74:9f:70:74:b9 brd ff:ff:ff:ff:ff:ff
17: vethb9723a95@if3: <BROADCAST,MULTICAST,UP,LOWER_UP> mtu 1400 qdisc noqueue master cni0 state UP mode DEFAULT group default
    link/ether a2:9b:cf:c3:0c:65 brd ff:ff:ff:ff:ff:ff link-netnsid 0
18: vethfc6f28d6@if3: <BROADCAST,MULTICAST,UP,LOWER_UP> mtu 1400 qdisc noqueue master cni0 state UP mode DEFAULT group default
    link/ether ea:8a:d6:15:1c:91 brd ff:ff:ff:ff:ff:ff link-netnsid 1
```

图 8.184 当前接口信息

其中，ens3 是当前节点的网卡接口；docker0 是部署 docker 服务生成的交换机，用于连接同一节点内的不同 docker 服务；flannel.1 是隧道接口，用于在不同节点间 pod 的互访；cni0 是节点内连接 pod 的交换机设备，用于访问本地 pod。veth 为 veth-pair 设备，实现 pod 和 cni0 交换机的连接，由上图可知目前存在两个 veth 接口。

步骤 10：登录 master 节点，执行命令 kubectl apply -f httpd.yml，部署 httpd 服务，如图 8.185 所示。

```
root@master:~# kubectl apply -f httpd.yml
deployment.apps/httpd-test created
```

图 8.185 部署 httpd 服务

步骤 11：执行命令 kubectl get pod -o wide，查看 pod 副本信息，如图 8.186 所示。

```
root@master:~# kubectl get pod -o wide
NAME                          READY   STATUS    RESTARTS   AGE     IP            NODE    NOMINATED NODE   READINESS GATES
httpd-test-6d5dd4f5ff-thrld   1/1     Running   0          2m54s   10.244.1.18   node2   <none>           <none>
httpd-test-6d5dd4f5ff-zzmvs   1/1     Running   0          2m54s   10.244.1.19   node2   <none>           <none>
```

图 8.186 查看 pod 副本信息

由图 8.186 可知，当前两个 pod 副本都部署在 node2 节点上且都在子网 10.244.1.0 中。

步骤 12：登录 node2 节点，执行命令 ip link，查看接口信息，如图 8.187 所示。

```
root@node2:~# ip link
1: lo: <LOOPBACK,UP,LOWER_UP> mtu 65536 qdisc noqueue state UNKNOWN mode DEFAULT group default qlen 1000
    link/loopback 00:00:00:00:00:00 brd 00:00:00:00:00:00
2: ens3: <BROADCAST,MULTICAST,UP,LOWER_UP> mtu 1450 qdisc fq_codel state UP mode DEFAULT group default qlen 1000
    link/ether fa:16:3e:11:b1:f5 brd ff:ff:ff:ff:ff:ff
3: docker0: <NO-CARRIER,BROADCAST,MULTICAST,UP> mtu 1500 qdisc noqueue state DOWN mode DEFAULT group default
    link/ether 02:42:d9:ba:59:75 brd ff:ff:ff:ff:ff:ff
4: flannel.1: <BROADCAST,MULTICAST,UP,LOWER_UP> mtu 1400 qdisc noqueue state UNKNOWN mode DEFAULT group default
    link/ether ee:01:ea:59:f6:f6 brd ff:ff:ff:ff:ff:ff
5: cni0: <BROADCAST,MULTICAST,UP,LOWER_UP> mtu 1400 qdisc noqueue state UP mode DEFAULT group default qlen 1000
    link/ether b2:74:9f:70:74:b9 brd ff:ff:ff:ff:ff:ff
17: vethb9723a95@if3: <BROADCAST,MULTICAST,UP,LOWER_UP> mtu 1400 qdisc noqueue master cni0 state UP mode DEFAULT group default
    link/ether a2:9b:cf:c3:0c:65 brd ff:ff:ff:ff:ff:ff link-netnsid 0
18: vethfc6f28d6@if3: <BROADCAST,MULTICAST,UP,LOWER_UP> mtu 1400 qdisc noqueue master cni0 state UP mode DEFAULT group default
    link/ether ea:8a:d6:15:1c:91 brd ff:ff:ff:ff:ff:ff link-netnsid 1
22: veth41b4915e@if3: <BROADCAST,MULTICAST,UP,LOWER_UP> mtu 1400 qdisc noqueue master cni0 state UP mode DEFAULT group default
    link/ether ca:70:81:5f:8e:6f brd ff:ff:ff:ff:ff:ff link-netnsid 2
23: veth02167040@if3: <BROADCAST,MULTICAST,UP,LOWER_UP> mtu 1400 qdisc noqueue master cni0 state UP mode DEFAULT group default
    link/ether da:b9:38:96:70:02 brd ff:ff:ff:ff:ff:ff link-netnsid 3
```

图 8.187 查看接口信息

由图 8.187 可知，当 pod 服务部署成功后，在 node2 节点中新增两个 veth 接口。

步骤 13：执行命令 bridge link，查看 cni0 交换机的连接情况，如图 8.188 所示。

```
root@node2:~# bridge link
17: vethb9723a95 state UP @docker0: <BROADCAST,MULTICAST,UP,LOWER_UP> mtu 1400 master cni0 state forwarding priority 32 cost 2
18: vethfc6f28d6 state UP @docker0: <BROADCAST,MULTICAST,UP,LOWER_UP> mtu 1400 master cni0 state forwarding priority 32 cost 2
22: veth41b4915e state UP @docker0: <BROADCAST,MULTICAST,UP,LOWER_UP> mtu 1400 master cni0 state forwarding priority 32 cost 2
23: veth02167040 state UP @docker0: <BROADCAST,MULTICAST,UP,LOWER_UP> mtu 1400 master cni0 state forwarding priority 32 cost 2
```

图 8.188　查看 cni0 交换机的连接情况

由图 8.188 可知，veth 接口用于连接两个 pod 副本到 cni0 交换机，当前拓扑如图 8.189 所示。

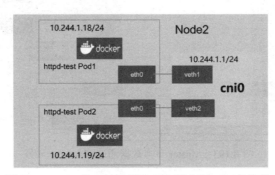

图 8.189　veth 接口连接两个 pod 副本到 cni0 交换机

步骤 14：执行命令 ip route 查看当前路由信息，如图 8.190 所示。

```
root@node2:~# ip route
default via 30.0.1.1 dev ens3 proto dhcp src 30.0.1.103 metric 100
10.244.0.0/24 via 10.244.0.0 dev flannel.1 onlink
10.244.1.0/24 dev cni0 proto kernel scope link src 10.244.1.1
30.0.1.0/24 dev ens3 proto kernel scope link src 30.0.1.103
169.254.169.254 via 30.0.1.1 dev ens3 proto dhcp src 30.0.1.103 metric 100
172.17.0.0/16 dev docker0 proto kernel scope link src 172.17.0.1 linkdown
```

图 8.190　查看路由信息

由图 8.190 可知，去往 10.244.1.0 网段的数据都会通过 cni0 交换机转发，node2 节点与该节点内 pod 互通通过 cni0 实现。

步骤 15：执行如下命令测试 httpd 服务是否可以访问，如图 8.191 所示。

```
# curl http://10.244.1.18:80
# curl http://10.244.1.19:80
```

```
root@node2:~# curl http://10.244.1.18:80
<html><body><h1>It works!</h1></body></html>
root@node2:~# curl http://10.244.1.19:80
<html><body><h1>It works!</h1></body></html>
```

图 8.191　测试 httpd 服务是否可以访问

由图 8.191 可知，本地 node2 节点通过 pod 地址可以直接访问本地 http 服务。

步骤 16：登录 Master 节点，执行命令 ip route 查看当前路由信息，如图 8.192 所示。

```
root@master:~# ip route
default via 30.0.1.1 dev ens3 proto static
10.244.0.0/24 dev cni0 proto kernel scope link src 10.244.0.1
10.244.1.0/24 via 10.244.1.0 dev flannel.1 onlink
30.0.1.0/24 dev ens3 proto kernel scope link src 30.0.1.52
172.17.0.0/16 dev docker0 proto kernel scope link src 172.17.0.1 linkdown
```

图 8.192　查看路由信息

由图 8.193 可知，Master 节点去往 10.244.1.0 网段的数据通过 Flannel.1 转发，当前拓扑如图 8.193 所示。

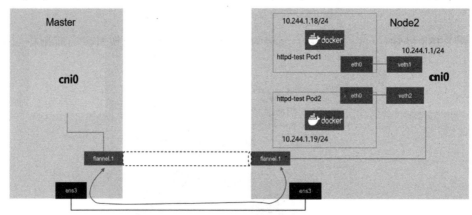

图 8.193   Master 节点数据通过 Flannel.1 转发

步骤 17：执行如下命令查看 Master 节点是否可以访问 httpd 服务，如图 8.194 所示。

```
# curl http://10.244.1.18:80
# curl http://10.244.1.19:80
```

```
root@master:~# curl http://10.244.1.18:80
<html><body><h1>It works!</h1></body></html>
root@master:~# curl http://10.244.1.19:80
<html><body><h1>It works!</h1></body></html>
```

图 8.194   Master 节点访问 httpd 服务

由图 8.194 可知，Master 节点可以通过 Flannel 隧道访问 httpd 服务。

实验平台

参 考 文 献

[1] 王达. 深入理解计算机网络[M]. 北京：机械工业出版社，2013.

[2] 谢希仁. 计算机网络（第八版）[M]. 北京：电子工业出版社，2021.

[3] 第二届全球未来网络发展峰会组委会. 全球未来网络发展白皮书[R/OL]. （2018-05）. https://max.book118.com/html/2018/0608/171557977.shtm.

[4] 黄韬，刘江，霍如，等. 未来网络体系结构研究综述[J]. 通信学报，2014，35（8）：184-197.

[5] 刘韵洁，黄韬，张娇，等. 服务定制网络[J]. 通信学报，2014，35（12）：1-9.

[6] 洪学海，马中盛，范灵俊. 关于未来网络研究的调研报告[R/OL]. 2017.

[7] 刘韵洁，黄韬，汪硕. 关于未来网络技术体系创新的思考. 中国科学院院刊，2022，37(1)：38-45.

Liu Y J, Huang T, Wang S. Thoughts on innovation of future network architecture. Bulletin of Chinese Academy of Sciences, 2022, 37(1): 38-45. (in Chinese).

[8] 美国大规模网络分布式系统研究和教育开放基础设施[R/OL]. 2014. http://www. geni.net/.

[9] 黄韬，汪硕，黄玉栋，等. 确定性网络研究综述. 通信学报，2019，40（6）：160-176.

Huang T, Wang S, Huang Y D, et al. Survey of the deterministic network. Journal on Communications, 2019, 40(6): 160-176. (in Chinese).

[10] Shah S D A, Gregory M A, Li S. Cloud-native network slicing using software defined networking based multi-access edge computing: A survey. IEEE Access, 2021, 9: 10903-10924.

[11] 何涛，杨振东，曹畅，等. 算力网络发展中的若干关键技术问题分析[J]. 电信科学，2022，38（6）：62-70.

[12] 王林，周崇杰. SD-WAN 技术优势及应用分析[J]. 科技风，2018(01)：60+67.

[13] 饶少阳，陈运清，冯明. 基于 SDN 的云数据中心[J]. 电信科学，2014，30（8）：33-41.

[14] 蒋暕青. 虚拟实验室 NFV 实现及测试方法研究 [R/OL]. 2023.6. https://www. sdnlab.com/17192.html.

[15] 孙石峰，罗成. NFV 管理和编排面临的挑战[J]. 邮电设计技术，2016（9）：68-73.

[16] 赵河，华一强，郭晓琳. NFV 技术的进展和应用场景[J]. 邮电设计技术，2014（6）：62-67.

[17] 华为云计算技术有限公司. 虚拟私有云[R/OL]. 2024.3. https://support.huaweicloud. com/productdesc-vpc/overview_0002.html?utm_source=vpc_Growth_map&utm_medium= display&utm_ campaign=help_center&utm_content=Growth_map.

[18] 史凡，熊小明. CORD 助力运营商网络重构的冷思考[R/OL]. 2017.2. http://www.

cww.net.cn/article?id=377446.

[19] 刘熠. 云计算概念及核心技术综述[J]. 中国新通信，2017，19（4）：12.

[20] 许子明，田杨锋. 云计算的发展历史及其应用[J]. 信息记录材料，2018，19（8）：66-67.

[21] 中科院物理所. 云计算简史[R/OL]. 2022.9. https://mp.weixin.qq.com/s?__biz=MzAwNTA5NTYxOA==&mid=2650892137&idx=4&sn=8eb7780c5cd4221ba8291585c00b4271&chksm=80d42ec4b7a3a7d232014d14ab1f6add4dd470788dfd9a286ce975a3847a14243bc935df0647&scene=27.

[22] 康小海. 微软云计算的发展历程与战略分析[J]. 微型计算机，2024（2）：000.

[23] 赵兴芝，臧丽，朱效丽，等. 云计算概念、技术发展与应用[J]. 电子世界，2017（3）：2.

[24] 马腾. 数据中心网络业务性能优化技术研究[D]. 郑州：解放军信息工程大学，2017.

[25] 韩乔木. IDC 云计算行业投资价值分析[J]. 环球市场，2020，000（027）：26-27.

[26] 张晨. 云数据中心网络与 SDN：技术架构与实现[M]. 北京：机械工业出版社，2018.

[27] 刘瑛. SDN 在云数据中心的应用-架构篇[R/OL]. 2017.5. https://www.sdnlab.com/19236.html.

[28] 李丹，刘方明，郭得科，等. 软件定义的云数据中心网络基础理论与关键技术[J]. 电信科学，2014，30（6）：12.DOI:10.3969/j.issn.1000-0801.2014.06.008.

[29] CloudFabric 数据中心网络解决方案[R/OL]. https://e.huawei.com/cn/solutions/business-needs/enterprise-network/data-center-network/dcn-network.

[30] 曹勇，吕光宏，周飞. 基于 SDN 的网络虚拟化平台研究[J]. 通信技术，2017，50（9）：1987-1993.

[31] 华为科技有限公司，《AI Fabric，面向 AI 时代的智能无损数据中心网络》白皮书[R/OL]. 2018.12.

[32] 黄韬，刘江，汪硕，等. 未来网络技术与发展趋势综述. 通信学报，2021，42（1）：130-150.

[33] 邬江兴，兰巨龙. 新型网络体系结构[M]. 北京：人民邮电出版社，2014.

[34] 于朝晖. CNNIC 发布第 44 次《中国互联网络发展状况统计报告》[J]. 网信军民融合，2019（9）：30-31.

[35] 张朝昆，崔勇，唐翯翯，等. 软件定义网络(SDN)研究进展[J]. 软件学报，2015，26（1）：62-81.

[36] 中国电子技术标准化研究院.人工智能标准化白皮书（2021 版）[R/OL]. 2022.7. https://www.xdyanbao.com/doc/ow4g9r691j?bd_vid=11712378708237154122.

[37] 瞿斌. 基于人工智能的网络安全态势分析研究[J]. 科技风，2024（2）：59-61.

[38] 金晶，邹晶晶. 人工智能在网络空间安全领域的发展[J]. 国防科技，2018，39（4）：5.DOI:CNKI:SUN:GFCK.0.2018-04-009.

[39] 国务院. 国务院关于印发新一代人工智能发展规划的通知[EB/OL]. 中国政府网，2017.7. https://www.gov.cn/zhengce/content/2017-07-20/content_5211996.htm

[40] Sam Egbo. The 2016 Dyn DDOS Cyber Attack Analysis: The Attack that Broke the Internet for a Day[M]. CreateSpace Independent Publishing Platform. 2018.6. https://dl.acm.org/doi/book/10.5555/3279152.

[41] 甲骨文中国.甲骨文智能运维解决方案[R/OL]. https://www.oracle.com/cn/cloud/management-security-cloud.html.

[42] SDN and OpenFlow World Congress.Network Operator Perspectives on Industry Progress. Network Functions Virtualisation (NFV)[R/OL].2013.10.https://portal.etsi.org/NFV/NFV_White_Paper2.pdf.

[43] SDN/NFV/AI 标准与产业推进委员会.SD-WAN 全球技术与产业发展白皮书[R/OL].2021.4. https://www.docin.com/p-4503608830.html.

[44] 无.2024-2029 全球及中国电信网络改造中的 SDN 和 NFV 技术行业市场发展分析及前景趋势与投资发展研究报告[R/OL]. 2024.4. https://max.book118.com/html/2024/0413/8047067101006056.shtm.

[45] Junfeng Xie et al.，"A Survey of Machine Learning Techniques Applied to Software Defined Networking (SDN): Research Issues and Challenges，" IEEE Communications Surveys & Tutorials., vol. 21, no. 1, pp. 393–430, 1st Quart., 2019.

[46] M. Uddin and T. Nadeem, "TrafficVision: A case for pushing software defined networks to wireless edges，" in Proc. IEEE MASS, Brasilia, Brazil, Oct. 2016, pp. 37–46.

[47] 唐雄燕，曹畅，张帅，等.中国联通算力网络白皮书[R/OL].中国联通，2019.11. https://www.xdyanbao.com/doc/3amlexahf1?bd_vid=11902223474445923606.

[48] 魏华，张婷婷，李莹.算力网络一体化服务架构与实践[J].通信世界，2022（16）：39-42. DOI:10.13571/j.cnki.cww.2022.16.014.

[49] 中国移动通信集团有限公司.中国移动：2022 算力网络技术白皮书[R/OL]. 2022.6. https://www.xdyanbao.com/doc/hwn1lpv6zr?bd_vid=12372686448427805674

[50] 党文栓.自动驾驶网络：自智时代的网络架构[M].北京：人民邮电出版社，2023.7.

[51] TM Forum 2022.TMF 自智网络白皮书 4.0[R/OL]. 2023.4. https://max.book118.com/html/2023/0405/7120031004005062.shtm.

[52] 中国通信学会.自智网络前沿技术白皮书（2021）[R/OL]. 2022.10. https://www.iotku.com/News/744652002276933632.html.

[53] 清华大学，亚信科技，中国移动，中国电信，intel.通信人工智能赋能自智网络白皮书）[R/OL]. 2022.8. https://www.xdyanbao.com/doc/7ghtqm2hw0?bd_vid=122517414534 23619882.

[54] 华为技术有限公司.迈向智能世界白皮书 2023：自动驾驶网络[R/OL]. 2023.8. https://carrier.huawei.com/~/media/cnbgv2/download/products/networks/ADN2023-white-paper-cn.pdf.

[55] 中兴通讯股份有限公司.中兴自智网络白皮书[R/OL]. 2022.5. https://max.book118.com/html/2022/0521/5203110311004231.shtm.

[56] 中国移动.中国移动自智网络白皮书（2023）[R/OL]. 2023.10. https://www.doc88.com/p-67616532648099.html.

[57] 中国联合网络通信有限公司智网创新中心.中国联通网络通信有限公司研究院.中国联通自智网络白皮书 4.0[R/OL]. 2024.7. https://baijiahao.baidu.com/s?id=1805601347827689468&wfr=spider&for=pc.

[58] 中国联通研究院. 中国联通自智网络技术白皮书—云光和云网专线场景[R/OL]. 2023.6. https://baijiahao.baidu.com/s?id=1768870576045965980&wfr=spider&for=pc.

[59] 通信世界. 迎接 L4 级自智！中国电信迈入云网运营发展新纪元[R/OL]. 2024.1. https://www.163.com/dy/article/IPDINNNN051288FS.html.

[60] 通信世界网. 三极愿景+三零九自：看中国电信如何绘就云网运营自智"蓝图" [R/OL]. 2023.9. https://k.sina.com.cn/article_1714250464_662d62e001901dzoq.html.

[61] 中国电信集团有限公司. 中国电信 5G 定制网助力行业数字化转型的创新探索与实践[R/OL]. 2022.4. https://m.thepaper.cn/baijiahao_17671472.

[62] 中国电信集团有限公司. 中国电信：基于 AI 和大数据的基站智慧节能[R/OL]. 2023. http://www.sasac.gov.cn/n4470048/n26915116/n28283133/n28283153/n28283173/c28315908/content.html.